AutoCAD 2024 中文版
电气设计实例教程

闫少雄　胡仁喜　编著

机械工业出版社
CHINA MACHINE PRESS

本书共两篇，分别为基础知识篇和设计实例篇，基础知识篇包括 AutoCAD 2024 入门，二维绘图命令，编辑命令，文本、表格与尺寸标注，快速绘图工具，电气图制图规则和表示方法，这一部分为后面的具体设计提供了必要的知识准备，介绍了电气设计的基本知识要点；设计实例篇包括机械电气设计、通信工程图设计、电力电气工程图设计、电子电路图设计、控制电气工程图设计、建筑电气工程图设计和高低压开关柜电气设计综合实例。

　　本书内容丰富、结构层次清晰、讲解深入细致、范例典型，具有很强的实用性、指导性和操作性，可以作为电气工程技术人员和 AutoCAD 技术人员的参考书，也可以作为高校相关专业师生计算机辅助设计、电气设计课程的参考用书及大众 AutoCAD 培训班配套教材。

图书在版编目（CIP）数据

AutoCAD 2024 中文版电气设计实例教程 / 闫少雄，胡仁喜编著 . —北京：机械工业出版社，2024.1
　　ISBN 978-7-111-74945-5

　　Ⅰ . ① A… 　Ⅱ . ①闫… ②胡… 　Ⅲ . ①电气设备 – 计算机辅助设计 – AutoCAD 软件 　Ⅳ . ① TM02-39

中国国家版本馆 CIP 数据核字（2024）第 013268 号

机械工业出版社（北京市百万庄大街 22 号　邮政编码 100037）
策划编辑：王　珑　　　　　　责任编辑：王　珑
责任校对：杜丹丹　陈　越　　责任印制：任维东
北京中兴印刷有限公司印刷
2024 年 3 月第 1 版第 1 次印刷
184mm×260mm · 25.75 印张 · 651 千字
标准书号：ISBN 978-7-111-74945-5
定价：99.00 元

电话服务　　　　　　　　　网络服务
客服电话：010-88361066　机 工 官 网：www.cmpbook.com
　　　　　010-88379833　机 工 官 博：weibo.com/cmp1952
　　　　　010-68326294　金 书 网：www.golden-book.com
封底无防伪标均为盗版　机工教育服务网：www.cmpedu.com

AutoCAD 2024 是新版本的 AutoCAD 软件，它运行速度快，具有许多制图和出图的优点。它提供的平面绘图功能能胜任电气工程图中各种电气系统图、框图、电路图、接线图、电气平面图等的绘制。AutoCAD 2024 还提供了三维造型和图形渲染等功能，以及电气设计人员有可能要绘制的一些机械图、建筑图。

电气工程图阐述了电气工程的构成和功能。描述了电气装置的工作原理，提供了安装和维护使用的信息，可辅助电气工程研究和指导电气工程实践施工。电气工程图的种类与电气工程的规模有关，较大规模的电气工程通常要包含更多种类的电气工程图，以便从不同的侧面表达不同侧重点的工程含义。

电气工程图一方面可以根据功能和使用场合分为不同的类别，另一方面各种类别的电气工程图都有某些联系和共同点。不同类别的电气工程图适用于不同的场合，其表达电气工程含义的侧重点也不尽相同。对于不同专业和不同场合，只要是按照同一种用途绘成的电气图，不仅在表达方式与方法上必须是统一的，而且在图的分类与属性上也应该一致。

与市面上同类书相比，本书具有以下鲜明的特点。

1. 思路明确，线索清晰

全书分为基础知识篇和设计实例篇两部分，基础知识篇包括 AutoCAD2024 入门，二维绘图命令，编辑命令，文本、表格与尺寸标注，快速绘图工具，电气图制图规则和表示方法，这一部分为后面的具体设计提供了必要的知识准备；设计实例篇包括机械电气设计，通信工程图设计，电力电气工程图设计，电子电路图设计，控制电气工程图设计，建筑电气工程图设计和高低压开关柜电气设计综合实例。

2. 及时总结，举一反三

本书所有实例均归类讲解，摆脱了为讲解而讲解的樊篱。在利用实例讲解 AutoCAD2024 知识的同时，通过对实例进行剖析和解释，既训练了读者使用 AutoCAD2024 软件绘图的能力，又锻炼了读者的工程设计能力。另外，在每个实例绘制完毕后，本书及时给出了该实例的绘制方法总结，并举一反三地给出相同结构实例，供读者及时练习巩固。

3. 编者权威，精雕细琢

本书由 CAD 图书资深专家负责策划，参加编写的人员都是电气设计和 CAD 教学与研究方面的专家和技术权威人士，他们都具有多年教学经验，也是 CAD 设计与开发的高手，书中有很多内容是他们经过反复研究得出的经验总结。本书所有讲解实例都严格按照电气设计规范进行绘制，包括图纸幅面设置、标题栏填写及尺寸标注等无不严格执行国家标准。这种对细节的把握与雕琢无不体现出编者的工程学术造诣与精益求精的严谨治学态度。

为了配合学校师生利用此书进行教学的需要，随书配赠了电子资料包，包含全书实例操作过程 AVI 文件和实例源文件，以及专为老师教学准备的 PowerPoint 多媒体电子教案。另外，为了延伸读者的学习范围，进一步丰富知识含量，电子资料包中还赠送了 AutoCAD 官方认证考试大纲和考试样题、AutoCAD 操作技巧 170 例、实用 AutoCAD 图样 100 套以及长达 1000min 的相应的操作过程录屏讲解动画。需要授课 PPT 文件的老师还可以联系编者索取。读者可以登录网盘 https://pan.baidu.com/s/16Wz43hxZVWkeSvzQbDUvoA 下载相关资料（提取码 swsw）。也可以扫描下面二维码下载：

本书由中国电子科技集团公司第五十四研究所的闫少雄和 Autodesk 中国认证考试中心首席专家、河北交通职业技术学院的胡仁喜博士编写，其中闫少雄执笔编写了第 1~6 章，胡仁喜执笔编写了第 7~13 章。

由于编者水平有限，书中不足之处在所难免，望广大读者登录 www.sjzswsw.com 或联系 714491436@qq.com 给予批评指正，编者将不胜感激，也欢迎加入三维书屋图书学习交流群 QQ：379090620 交流探讨。

编　者

目录

前言

第 1 篇　基础知识篇

第 1 章　AutoCAD 2024 入门 ┈┈┈┈┈┈┈┈┈┈┈┈┈┈ 2

1.1　操作界面 ┈┈┈┈┈┈┈┈┈┈┈┈┈┈┈┈┈┈ 3
1.1.1　标题栏 ┈┈┈┈┈┈┈┈┈┈┈┈┈┈┈┈┈┈ 3
1.1.2　绘图区 ┈┈┈┈┈┈┈┈┈┈┈┈┈┈┈┈┈┈ 5
1.1.3　坐标系图标 ┈┈┈┈┈┈┈┈┈┈┈┈┈┈┈┈ 6
1.1.4　菜单栏 ┈┈┈┈┈┈┈┈┈┈┈┈┈┈┈┈┈┈ 6
1.1.5　工具栏 ┈┈┈┈┈┈┈┈┈┈┈┈┈┈┈┈┈┈ 7
1.1.6　命令行窗口 ┈┈┈┈┈┈┈┈┈┈┈┈┈┈┈┈ 10
1.1.7　布局标签 ┈┈┈┈┈┈┈┈┈┈┈┈┈┈┈┈┈ 10
1.1.8　状态栏 ┈┈┈┈┈┈┈┈┈┈┈┈┈┈┈┈┈┈ 10
1.1.9　滚动条 ┈┈┈┈┈┈┈┈┈┈┈┈┈┈┈┈┈┈ 12
1.1.10　功能区 ┈┈┈┈┈┈┈┈┈┈┈┈┈┈┈┈┈ 14

1.2　基本操作命令 ┈┈┈┈┈┈┈┈┈┈┈┈┈┈┈┈ 16
1.2.1　命令输入方式 ┈┈┈┈┈┈┈┈┈┈┈┈┈┈┈ 16
1.2.2　命令的重复、撤销、重做 ┈┈┈┈┈┈┈┈┈ 17
1.2.3　按键定义 ┈┈┈┈┈┈┈┈┈┈┈┈┈┈┈┈┈ 17
1.2.4　命令执行方式 ┈┈┈┈┈┈┈┈┈┈┈┈┈┈┈ 18
1.2.5　坐标系 ┈┈┈┈┈┈┈┈┈┈┈┈┈┈┈┈┈┈ 18

1.3　文件管理 ┈┈┈┈┈┈┈┈┈┈┈┈┈┈┈┈┈┈ 18
1.3.1　新建文件 ┈┈┈┈┈┈┈┈┈┈┈┈┈┈┈┈┈ 19
1.3.2　打开文件 ┈┈┈┈┈┈┈┈┈┈┈┈┈┈┈┈┈ 20
1.3.3　保存文件 ┈┈┈┈┈┈┈┈┈┈┈┈┈┈┈┈┈ 20
1.3.4　另存为 ┈┈┈┈┈┈┈┈┈┈┈┈┈┈┈┈┈┈ 21

1.4　图层操作 ┈┈┈┈┈┈┈┈┈┈┈┈┈┈┈┈┈┈ 21
1.4.1　建立新图层 ┈┈┈┈┈┈┈┈┈┈┈┈┈┈┈┈ 21
1.4.2　设置图层 ┈┈┈┈┈┈┈┈┈┈┈┈┈┈┈┈┈ 23

1.4.3 控制图层 ·· 26

1.5 绘图辅助工具 ··· 27

1.5.1 显示控制工具 ·· 27

1.5.2 精确定位工具 ·· 30

第2章 二维绘图命令 ·· 35

2.1 点和直线类命令 ··· 36

2.1.1 点 ·· 36

2.1.2 直线 ··· 36

2.1.3 实例——绘制动断（常闭）触点图形符号 ···························· 37

2.1.4 数据输入方法 ·· 37

2.1.5 实例——利用动态输入绘制标高图形符号 ··························· 39

2.1.6 构造线 ·· 40

2.2 圆类图形命令 ··· 41

2.2.1 圆 ·· 41

2.2.2 实例——绘制信号灯图形符号 ·· 42

2.2.3 圆弧 ··· 43

2.2.4 椭圆与椭圆弧 ·· 45

2.2.5 实例——绘制电话机图形符号 ·· 45

2.3 平面图形命令 ··· 46

2.3.1 矩形 ··· 46

2.3.2 实例——绘制电阻器图形符号 ·· 48

2.3.3 正多边形 ··· 48

2.4 点命令 ··· 49

2.4.1 等分点 ·· 49

2.4.2 测量点 ·· 50

2.5 复杂线条命令 ··· 50

2.5.1 多线 ··· 50

2.5.2 实例——绘制墙体图形符号 ··· 51

2.5.3 多段线 ·· 54

2.5.4 实例——绘制单极拉线开关图形符号 ····································· 54

2.5.5 样条曲线 ··· 55

2.6 图案填充命令 ··· 57

2.6.1 图案填充 ··· 57

2.6.2 编辑填充的图案 ··· 60

2.6.3 实例——绘制配电箱图形符号 ·· 60

2.7 综合演练——绘制简单的振荡回路 ··· 61

第 3 章　编辑命令 ·· 63

3.1　选择编辑对象 ··· 64
3.2　复制类命令 ·· 65
　3.2.1　复制 ·· 65
　3.2.2　实例——绘制双绕组变压器图形符号 ······· 66
　3.2.3　镜像 ·· 67
　3.2.4　实例——绘制单向击穿二极管图形符号 ······· 68
　3.2.5　阵列 ·· 70
　3.2.6　实例——绘制点火分离器图形符号 ··········· 70
　3.2.7　偏移 ·· 72
　3.2.8　实例——绘制防水防尘灯图形符号 ··········· 72
3.3　改变位置类命令 ··· 73
　3.3.1　移动 ·· 73
　3.3.2　实例——绘制热继电器动断触点图形符号 ······· 74
　3.3.3　旋转 ·· 75
　3.3.4　实例——绘制熔断式隔离开关图形符号 ······· 76
3.4　改变几何特性命令 ·· 77
　3.4.1　缩放 ·· 77
　3.4.2　拉伸 ·· 78
　3.4.3　图形修剪 ·· 78
　3.4.4　实例——绘制电抗器图形符号 ················· 80
　3.4.5　图形延伸 ·· 81
　3.4.6　实例——绘制动断按钮图形符号 ············· 82
　3.4.7　打断 ·· 83
　3.4.8　实例——绘制弯灯图形符号 ··················· 84
　3.4.9　倒角 ·· 84
　3.4.10　圆角 ··· 86
　3.4.11　分解 ··· 86
　3.4.12　实例——绘制热继电器驱动器件图形符号 ······· 87
　3.4.13　删除 ··· 87
　3.4.14　合并 ··· 88
3.5　对象编辑类命令 ··· 89
　3.5.1　光顺曲线 ·· 89
　3.5.2　钳夹功能 ·· 89
　3.5.3　修改对象属性 ·· 90
　3.5.4　特性匹配 ·· 90
3.6　综合演练——绘制耐张铁帽三视图 ································· 91
　3.6.1　设置绘图环境 ·· 92

3.6.2　图样布局 ·· 93

3.6.3　绘制主视图 ·· 94

3.6.4　绘制左视图 ·· 95

3.6.5　绘制俯视图 ·· 96

第4章　文本、表格与尺寸标注 ····················· 99

4.1　文本标注 ·· 100

4.1.1　设置文字样式 ·· 100

4.1.2　单行文本标注 ·· 101

4.1.3　多行文字标注 ·· 102

4.1.4　实例——绘制三相笼型感应电动机图形符号 ······· 107

4.2　尺寸标注 ·· 107

4.2.1　设置尺寸标注样式 ·· 108

4.2.2　尺寸标注 ··· 114

4.2.3　实例——耐张铁帽三视图尺寸标注 ····················· 116

4.3　表格 ·· 122

4.3.1　设置表格样式 ·· 122

4.3.2　创建表格 ··· 123

4.3.3　编辑表格文字 ·· 125

4.4　综合演练——绘制电气A3样板图 ··································· 125

第5章　快速绘图工具 ································· 133

5.1　图块及其属性 ·· 134

5.1.1　图块定义 ··· 134

5.1.2　图块保存 ··· 134

5.1.3　实例——绘制PNP型晶体管图形符号 ·················· 135

5.1.4　图块插入 ··· 138

5.1.5　实例——绘制隔离开关图形符号 ························· 139

5.1.6　属性定义 ··· 141

5.1.7　修改属性定义 ·· 142

5.1.8　图块属性编辑 ·· 142

5.2　设计中心与工具选项板 ··· 143

5.2.1　启动设计中心 ·· 143

5.2.2　利用设计中心插入图形 ··· 144

5.2.3　打开工具选项板 ·· 144

5.2.4　将设计中心内容添加到工具选项板 ······················ 145

5.2.5　利用工具选项板绘图 ·· 146

5.3　综合实例——绘制手动串联电阻起动控制电路图 ············· 146

　　5.3.1　创建电气元件图形符号 ································· 146

　　5.3.2　创建选项板 ··· 147

　　5.3.3　绘制图形 ··· 148

第6章　电气图制图规则和表示方法 ·················· 151

6.1　电气图分类及特点 ··152

　　6.1.1　电气图分类 ··· 152

　　6.1.2　电气图特点 ··· 155

6.2　电气图 CAD 制图规则 ···156

　　6.2.1　图纸格式和幅面尺寸 ····································· 157

　　6.2.2　图幅分区 ··· 158

　　6.2.3　图线、字体及其他图 ····································· 158

　　6.2.4　电气图布局方法 ··· 162

6.3　电气图基本表示方法 ··163

　　6.3.1　线路表示方法 ··· 163

　　6.3.2　电气元件表示方法 ······································· 164

　　6.3.3　元器件触头和工作状态表示方法 ··························· 165

6.4　电气图中连接线的表示方法 ······································166

　　6.4.1　连接线一般表示法 ······································· 166

　　6.4.2　连接线连续表示法和中断表示法 ··························· 167

6.5　电气图形符号的构成和分类 ······································168

　　6.5.1　电气图形符号的构成 ····································· 168

　　6.5.2　电气图形符号的分类 ····································· 169

第2篇　设计实例篇

第7章　机械电气设计 ····························· 172

7.1　机械电气简介 ··173

7.2　KE-Jetronic 的电路图 ···173

　　7.2.1　设置绘图环境 ··· 173

　　7.2.2　绘制图样结构图 ··· 174

　　7.2.3　绘制各主要电气元件图形符号 ····························· 175

　　7.2.4　组合图形 ··· 179

　　7.2.5　添加注释 ··· 180

　　7.2.6　小结与引申 ··· 181

7.3　三相异步电动机控制电气设计 ····································181

　　7.3.1　三相异步电动机供电简图 ································· 181

　　7.3.2　三相异步电动机供电系统图 ······························· 183

　　7.3.3　三相异步电动机控制电路图 ······························· 185

7.3.4　小结与引申 ……………………………………………………………… 189
7.4　铣床电气设计 ……………………………………………………………………… 190
7.4.1　主回路设计 ………………………………………………………………… 191
7.4.2　控制回路设计 ……………………………………………………………… 192
7.4.3　照明指示回路设计 ………………………………………………………… 193
7.4.4　工作台进给控制回路设计 ………………………………………………… 193
7.4.5　添加文字说明 ……………………………………………………………… 195
7.4.6　电路原理说明 ……………………………………………………………… 195
7.4.7　小结与引申 ………………………………………………………………… 197

第8章　通信工程图设计 ……………………………………… 198

8.1　通信工程图简介 …………………………………………………………………… 199
8.2　综合布线系统图 …………………………………………………………………… 199
8.2.1　设置绘图环境 ……………………………………………………………… 199
8.2.2　绘制图形符号 ……………………………………………………………… 200
8.2.3　小结与引申 ………………………………………………………………… 204
8.3　通信光缆施工图 …………………………………………………………………… 204
8.3.1　设置绘图环境 ……………………………………………………………… 204
8.3.2　绘制部件图形符号 ………………………………………………………… 205
8.3.3　绘制公路线 ………………………………………………………………… 206
8.3.4　小结与引申 ………………………………………………………………… 206

第9章　电力电气工程图设计 ………………………………… 208

9.1　电力电气工程图简介 ……………………………………………………………… 209
9.1.1　变电工程 …………………………………………………………………… 209
9.1.2　变电工程图 ………………………………………………………………… 209
9.1.3　输电线路 …………………………………………………………………… 209
9.2　变电所主接线图的绘制 …………………………………………………………… 210
9.2.1　设置绘图环境 ……………………………………………………………… 210
9.2.2　图样布局 …………………………………………………………………… 211
9.2.3　绘制各电气元件图形符号 ………………………………………………… 212
9.2.4　组合图形符号 ……………………………………………………………… 216
9.2.5　添加注释文字 ……………………………………………………………… 216
9.2.6　绘制间隔室图 ……………………………………………………………… 216
9.2.7　绘制图框线层 ……………………………………………………………… 217
9.2.8　小结与引申 ………………………………………………………………… 217
9.3　输电工程图 ………………………………………………………………………… 217
9.3.1　设置绘图环境 ……………………………………………………………… 217

9.3.2　绘制基本图 ………………………………………………………… 218

9.3.3　标注图形 …………………………………………………………… 226

9.3.4　小结与引申 ………………………………………………………… 228

9.4　绝缘端子装配图 …………………………………………………………228

9.4.1　设置绘图环境 ……………………………………………………… 229

9.4.2　绘制耐张线夹 ……………………………………………………… 230

9.4.3　绘制剖视图 ………………………………………………………… 233

9.4.4　小结与引申 ………………………………………………………… 233

第 10 章　电子电路图设计 ……………………………………………… **234**

10.1　电子电路简介 …………………………………………………………235

10.1.1　基本概念 ………………………………………………………… 235

10.1.2　电子电路图分类 ………………………………………………… 235

10.2　微波炉电路 ……………………………………………………………235

10.2.1　设置绘图环境 …………………………………………………… 235

10.2.2　绘制线路结构图 ………………………………………………… 237

10.2.3　绘制各实体图形符号 …………………………………………… 238

10.2.4　将各实体图形符号插入到线路结构图中 ……………………… 243

10.2.5　添加文字和注释 ………………………………………………… 248

10.3　键盘显示器接口电路 …………………………………………………249

10.3.1　设置绘图环境 …………………………………………………… 250

10.3.2　绘制连接线图 …………………………………………………… 250

10.3.3　绘制各个元器件图形符号 ……………………………………… 251

10.3.4　连接各个元器件图形符号 ……………………………………… 255

10.3.5　添加注释文字 …………………………………………………… 256

10.3.6　小结与引申 ……………………………………………………… 257

10.4　停电来电自动告知线路图 ……………………………………………258

10.4.1　设置绘图环境 …………………………………………………… 258

10.4.2　绘制线路结构图 ………………………………………………… 259

10.4.3　绘制各个元器件图形符号 ……………………………………… 259

10.4.4　将各个元器件图形符号插入到线路结构图中 ………………… 265

10.4.5　添加注释文字 …………………………………………………… 266

10.4.6　小结与引申 ……………………………………………………… 266

第 11 章　控制电气工程图设计 ………………………………………… **268**

11.1　控制电气简介 …………………………………………………………269

11.1.1　控制电路简介 …………………………………………………… 269

11.1.2　控制电路图简介 ………………………………………………… 269

11.2 车床主轴传动控制电路 ································· 271
11.2.1 设置绘图环境 ································· 272
11.2.2 绘制结构图 ······························· 272
11.2.3 将元器件符号插入到结构图 ················· 273
11.2.4 添加注释文字 ····························· 278
11.2.5 小结与引申 ······························· 279
11.3 水位控制电路 ·· 279
11.3.1 设置绘图环境 ································· 279
11.3.2 绘制线路结构图 ··························· 281
11.3.3 绘制实体图形符号 ························· 287
11.3.4 将实体图形符号插入到线路结构图中 ········· 298
11.3.5 添加注释文字 ····························· 302
11.3.6 小结与引申 ······························· 303
11.4 电动机自耦降压起动控制电路 ···························304
11.4.1 设置绘图环境 ································· 304
11.4.2 绘制各元器件图形符号 ····················· 305
11.4.3 绘制结构图 ······························· 311
11.4.4 将元器件图形符号插入到结构图 ············· 312
11.4.5 添加注释文字 ····························· 315
11.4.6 小结与引申 ······························· 316

第 12 章 建筑电气工程图设计 ························· 317
12.1 建筑电气工程图简介 ····································318
12.2 绘制实验室照明平面图 ··································319
12.2.1 设置绘图环境 ································· 319
12.2.2 绘制建筑图 ······························· 320
12.2.3 安装各元件符号 ··························· 324
12.2.4 添加注释文字 ····························· 330
12.2.5 小结与引申 ······························· 331
12.3 绘制某建筑物消防安全系统图 ····························332
12.3.1 设置绘图环境 ································· 333
12.3.2 图纸布局 ································· 334
12.3.3 绘制各元件和设备符号 ····················· 334
12.3.4 小结与引申 ······························· 346

第 13 章 高低压开关柜电气设计综合实例 ················· 347
13.1 ZN13-10 弹簧机构直流控制原理图 ························348
13.1.1 绘制样板文件 ································· 348

13.1.2　设置绘图环境 ··· 349

13.1.3　绘制电路元件图形符号 ······································· 349

13.1.4　绘制一次系统图 ·· 354

13.1.5　绘制二次系统图元件 ··· 356

13.2　ZN13-10弹簧机构直流内部接线图 ·····················361

13.2.1　设置绘图环境 ··· 362

13.2.2　绘制线路图 ··· 362

13.2.3　绘制元件图形符号 ··· 363

13.2.4　添加说明文字 ··· 365

13.3　电压测量回路图 ···366

13.3.1　设置绘图环境 ··· 366

13.3.2　绘制一次系统图 ·· 366

13.3.3　绘制二次系统图 ·· 368

13.4　电度计量回路原理图 ··372

13.4.1　设置绘图环境 ··· 373

13.4.2　绘制一次系统图 ·· 373

13.4.3　绘制二次系统图 ·· 374

13.5　柜内自动控温风机控制原理图 ··································380

13.5.1　设置绘图环境 ··· 380

13.5.2　绘制一次系统图 ·· 380

13.5.3　绘制二次系统图 ·· 381

13.6　开关柜基础安装柜 ···387

13.6.1　设置绘图环境 ··· 387

13.6.2　绘制安装线路 ··· 388

13.6.3　布置安装图 ··· 389

13.6.4　添加文字标注 ··· 391

第1篇

基础知识篇

本篇主要介绍了 AutoCAD 2024 一些基础知识，包括 AutoCAD 2024 入门，二维绘图命令，编辑命令，文本、表格与尺寸标注，快速绘图工具以及电气图制图规则和表示方法等。

介绍了 AutoCAD 应用于电气设计的一些基本功能，为后面的具体设计提供了必要的准备。

第 1 章

AutoCAD 2024 入门

　　本章介绍了 AutoCAD 2024 绘图的有关基本知识，包括如何设置图形的系统参数，以及建立新的图形文件、打开已有文件的方法等。

学 习 要 点

操作界面 ◎
基本操作命令 ◎
文件管理 ◎
图层操作 ◎

1.1 操作界面

AutoCAD 2024 的操作界面是 AutoCAD 显示、编辑图形的区域，一个完整的 AutoCAD 的操作界面如图 1-1 所示，包括标题栏、菜单栏、快速访问工具栏、绘图区、功能区、坐标系图标、命令行窗口、状态栏、布局标签和导航栏等。

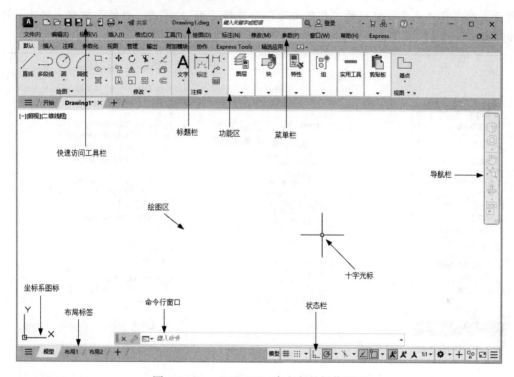

图 1-1 AutoCAD 2024 中文版的操作界面

🔆 **实讲实训**
多媒体演示

多媒体演示参见电子资料包中的 \\ 动画演示 \ 第 1 章 \ 操作界面 .avi。

⚠ **注意**

工作空间是由分组组织的菜单栏、工具栏、选项板和功能区控制面板组成的集合。如需着手另一任务，随时都可以通过状态托盘上的工作空间图标 ⚙▾ 切换到另一工作空间。

📖 1.1.1 标题栏

在 AutoCAD 2024 操作界面的最上端是标题栏。在标题栏中显示了系统当前正在运行的应用程序（AutoCAD 2024 和用户正在使用的图形文件）。在用户第一次启动 AutoCAD2024

时，在 AutoCAD 2024 的标题栏中将显示 AutoCAD 2024 在启动时创建并打开的图形文件名称 Drawing1.dwg，如图 1-1 所示。

注意

安装 AutoCAD 2024 后，默认的界面如图 1-1 所示，在绘图区中右击，打开快捷菜单，如图 1-2 所示。选择"选项"命令，打开"选项"对话框。选择"显示"选项卡，如图 1-3 所示。在"窗口元素"对应的"颜色主题"中选择"明"，单击"确定"按钮，退出"选项"对话框，其操作界面如图 1-4 所示。

图 1-2　快捷菜单

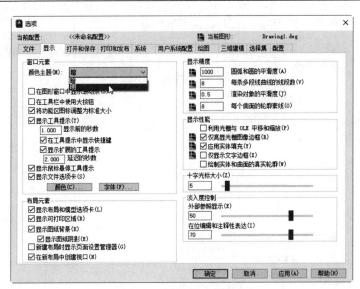

图 1-3　"选项"对话框

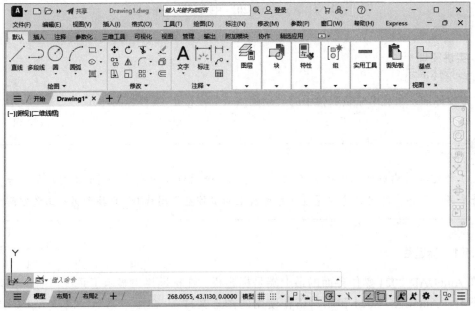

图 1-4　AutoCAD 2024 "明"操作界面

1.1.2 绘图区

绘图区是指在标题栏下方的大片空白区域。绘图区是用户使用 AutoCAD 2024 绘制图形的区域，完成一幅设计图形的主要工作都是在绘图区中完成的。

在绘图区中还有一个作用类似光标的十字线，其交点反映了光标在当前坐标系中的位置。在 AutoCAD 2024 中，将该十字线称为十字光标，AutoCAD 通过光标显示当前点的位置。十字线的方向与当前用户坐标系的 X 轴、Y 轴方向平行，十字线的长度系统预设为屏幕大小的 5%，如图 1-5 所示。

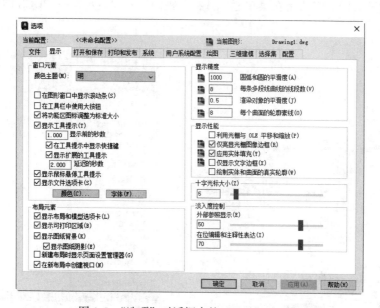

图 1-5 "选项"对话框中的"显示"选项卡

1. 修改绘图区中十字光标的大小

可以根据绘图的实际需要更改其大小。改变十字光标大小的方法如下：

1）在绘图区中右击，在弹出的快捷菜单中选择"选项"命令，屏幕上将弹出"选项"对话框。打开"显示"选项卡，在"十字光标大小"的文本框中直接输入数值，或者拖动文本框右侧的滑块，即可对十字光标的大小进行调整，如图 1-5 所示。

2）还可以通过设置系统变量 CURSORSIZE 的值，实现对其大小的更改。方法是在命令行输入：

命令：CURSORSIZE ✓
输入 CURSORSIZE 的新值 <5>：

在提示下输入新值即可。默认值为 5%。

2. 修改绘图区的颜色

在默认情况下，AutoCAD 2024 的绘图区是黑色背景、白色线条，这不符合绝大多数用户的习惯，因此修改绘图区颜色是大多数用户都需要进行的操作。

修改绘图区颜色的步骤如下：

1）在图 1-5 所示的"显示"选项卡中单击"窗口元素"选项组中的"颜色"按钮，将打开图 1-6 所示的"图形窗口颜色"对话框。

2）单击"图形窗口颜色"对话框中"颜色"字样下方的下三角按钮，在打开的下拉列表中选择需要的窗口颜色，然后单击"应用并关闭"按钮，此时 AutoCAD 2024 的绘图区变成了窗口背景色，通常按视觉习惯选择白色为图形窗口颜色。

📖 1.1.3 坐标系图标

在绘图区的左下方有一个箭头指向图标，称为坐标系图标，表示用户绘图时正使用的坐标系形式，如图 1-1 所示。坐标系图标的作用是为点的坐标确定一个参照系。根据工作需要，用户可以选择将其关闭。方法是在菜单栏中选择"视图"→"显示"→"UCS 图标"→"开"，如图 1-7 所示。

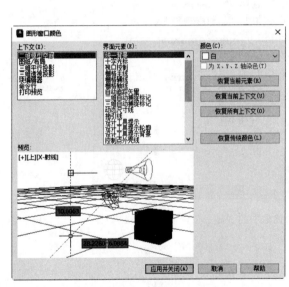

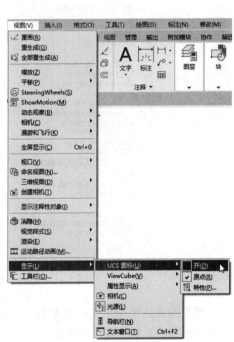

图 1-6 "图形窗口颜色"对话框　　　　图 1-7 "视图"菜单

📖 1.1.4 菜单栏

在 AutoCAD "自定义快速访问工具栏"处调出菜单栏，如图 1-8 所示。调出后的菜单栏如图 1-9 所示。与其他 Windows 程序一样，AutoCAD 的菜单也是下拉形式的，并在菜单中包含子菜单。AutoCAD 的菜单栏中包含 13 个菜单："文件""编辑""视图""插入""格式""工具""绘图""标注""修改""参数""窗口""帮助"和"Express"，这些菜单几乎包含了 AutoCAD 的所有绘图命令，后面的章节将对这些菜单功能进行详细的讲解。一般来讲，AutoCAD 下拉菜单中的命令有以下 3 种。

1. 带有小三角形的菜单命令

这种类型的命令后面带有子菜单。例如，单击菜单栏中的"绘图"按钮，选择其主菜单中的"圆"命令，屏幕上就会进一步下拉出"圆"子菜单中所包含的命令，如图 1-10 所示。

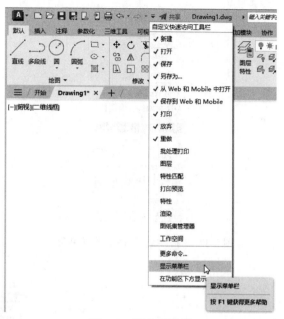

图 1-8　调出菜单栏

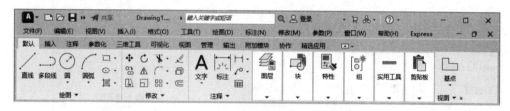

图 1-9　菜单栏显示界面

2. 打开相应对话框的菜单命令

这种类型的命令后面带有省略号。例如，单击菜单栏中的"格式"按钮，选择其主菜单中的"表格样式（B）..."命令，如图 1-11 所示。屏幕上就会打开对应的"表格样式"对话框，如图 1-12 所示。

3. 直接操作的菜单命令

这种类型的命令将直接进行相应的绘图或其他操作。例如，选择"视图"菜单中的"重画"命令，系统将直接对图形进行重新生成，如图 1-13 所示。

📖 **1.1.5　工具栏**

工具栏是一组按钮工具的集合。选择菜单栏中的"工具"→"工具栏"→ AutoCAD，就可调出所需要的工具栏。把光标移动到某个按钮上，稍停片刻即在该按钮的一侧显示相应的功能提示，同时在状态栏中显示对应的说明和命令名，此时单击按钮就可以启动相应的命令了。

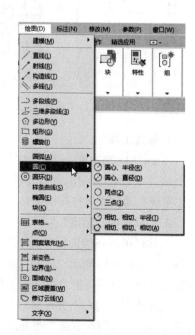

图 1-10　带有子菜单的菜单命令

7

图 1-11　打开相应对话框的菜单命令

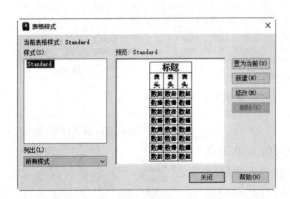

图 1-12　"表格样式"对话框

图 1-13　直接操作的菜单命令

1. 设置工具栏

AutoCAD 2024 的标准菜单提供有几十种工具栏。选择菜单栏中的"工具"→"工具栏"→ AutoCAD，调出所需要的工具栏，如图 1-14 所示。单击某一个未在界面显示的工具栏名，系统自动在界面打开该工具栏。反之，关闭工具栏。

2. 工具栏的"固定""浮动"与打开

工具栏可以在绘图区"浮动"显示（见图 1-15），此时显示该工具栏标题，并可关闭该工具栏。用光标可以拖动"浮动"工具栏到绘图区边界，使它变为"固定"工具栏，此时该工具栏标题隐藏。也可以把"固定"工具栏拖出，使它成为"浮动"工具栏。

在有些图标的右下方带有一个小三角，按住鼠标左键会打开相应的工具栏，选择其中适用的工具单击，该图标就成为当前图标。单击当前图标，即可执行相应命令（见图 1-16）。

图 1-14　调出工具栏

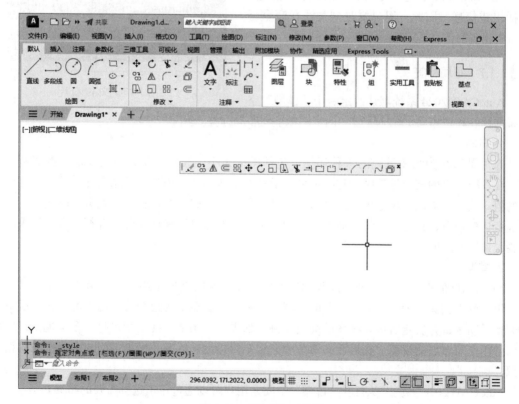

图 1-15　"浮动"工具栏

1.1.6 命令行窗口

命令行窗口是输入命令名和显示命令
提示的区域。默认的命令行窗口布置在绘
图区下方，是若干文本行，如图 1-17 所示。
对命令行窗口有以下几点需要说明：

1）移动拆分条，可以扩大与缩小命令
行窗口。

2）可以拖动命令行窗口，将其布置在
屏幕上的其他位置。默认情况下布置在图
形窗口的下方。

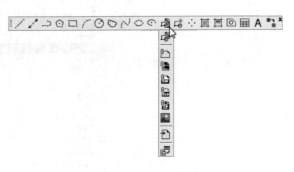

图 1-16 打开工具栏

3）对当前命令行窗口中输入的内容，可以按
F2 键用文本编辑的方法进行编辑，如图 1-17 所示。
AutoCAD 文本窗口和命令行窗口相似，它可以显
示当前 AutoCAD 进程中命令的输入和执行过程，
在执行 AutoCAD 某些命令时，它会自动切换到文
本窗口，列出有关信息。

4）AutoCAD 通过命令行窗口反馈各种信息，
包括出错信息。因此，用户要时刻关注在命令行
窗口中出现的信息。

1.1.7 布局标签

AutoCAD 2024 系统默认设定一个"模型"空
间布局标签和"布局 1""布局 2"两个图纸空间布局标签。

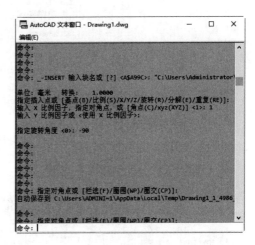

图 1-17 文本窗口

1. 布局

布局是系统为绘图设置的一种环境，包括图纸大小、尺寸单位、角度设定、数值精确度
等。在系统预设的三个标签中，这些环境变量都按默认设置。用户可根据实际需要改变这些变
量的值。例如，默认的尺寸单位是毫米，如果绘制的图形的单位是英寸，就可以改变尺寸单位
环境变量的设置，具体方法将在后面章节中介绍。用户也可以根据需要设置符合自己要求的新
标签，具体方法也在后面章节中介绍。

2. 模型

AutoCAD 的空间分为模型空间和图纸空间。模型空间是通常绘图的环境，而在图纸空间
中，用户可以创建称为"浮动视口"的区域，以不同视图显示所绘图形。用户可以在图纸空间
中调整浮动视口并决定所包含视图的缩放比例。如果选择图纸空间，则可打印多个视图，用户
可以打印任意布局的视图。在后面的章节中，将专门详细讲解有关模型空间与图纸空间的相关
知识。

AutoCAD 2024 系统默认打开"模型"空间，用户可以通过单击选择需要的布局。

1.1.8 状态栏

状态栏在操作界面的底部，30 个功能按钮如图 1-18 所示。单击部分开关按钮，可以实现

这些功能的开关。通过单击部分按钮也可以控制图形或绘图区的状态。

图 1-18　状态栏

　注意

默认情况下，不会显示所有工具，可以通过状态栏上最右侧的按钮选择要从"自定义"菜单显示的工具。状态栏上显示的工具可能会发生变化，具体取决于当前的工作空间以及当前显示的是"模型"选项卡还是"布局"选项卡。

下面对部分状态栏上的按钮做一简单介绍。

1）坐标：显示绘图区光标放置点的坐标。

2）模型空间：在"模型"空间与"布局"空间之间进行转换。

3）栅格：栅格是覆盖整个坐标系（UCS）XY 平面的直线或点组成的矩形图案。使用栅格类似于在图形下放置一张坐标纸。利用栅格可以对齐对象并直观地显示对象之间的距离。

4）捕捉模式：对象捕捉对于在对象上指定精确位置非常重要。不论何时提示输入点，都可以指定对象捕捉。默认情况下，当光标移到对象的对象捕捉位置时，将显示标记和工具提示。

5）推断约束：自动在正在创建或编辑的对象与对象捕捉的关联对象或点之间应用约束。

6）动态输入：在光标附近显示出一个提示框（称之为"工具提示"），"工具提示"中显示出对应的命令提示和光标的当前坐标值。

7）正交模式：将光标限制在水平或垂直方向上移动，以便于精确地创建和修改对象。当创建或移动对象时，可以使用"正交"模式将光标限制在相对于用户坐标系（UCS）的水平或垂直方向上。

8）极轴追踪：使用极轴追踪，光标将按指定角度进行移动。当创建或修改对象时，可以使用"极轴追踪"来显示由指定的极轴角度所定义的临时对齐路径。

9）等轴测草图：通过设定"等轴测捕捉 / 栅格"，可以很容易地沿三个等轴测平面之一对齐对象。尽管等轴测图形看似三维图形，但它实际上是由二维图形表示。因此，不能期望提取三维距离和面积，从不同视点显示对象或自动消除隐藏线。

10）对象捕捉追踪：使用对象捕捉追踪，可以沿着基于对象捕捉点的对齐路径进行追踪。已获取的点将显示一个小加号（+），一次最多可以获取 7 个追踪点。获取点之后，在绘图路径上移动光标，将显示相对于获取点的水平、垂直或极轴对齐路径。例如，可以基于对象端点、中点或者对象的交点，沿着某个路径选择一点。

11）二维对象捕捉：使用执行对象捕捉设置（也称为对象捕捉），可以在对象上的精确位置指定捕捉点。选择多个选项后，将应用选定的捕捉模式，以返回距离靶框中心最近的点。按

Tab 键以在这些选项之间循环。

12）线宽：分别显示对象所在图层中设置的不同宽度，而不是统一线宽。

13）透明度：使用该命令调整绘图对象显示的明暗程度。

14）选择循环：当一个对象与其他对象彼此接近或重叠时，准确地选择某一个对象是很困难的。执行"选择循环"命令并单击，弹出"选择集"列表框，其中列出了鼠标单击周围的图形，然后在列表框中选择所需的对象。

15）三维对象捕捉：三维中的对象捕捉与在二维中工作的方式类似，不同之处在是三维中可以投影对象捕捉。

16）动态 UCS：在创建对象时，使 UCS 的 XY 平面自动与实体模型上的平面临时对齐。

17）选择过滤：根据对象特性或对象类型对选择集进行过滤。当按下图标后，只选择满足指定条件的对象，其他对象将被排除在选择集之外。

18）小控件：帮助用户沿三维轴或平面移动、旋转或缩放一组对象。

19）注释可见性：当图标亮显时，表示显示所有比例的注释性对象；当图标变暗时，表示仅显示当前比例的注释性对象。

20）自动缩放：当"注释比例"更改时，自动将比例添加到注释对象。

21）注释比例：单击"注释"比例右下方的小三角符号，弹出"注释比例"列表，如图 1-19 所示。可以根据需要选择适当的注释比例。

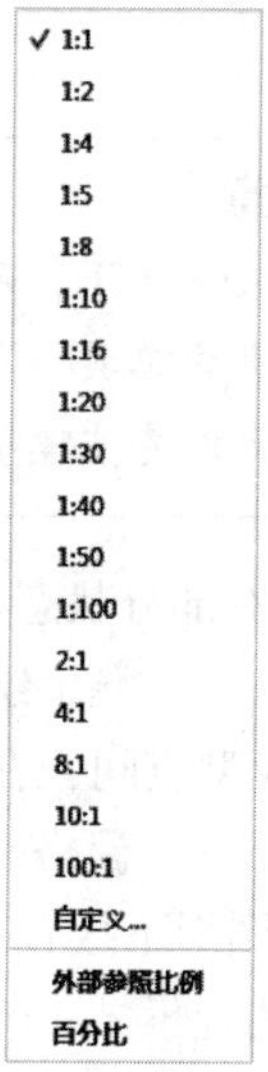

图 1-19　"注释比例"列表

22）切换工作空间：进行工作空间转换。

23）注释监视器：打开仅用于所有事件或模型文档事件的注释监视器。

24）单位：指定线性和角度单位的格式和小数位数。

25）快捷特性：控制快捷特性面板的使用与禁用。

26）锁定用户界面：按下该按钮，锁定工具栏、面板和可固定窗口的位置和大小。

27）隔离对象：当选择"隔离对象"时，在当前视图中显示选定对象，所有其他对象都暂时隐藏；当选择"隐藏对象"时，在当前视图中暂时隐藏选定对象，所有其他对象都可见。

28）硬件加速：设定图形卡的驱动程序和硬件加速的选项。

29）全屏显示：该选项可以清除 Windows 窗口中的标题栏、功能区和选项板等界面元素，使 AutoCAD 的绘图区全屏显示，如图 1-20 所示。

30）自定义：状态栏可以提供重要信息，而无须中断工作流。使用 MODEMACRO 系统变量可将应用程序所能识别的大多数数据显示在状态栏中。使用该系统变量的计算、判断和编辑功能可以完全按照用户的要求构造状态栏。

📖 1.1.9　滚动条

在打开的 AutoCAD 2024 默认操作界面上是不显示滚动条的，通常要把滚动条调出来。选择菜单栏中的"工具"→"选项"命令，系统打开"选项"对话框。选择"显示"选项卡，将"窗口元素"中的"在图形窗口中显示滚动条"勾选上，如图 1-21 所示。

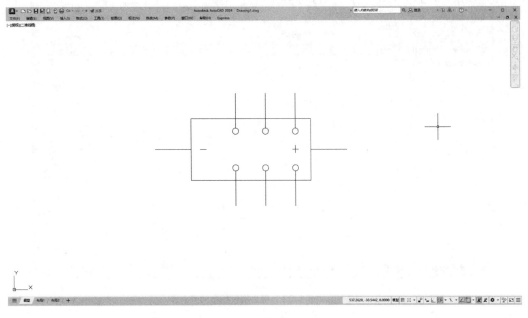

图 1-20　全屏显示

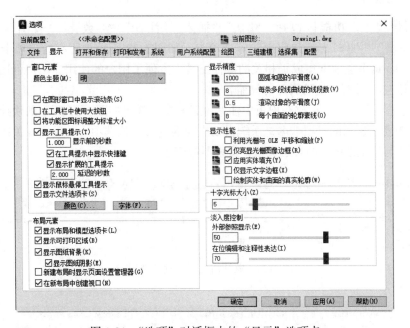

图 1-21　"选项"对话框中的"显示"选项卡

　　滚动条包括水平滚动条和垂直滚动条，用于上下或左右移动绘图区中的图形。用光标拖动滚动条中的滑块，或者单击滚动条两侧的微调按钮，即可移动图形，如图 1-22 所示。

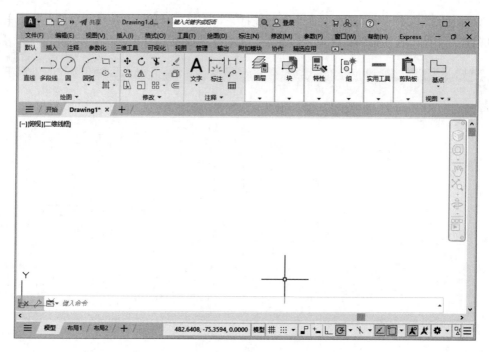

图 1-22　显示滚动条

📖 1.1.10　功能区

在默认情况下，功能区包括"默认""插入""注释""参数化""视图""管理""输出""附加模块""协作""精选应用"等选项卡，如图 1-23 所示（所有的选项卡显示面板如图 1-24 所示）。每个选项卡集成了相关的操作工具，方便了用户的使用。用户可通过单击功能区右侧的按钮▢，控制功能的展开与收缩。

1）设置选项卡：将光标放在面板中任意位置右击，弹出如图 1-25 所示的快捷菜单。单击某一个未在功能区显示的选项卡名，系统自动在功能区打开该选项卡。反之，关闭选项卡（调出面板的方法与调出选项板的方法类似，这里不再赘述）。

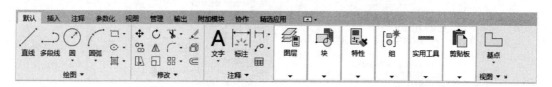

图 1-23　默认情况下出现的选项卡

图 1-24　所有的选项卡

图 1-25 快捷菜单

2）选项卡中面板的"固定"与"浮动"：面板可以在绘图区"浮动"（见图 1-26），将光标放在浮动面板的右上方位置处，显示"将面板返回到功能区"，如图 1-27 所示。单击此处，可使它变为"固定"面板。也可以把"固定"面板拖出，使它成为"浮动"面板。

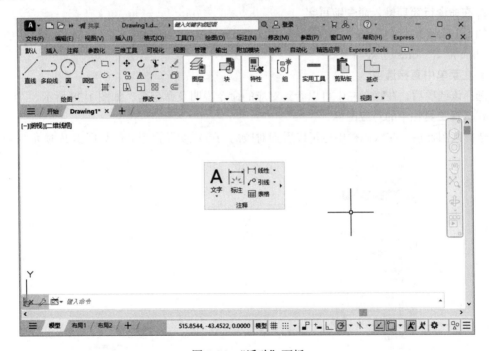

图 1-26 "浮动"面板

图 1-27 "注释"面板

1.2 基本操作命令

 ### 1.2.1 命令输入方式

AutoCAD 交互绘图必须输入必要的指令和参数。

1. 在命令行窗口输入命令名

命令字符可不区分大小写。例如，命令：LINE↙。执行命令时，在命令行提示中经常会出现命令选项。例如，输入绘制直线命令"LINE"后，命令行中的提示与操作如下：

命令：LINE↙
指定第一个点：(在屏幕上指定一点或输入一个点的坐标)
指定下一点或 [放弃 (U)]:

选项中不带括号的提示为默认选项，因此可以直接输入直线段的起点坐标或在屏幕上指定一点。如果要选择其他选项，则应该首先输入该选项的标识字符，如"放弃"选项的标识字符"U"，然后按系统提示输入数据即可。在命令选项的后面有时还带有尖括号，尖括号内的数值为默认数值。

2. 在命令行窗口输入命令缩写字

如 L（Line）、C（Circle）、A（Arc）、Z（Zoom）、R（Redraw）、M（Move）、CO（Copy）、PL（Pline）、E（Erase）等。

3. 在菜单中直接选项

选择该选项后，在状态栏中可以看到对应的命令说明及命令名，如图 1-28 所示。

4. 选择工具栏中的对应图标

选择该图标后，在状态栏中也可以看到对应的命令说明及命令名，如图 1-29 所示。

图 1-28　菜单输入方式

图 1-29　工具栏输入方式

5. 在绘图区打开快捷菜单

对于在前面刚使用过的输入命令，可以在绘图区快捷菜单的"最近的输入"子菜单中选择需要的命令，如图 1-30 所示。"最近的输入"子菜单中存储最近使用的命令，如果经常重复使用某个命令，这种方法就比较快捷。

6. 在命令行直接按 Enter 键

如果用户要重复使用上次使用的命令，可以直接在命令行按 Enter 键，系统立即重复执行上次使用的命令，这种方法适用于重复执行某个命令。

图 1-30　"最近的输入"子菜单

1.2.2　命令的重复、撤销、重做

1. 命令的重复

在命令行窗口中按 Enter 键可重复调用上一个命令，不管上一个命令是完成了还是被取消了。

2. 命令的撤销

在命令执行的任何时刻都可以取消和终止命令的执行。该命令的执行方式如下：

命令行：UNDO

菜单栏：编辑→放弃

工具栏：标准→放弃  或快速访问→放弃

快捷键：Esc

3. 命令的重做

已被撤销的命令还可以恢复重做，可以恢复撤销的最后一个命令。该命令执行方式如下：

命令行：REDO

菜单栏：编辑→重做

工具栏：标准→重做 或快速访问→重做

快捷键：Ctrl + Y

AutoCAD 2024 可以一次执行多重放弃和重做操作。单击快速访问工具栏中的"放弃"按钮 或"重做"按钮 后面的下三角形按钮，可以选择要放弃或重做的操作，如图 1-31 所示。

图 1-31　多重放弃和重做

1.2.3　按键定义

在 AutoCAD 2024 中，除了可以通过在命令行窗口输入命令、单击工具栏图标或单击菜单项来完成外，还可以使用键盘上的一组功能键或快捷键，通过这些功能键或快捷键，可以快速实现指定功能，如单击 F1 键，系统调用 AutoCAD 帮助对话框。

系统使用 AutoCAD 传统标准（Windows 之前）或 Microsoft Windows 标准解释快捷键。有些功能键或快捷键在 AutoCAD 的菜单中已经指出，如"粘贴"的快捷键为 Ctrl + V，这些只要

用户在使用的过程中多加留意，就会熟练掌握。快捷键的定义见菜单命令后面的说明，如"粘贴（P）Ctrl + V"。

📖 1.2.4 命令执行方式

有的命令有两种执行方式，通过对话框或通过命令行窗口执行命令。如果指定使用命令行窗口方式，可以在命令名前加短画来表示，如"-LAYER"表示用命令行方式执行"图层"命令。而如果在命令行输入"LAYER"，系统则会自动打开"图层特性管理器"选项板。

另外，有些命令同时存在命令行窗口、菜单栏、工具栏和功能区 4 种执行方式，这时如果选择菜单栏、工具栏或功能区方式，命令行窗口会显示该命令，并在前面加一下画线，如通过菜单栏或工具栏方式执行"直线"命令时，命令行窗口中会显示"_line"，命令的执行过程和结果与命令行窗口方式相同。

📖 1.2.5 坐标系

AutoCAD 采用两种坐标系，即世界坐标系（WCS）和用户坐标系（UCS）。用户刚进入AutoCAD 时的坐标系统就是世界坐标系，它是固定的坐标系统。世界坐标系也是坐标系统中的基准，绘制图形时多数情况下都是在这个坐标系统下进行的。

用户可以通过以下 3 种方式切换到用户坐标系。

- 命令行：UCS。
- 菜单栏：工具→工具栏→ AutoCAD → UCS。
- 工具栏：UCS → UCS ↳。

AutoCAD 有两种视图显示方式：模型空间和图纸空间。模型空间使用单一视图显示，通常使用的都是这种显示方式；图纸空间能够在绘图区创建图形的多视图，用户可以对其中每一个视图进行单独操作。在默认情况下，当前 UCS 与 WCS 重合。图 1-32a 所示为模型空间下的UCS 坐标系图标，通常在绘图区左下方，也可以指定其放在当前 UCS 的实际坐标原点位置，如图 1-32b 所示。图 1-32c 所示为图纸空间下的坐标系图标。

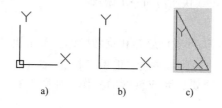

a)   b)   c)

图 1-32　坐标系图标

1.3 文件管理

本节将介绍有关 AutoCAD 2024 文件管理的一些基本操作方法，包括新建文件、打开文件、保存文件、另存为等。

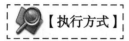 1.3.1 新建文件

【执行方式】

命令行：NEW

菜单栏：文件→新建或主菜单→新建

工具栏：标准→新建⬜，或者在快速访问工具栏中单击"新建"按钮⬜

【操作步骤】

执行上述命令后，系统打开"选择样板"对话框，如图 1-33 所示。

在运行快速创建图形功能之前必须进行如下设置：

1）将 FILEDIA 系统变量设置为 1，将 STARTUP 系统变量设置为 0。

2）从"工具"→"选项"菜单中选择默认图形样板文件。具体方法是：在"文件"选项卡下，单击标记为"样板设置"的节点下的"快速新建的默认样板文件名"分节点，如图 1-34 所示。单击"浏览"按钮，打开"选择文件"对话框，然后选择需要的样板文件。

图 1-33 "选择样板"对话框

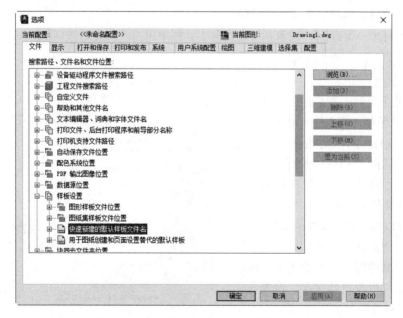

图 1-34 "选项"对话框的"文件"选项卡

1.3.2 打开文件

【执行方式】

命令行：OPEN

菜单栏：文件 → 打开或者主菜单→打开

工具栏：标准 → 打开 或者在快速访问工具栏中单击"打开"按钮

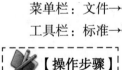

【操作步骤】

执行上述命令后，打开"选择文件"对话框，如图 1-35 所示。在"文件类型"下拉列表中可选 .dwg 文件、.dwt 文件、.dxf 文件和 .dws 文件。.dws 文件是包含标准图层、标注样式、线型和文字样式的样板文件。.dxf文件是用文本形式存储的图形文件，能够被其他程序读取，许多第三方应用软件都支持 .dxf 格式。

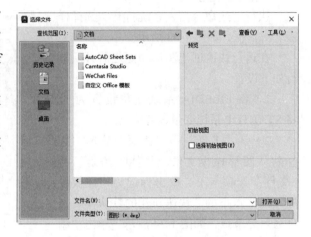

图 1-35 "选择文件"对话框

1.3.3 保存文件

【执行方式】

命令行：QSAVE（或 SAVE）

菜单栏：文件→保存或主菜单→保存

工具栏：标准→保存 ，或者在快速访问工具栏中单击"保存"按钮

【操作步骤】

执行上述命令后，若文件已命名，则 AutoCAD 自动保存；若文件未命名（即为默认名 drawing1.dwg），则系统打开"图形另存为"对话框，如图 1-36 所示，用户可以命名保存。在"保存于"下拉列表中可以指定保存文件的路径；在"文件类型"下拉列表中可以指定保存文件的类型。

为了防止因意外操作或计算机系统故障导致正在绘制的图形文件的丢失，可以对当前图形文件设置自动保存。设置自动保存有以下几种方法：

1）利用系统变量 SAVEFILEPATH 设

图 1-36 "图形另存为"对话框

置所有"自动保存"文件的位置,如 C:\HU\。

2)利用系统变量 SAVEFILE 存储"自动保存"文件名。该系统变量储存的文件是只读文件,用户可以从中查询自动保存的文件名。

3)利用系统变量 SAVETIME 指定在使用"自动保存"时多长时间保存一次图形,单位是 min。

1.3.4 另存为

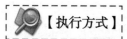【执行方式】

命令行:SAVEAS

菜单栏:文件→另存为或者主菜单→另存为

工具栏:标准→另存为 ,或者在快速访问工具栏中单击"另存为"按钮

【操作步骤】

执行上述命令后,打开"图形另存为"对话框,如图 1-36 所示。AutoCAD 用另存为进行保存,并把当前图形更名。

1.4 图层操作

AutoCAD 中的图层就如同在手工绘图中使用的重叠透明图纸,如图 1-37 所示。可以使用图层来组织不同类型的信息。在 AutoCAD 中,图形的每个对象都位于一个图层上,所有图形对象都具有图层、颜色、线型和线宽 4 个基本属性。在绘制时,图形对象将创建在当前的图层上。每个 AutoCAD 文档中图层的数量是不受限制的,每个图层都有自己的名称。

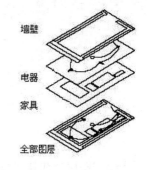

图 1-37 图层示意图

1.4.1 建立新图层

新建的 AutoCAD 文档中只能自动创建一个名为 0 的特殊图层。默认情况下,图层 0 将被指定使用 7 号颜色、CONTINU-OUS 线型、默认线宽以及 NORMAL 打印样式。不能删除或重命名图层 0。通过创建新的图层,可以将类型相似的对象指定给同一个图层使其相关联。例如,可以将构造线、文字、标注和标题栏置于不同的图层上,并为这些图层指定通用特性。通过将对象分类放到各自的图层中,可以快速有效地控制对象的显示以及对其进行更改。

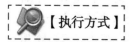【执行方式】

命令行:LAYER

菜单栏:格式→图层

工具栏:图层→图层特性管理器 (见图 1-38)

功能区：单击"默认"选项卡"图层"面板中的"图层特性"按钮，或者单击"视图"选项卡"选项板"面板中的"图层特性"按钮，如图 1-39 所示。

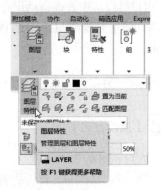

图 1-38 "图层"工具栏

图 1-39 "图层"面板

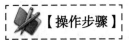【操作步骤】

执行上述命令后，系统打开"图层特性管理器"选项板，如图 1-40 所示。

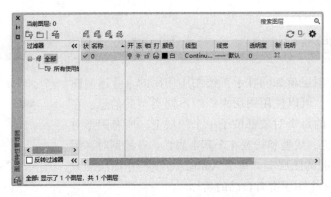

图 1-40 "图层特性管理器"选项板

单击"图层特性管理器"选项板中的"新建图层"按钮，建立新图层。默认的图层名为"图层 1"，可以根据绘图需要更改图层名，如改为实体层、中心线层或标准层等。

在一个图形中可以创建的图层数，以及在每个图层中可以创建的对象数实际上是无限的，图层名最长可使用 255 个字符命名。"图层特性管理器"按名称的字母顺序排列图层。

 注意

如果要建立多个图层，无需重复单击"新建"按钮。更有效的方法是：在建立一个新的图层"图层 1"后，改变图层名，在其后输入一个逗号"，"，这样就会又自动建立一个新图层"图层 1"。改变图层名，再输入一个逗号，又一个新的图层建立了。依次建立各个图层。也可以按两次 Enter 键，建立另一个新的图层。图层的名称也可以更改，直接双击图层名称，输入新的名称即可。

每个图层属性的设置，包括图层状态、图层名称、关闭/打开图层、冻结/解冻图层、锁定/解锁图层、图层线条颜色、图层线条线型、图层线条宽度、打印样式、打印、冻结新视口、透明度及说明 13 个参数。

1.4.2 设置图层

图层包括颜色、线宽、线型等参数，可以通过各种方法设置这些参数。

1. 在"图层特性管理器"中设置

按 1.4.1 所述打开"图层特性管理器"选项板，如图 1-40 所示。可以在其中设置图层的"颜色""线宽""线型"等参数。

1）设置图层线条颜色。在工程制图中，整个图形包含多种不同功能的图形对象，如实体、剖面线与尺寸标注等。为了便于直观地区分它们，有必要针对不同的图形对象使用不同的颜色，如实体层使用白色，剖面线层使用青色等。

要改变图层的颜色，可单击图层所对应的"颜色"图标，打开"选择颜色"对话框，如图 1-41 所示。它是一个标准的颜色设置对话框，可以使用"索引颜色""真彩色"和"配色系统"3 个选项卡来选择颜色。系统显示的 RGB 配比，即 Red（红）、Green（绿）和 Blue（蓝）3 种颜色配比。

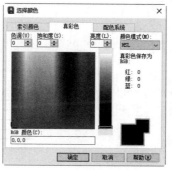

图 1-41 "选择颜色"对话框

2）设置图层线型。线型是指作为图形基本元素的线条的组成和显示方式，如实线、点画线等。在许多绘图工作中，常常以线型划分图层。为某一个图层设置适合的线型，当绘图时，只需将该图层设为当前工作层，即可绘制出符合线型要求的图形对象，极大地提高了绘图的效率。单击图层所对应的"线型"图标，打开"选择线型"对话框，如图 1-42 所示。默认情况下，在"已加载的线型"列表框中，系统中只添加了"Continuous"线型。单击"加载"按钮，打开"加载或重载线型"对话框，如图 1-43 所示。可以看到 AutoCAD 还提供许多其他的线型。用光标选择所需线型，单击"确定"按钮，即可把该线型加载到"已加载的线型"列表框中。也可以按住 Ctrl 键选择几种线型同时加载。

3）设置图层线宽。线宽设置顾名思义就是改变线条的宽度。用不同宽度的线条表现图形对象的类型，也可以提高图形的表达能力和可读性，如绘制外螺纹时大径使用粗实线，小径使用细实线。单击图层所对应的"线宽"图标，打开"线宽"对话框，如图 1-44 所示。选择一个线宽，单击"确定"按钮，完成对图层线宽的设置。

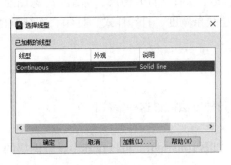

图 1-42 "选择线型"对话框

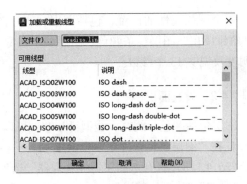

图 1-43 "加载或重载线型"对话框

图层线宽的默认值为 0.25mm。当状态栏为"模型"状态时，显示的线宽与计算机的像素有关。当线宽为零时，显示为一个像素的线宽。单击状态栏中的"线宽"按钮，屏幕上显示图形线宽，显示的线宽与实际线宽成比例，如图 1-45 所示。但线宽不随着图形的放大和缩小而变化。"线宽"功能关闭时，不显示图形的线宽，图形的线宽均以默认宽度值显示。

图 1-44 "线宽"对话框

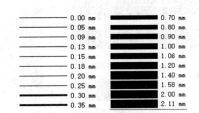

图 1-45 线宽显示效果图

2. 直接设置图层

可以直接通过命令行窗口或菜单栏设置图层的颜色、线宽、线型。

1）设置颜色（操作格式如下）：

命令行：COLOR

菜单栏：格式→颜色

执行上述命令后，系统打开"选择颜色"对话框，如图 1-41 所示。

2）设置线型（操作格式如下）：

命令行：LINETYPE

菜单栏：格式→线型

执行上述命令后，系统打开"线型管理器"对话框，如图 1-46 所示。该对话框的使用方法与图 1-42 所示的"选择线型"对话框类似。

3）设置线宽（操作格式如下）：

命令行：LINEWEIGHT 或 LWEIGHT

菜单栏：格式→线宽

执行上述命令后，系统打开"线宽设置"对话框，如图 1-47 所示。该对话框的使用方法与图 1-44 所示的"线宽"对话框类似。

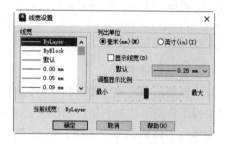

图 1-46　"线型管理器"对话框　　　　　图 1-47　"线宽设置"对话框

3. 利用"特性"面板设置图层

AutoCAD 提供了一个"特性"面板，如图 1-48 所示。可以利用面板下拉菜单中的选项，快速地查看和改变所选对象的图层、颜色、线型和线宽等特性。"特性"面板上的图层颜色、线型、线宽和打印样式的控制增强了查看和编辑对象属性的命令。在绘图区上选择任何对象，都将在面板上自动显示它所在的图层、颜色、线型等属性。

也可以在"特性"面板上的"颜色""线型""线宽"和"打印样式"下拉列表中选择需要的参数值。如果在"颜色"下拉列表中选择"更多颜色"选项，如图 1-49 所示。系统就会打开"选择颜色"对话框，如图 1-41 所示。同样，如果在"线型"下拉列表中选择"其他"选项，如图 1-50 所示。系统就会打开"线型管理器"对话框，如图 1-46 所示。

 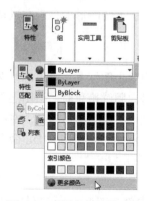 

图 1-48　"特性"面板　　　图 1-49　"颜色"下拉列表　　　图 1-50　"线型"下拉列表

4. 用"特性"选项板设置图层

（1）操作格式：

命令行：DDMODIFY 或 PROPERTIES

菜单栏：修改→特性

工具栏：标准→特性

功能区：单击"默认"选项卡"特性"面板中的"对话框启动器"按钮 ▲，或者单击"视图"选项卡"选项板"面板中的"特性"按钮 ▦。

（2）操作说明：执行上述命令后，系统打开"特性"选项板，如图 1-51 所示。在其中可以方便地设置或修改图层、颜色、线型、线宽等属性。

📖 1.4.3 控制图层

1. 切换当前图层

不同的图形对象需要绘制在不同的图层中，在绘制前需要将工作图层切换到所需的图层上来。打开"图层特性管理器"对话框，选择图层，单击"置为当前"按钮 ▨，完成设置。

2. 删除图层

在"图层特性管理器"选项板中的"图层"列表框中选择要删除的图层，单击"删除图层"按钮 ▨，即可删除该图层。从图形文件定义中删除选定的图层，只能删除未

图 1-51 "特性"选项板

参照的图层。参照图层包括图层 0 及 DEFPOINTS、包含对象（包括块定义中的对象）的图层、当前图层和依赖外部参照的图层。不包含对象（包括块定义中的对象）的图层、非当前图层和不依赖外部参照的图层都可以删除。

3. 关闭 / 打开图层

在"图层特性管理器"对话框中单击图标 💡，可以控制图层的可见性。当图层打开时，图标小灯泡呈鲜艳的颜色，该图层上的图形可以显示在屏幕上或绘制在绘图仪上。当单击该属性图标后，图标小灯泡呈蓝色时，该图层上的图形不显示在屏幕上，而且也不能被打印输出，但仍然作为图形的一部分保留在文件中。

4. 冻结 / 解冻图层

在"图层特性管理器"选项板中单击图标 ☀，可以冻结图层或将图层解冻。图标呈雪花灰暗色时，该图层是冻结状态；图标呈太阳鲜艳色时，该图层是解冻状态。冻结图层上的对象不能显示，不能打印，也不能编辑修改该图层上图形对象。在冻结了图层后，该图层上的对象不影响其他图层上对象的显示和打印。例如，当使用 HIDE 命令消隐对象时，被冻结图层上的对象不隐藏其他对象。

5. 锁定 / 解锁图层

在"图层特性管理器"选项板中单击图标 🔒，可以锁定图层或将图层解锁。锁定图层后，该图层上的图形依然显示在屏幕上并可打印输出，还可以在该图层上绘制新的图形对象，但不能对该图层上的图形进行编辑修改操作。可以对当前图层进行锁定，也可对锁定图层上的图形进行查询和对象捕捉。锁定图层可以防止对图形的意外修改。

6. 打印样式

"打印样式"控制对象的打印特性，包括颜色、抖动、灰度、笔号、虚拟笔、淡显、线型、

线宽、线条端点样式、线条连接样式和填充样式。使用"打印样式"给用户提供了很大的灵活性，可以设置打印样式来替代其他对象特性。按需要也可以关闭这些替代设置。

7. 打印 / 不打印

在"图层特性管理器"选项板中单击图标🖨，可以设定打印时该图层是否打印，在保证图形显示可见不变的条件下控制图形的打印特征。打印功能只对可见的图层起作用，对于已经被冻结或被关闭的图层不起作用。

8. 冻结新视口

控制在当前视口中图层的冻结和解冻。不解冻图形中设置为关闭或冻结的图层，对于模型空间视口不可用。

9. 透明度

在"图层特性管理器"选项板中，"透明度"用于选择或输入要应用于当前图形中选定图层的透明度级别。

1.5 绘图辅助工具

要快速顺利地完成图形绘制工作，有时需要借助一些辅助工具，如调整图形显示范围与方式的显示工具以及用于准确确定绘制位置的精确定位工具等。下面介绍这两种非常重要的辅助绘图工具。

1.5.1 显示控制工具

对于一个较为复杂的图形来说，在观察整幅图形时往往无法对其局部细节进行查看和操作，而当在屏幕上显示一个细部时又看不到其他部分。为解决这类问题，AutoCAD 提供了缩放、平移、鸟瞰视图和命名视图等一系列图形显示控制命令，可以用来任意放大、缩小或移动屏幕上的图形，或者同时从不同的角度、不同的部位显示图形。AutoCAD 还提供了重画和重新生成命令来刷新屏幕，重新生成图形。

1. 图形缩放

图形"缩放"命令类似于照相机的镜头，可以放大或缩小屏幕上所显示的图形，它只改变视图的比例，而图形的实际尺寸并不发生变化。当放大图形一部分的显示尺寸时，可以更清楚地查看这个区域的细节；相反，如果缩小图形的显示尺寸，则可以查看更大的区域，如整体浏览。

图形缩放功能在绘制大幅面机械图样，尤其是装配图时非常有用，是使用频率最高的命令之一。这个命令可以透明地使用，也就是说，该命令可以在其他命令执行时运行。用户完成涉及的透明命令时，AutoCAD 会自动地返回到用户调用透明命令前正在运行的命令。

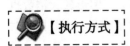
【执行方式】

命令行：ZOOM
菜单栏：视图→缩放→实时
工具栏：缩放→实时缩放（见图 1-52）

图 1-52 "缩放"工具栏

功能区：单击"视图"选项卡"导航"面板"范围"下拉菜单中的"实时"按钮，如图 1-53 所示。

图 1-53 "范围"下拉菜单

【选项说明】

执行上述命令后，系统提示：

指定窗口的角点,输入比例因子(nX 或 nXP),或者[全部(A)/中心(C)/动态(D)/范围(E)/上一个(P)/比例(S)/窗口(W)/对象(O)]＜实时＞:

1）实时："缩放"命令的默认操作，即在输入"ZOOM"命令后直接按 Enter 键，将自动调用"实时"缩放操作。"实时"缩放可以通过上下移动光标交替进行放大和缩小。在使用"实时"缩放时，系统会显示一个"+"或"–"。当缩放比例接近极限时，AutoCAD 将不再与光标一起显示"+"号或"–"号。需要从"实时"缩放操作中退出时，可按 Enter 键、Esc 键或从菜单中选择"Exit"退出。

2）全部（A）：在提示文字后输入 A，即可执行"全部（A）"缩放操作。不论图形有多大，该操作都将显示图形的边界或范围，即使对象不包括在边界以内，它们也将被显示。因此，使用"全部（A）"缩放选项可查看当前视口中的整个图形。

3）中心（C）：该选项通过确定一个中心点可以定义一个新的显示窗口。操作过程中需要指定中心点以及输入比例或高度。默认的中心点就是视图的中心点，默认的输入高度就是当前视图的高度，直接按 Enter 键后，图形不会被放大。输入比例，则数值越大，图形放大倍数也将越大。也可以在数值后面紧跟一个 X，如 3X，表示在放大时不是按绝对值变化，而是按相对于当前视图的相对值缩放。

4）动态（D）：通过操作一个表示视口的视图框，可以确定所需要显示的区域。选择该选项，在绘图区中出现一个小的视图框。按住鼠标左键左右移动，可以改变该视图框的大小；定形后放开左键，再按住鼠标左键移动视图框，确定图形中的放大位置，系统将清除当前视口并显示一个特定视图选择屏幕。这个特定屏幕，由有关当前视图及有效视图的信息所构成。

5）范围（E）："范围（E）"选项可以使图形缩放至整个显示范围。图形的范围由图形所在的区域构成，剩余的空白区域将被忽略。应用这个选项，图形中所有的对象都尽可能地被放大。

6）上一个（P）：在绘制一幅复杂的图形时，有时需要放大图形的一部分以进行细节的编辑，在编辑完成后，希望回到前一个视图。这种操作可以使用"上一个（P）"选项来实现。当前视口由"缩放"命令的各种选项或"移动"视图、视图恢复、平行投影或透视命令引起的任何变化，系统都将做保存。每一个视口最多可以保存10个视图。连续使用"上一个（P）"选项可以恢复前10个视图。

7）比例（S）："比例（S）"选项提供了3种使用方法。在提示信息下，直接输入比例因子，AutoCAD将按照此比例因子放大或缩小图形的尺寸。如果在比例因子后面加一"X"，则表示相对于当前视图计算的比例因子；使用比例因子的第三种方法就是相对于图形空间。例如，可以在图纸空间阵列布排或打印出模型的不同视图。为了使每一个视图都与图纸空间单位成比例，可以使用"比例（S）"选项。每一个视图可以有单独的比例。

8）窗口（W）："窗口（W）"选项是最常使用的选项。通过确定一个矩形窗口的两个对角来指定所需缩放的区域，对角点可以由光标指定，也可以通过输入坐标值确定。指定窗口的中心点将成为新的显示屏幕的中心点，窗口中的区域将被放大或者缩小。输入ZOOM命令时，可以在没有选择任何选项的情况下，利用光标在绘图区中直接指定缩放窗口的两个对角点。

9）对象（O）：缩放以便尽可能大地显示一个或多个选定的对象并使其位于视图的中心。可以在启动ZOOM命令前后选择对象。

 注意

这里所提到的诸如放大、缩小或移动的操作，仅仅是对图形在屏幕上的显示进行操作，图形本身并没有任何改变。

2. 图形平移

当图形幅面大于当前视口时，例如，使用图形"缩放"命令将图形放大，如果需要在当前视口之外观察或绘制一个特定区域，可以使用图形"平移"命令来实现。"平移"命令能将在当前视口以外的图形的一部分移动进来以进行查看或编辑，但不会改变图形的缩放比例。

 【执行方式】

命令行：PAN
菜单栏：视图→平移→实时
工具栏：标准→实时平移
快捷菜单：绘图区中右击，选择"平移"选项
功能区：单击"视图"选项卡"导航"面板中的"平移"按钮 🖐（见图1-54）

 【选项说明】

1）激活"平移"命令之后，光标将变成一只"小手"，可以在绘图区中任意移动，以示当前正处于平移模式。单击并按住鼠标左键将光标锁定在当前位置，即"小手"已经抓住图形，

然后拖动图形使其移动到所需位置上，松开鼠标左键将停止平移图形。可以反复按下鼠标左键，拖动、松开，将图形平移到其他位置上。

图 1-54 "导航"面板

2）"平移"命令预先定义了一些不同的菜单选项与按钮，它们可用在特定方向上平移图形，在激活"平移"命令后，这些选项可以从菜单栏中的"视图"→"平移"→"*"中调用。

- 实时：是"平移"命令中最常用的选项，也是默认选项。前面提到的平移操作都是指实时平移，通过鼠标的拖动来实现任意方向上的平移。
- 点：这个选项要求确定位移量，这就需要确定图形移动的方向和距离。可以通过输入点的坐标值或用鼠标指定点的坐标来确定位移。
- 左：该选项移动图形后使屏幕左部的图形进入显示窗口。
- 右：该选项移动图形后使屏幕右部的图形进入显示窗口。
- 上：该选项向底部平移图形后使屏幕顶部的图形进入显示窗口。
- 下：该选项向顶部平移图形后使屏幕底部的图形进入显示窗口。

📖 1.5.2 精确定位工具

在绘制图形时，可以使用直角坐标或极坐标精确定位点，但是有些点（如端点、中心点等）的坐标是不知道的，要想精确地指定这些点是很难的，有时甚至是不可能的。AutoCAD 2024 提供了辅助定位工具，使用这类工具，可以很容易地在屏幕中捕捉到这些点，进行精确地绘图。

1. 正交绘图

命令行：ORTHO

状态栏：正交（只限于打开与关闭）

快捷键：F8（只限于打开与关闭）

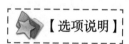

"正交"绘图模式，即在命令的执行过程中，光标只能沿 X 轴或 Y 轴移动。所有绘制的线段和构造线都将平行于 X 轴或 Y 轴，因此它们相互垂直成 90° 相交，即正交。使用"正交"绘图，对于绘制水平和竖直线非常有用，特别是当绘制构造线时经常使用，而且当"捕捉类型"为"等轴测捕捉"时，它还迫使直线平行于 3 个等轴测中的一个。

2. 栅格

AutoCAD 的栅格由有规则的点的矩阵组成，延伸到指定为图形界限的整个区域。使用栅格与在坐标纸上绘图十分相似，使用栅格可以对齐对象并直观显示对象之间的距离。如果放大或缩小图形，则需要调整栅格间距，使其适合新的比例。虽然栅格在屏幕上是可见的，但它并不是图形对象，因此它不会被打印成图形的一部分，也不会影响在何处绘图。可以单击状态栏上的"栅格"按钮或按 F7 键打开或关闭栅格。

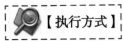

【执行方式】

命令行：DSETTINGS（或 DS，SE 或 DDRMODES）

菜单栏：工具→绘图设置

快捷菜单："栅格"按钮处右击→网格设置

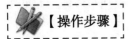

【操作步骤】

执行上述命令，系统打开"草图设置"对话框，如图 1-55 所示。

如果需要显示栅格，则选择"启用栅格"复选框。在"栅格 X 轴间距"文本框中输入栅格点之间的水平距离，单位为 mm。如果使用相同的间距设置竖直和水平分布的栅格点，则按 Tab 键。否则，在"栅格 Y 轴间距"文本框中输入栅格点之间的垂直距离。

用户可改变栅格与图形界限的相对位置。默认情况下，栅格以图形界限的左下角为起点，沿着与坐标轴平行的方向填充整个由图形界限所确定的区域。

图 1-55　"草图设置"对话框

捕捉可以使用户直接使用鼠标快捷准确地定位目标点。捕捉模式有栅格捕捉、对象捕捉、极轴捕捉和自动捕捉。

另外，可以使用 GRID 命令，通过命令行窗口方式设置栅格，功能与"草图设置"对话框类似。

注意

如果栅格的间距设置得太小，当进行"打开栅格"操作时，AutoCAD 将在文本窗口中显示"栅格太密，无法显示"的信息，而不在屏幕上显示栅格点，或者当使用"缩放"命令时，将图形缩放很小，也会出现同样提示，不显示栅格。

3. 捕捉

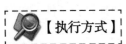

【执行方式】

菜单栏：工具→绘图设置

状态栏：捕捉模式

快捷键：F9

【操作步骤】

按上述命令，系统打开"草图设置"对话框，选择其中的"捕捉和栅格"选项卡，如图 1-55 所示。

捕捉是指 AutoCAD 可以生成一个隐含分布于屏幕上的栅格，这种栅格能够捕捉光标，使光标只能落到其中的一个栅格点上。捕捉可分为"矩形捕捉"和"等轴测捕捉"两种类型。默认设置为"矩形捕捉"，即捕捉点的阵列类似于栅格，如图 1-56 所示，用户可以指定捕捉模式在 X 轴方向和 Y 轴方向上的间距，也可改变捕捉模式与图形界限的相对位置。与栅格不同之处在于捕捉间距的值必须为正实数，另外捕捉模式不受图形界限的约束。"等轴测捕捉"表示捕捉模式为等轴测模式，此模式是绘制正等轴测图时的工作环境，如图 1-57 所示。在"等轴测捕捉"模式下，栅格和光标十字线成绘制等轴测图时的特定角度。

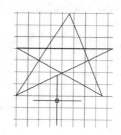

图 1-56 "矩形捕捉"示意

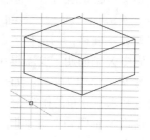

图 1-57 "等轴测捕捉"示意

两种捕捉模式的切换方法是：打开"草图设置"对话框，选择"捕捉和栅格"选项卡。在"捕捉类型"选项组中通过单选按钮可以切换"矩阵捕捉"模式与"等轴测捕捉"模式。

4. 对象捕捉

AutoCAD 给所有的图形对象都定义了特征点。"对象捕捉"是指在绘图过程中，通过捕捉这些特征点，迅速准确地将新的图形对象定位在现有对象的确切位置上，如圆的圆心、线段的中点或两个对象的交点等。在 AutoCAD 2024 中，可以通过单击状态栏中"对象捕捉"按钮，或者在"草图设置"对话框的"对象捕捉"选项卡中选择"启用对象捕捉"复选框来启用"对象捕捉"功能。在绘图过程中，"对象捕捉"功能的调用可以通过以下方式完成。

1）"对象捕捉"工具栏：在绘图过程中，当系统提示需要指定点位置时，可以单击"对象捕捉"工具栏中相应的特征点按钮，再把光标移动到要捕捉的对象上的特征点附近，AutoCAD 会自动提示并捕捉到这些特征点，如图 1-58 所示。例如，如果需要用直线连接一系列圆的圆心，可以将"圆心"设置为执行对象捕捉。如果

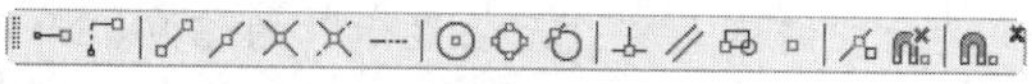

图 1-58 "对象捕捉"工具栏

有两个可能的捕捉点落在选择区域，AutoCAD 将捕捉离光标中心最近的符合条件的点。还有可能指定点时需要检查哪一个对象捕捉有效，例如，在指定位置有多个对象捕捉符合条件，在指定点之前按 Tab 键可以遍历所有可能的点。

2）对象捕捉快捷菜单：在需要指定点位置时，可以按住 Ctrl 键或 Shift 键，右击，打开"对象捕捉"快捷菜单，如图 1-59 所示。从该菜单上同样可以选择某一种特征点执行对象捕捉，把光标移动到要捕捉的对象上的特征点附近，即可捕捉到这些特征点。

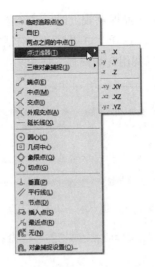

图 1-59 "对象捕捉"快捷菜单

3）使用命令行窗口：当需要指定点位置时，在命令行窗口中输入相应特征点的关键字，把光标移动到要捕捉的对象上的特征点附近，即可捕捉到这些特征点。对象捕捉特征点的关键字见表 1-1。

表 1-1 对象捕捉点的关键字

模式	关键字	模式	关键字	模式	关键字
临时追踪点	TT	捕捉自	FROM	端点	END
中点	MID	交点	INT	外观交点	APP
延长线	EXT	圆心	CEN	象限点	QUA
切点	TAN	垂足	PER	平行线	PAR
节点	NOD	最近点	NEA	无捕捉	NON
两点之间中点	M2P	点过滤器	X（Y、Z）	插入点	INS

 注意

1）"对象捕捉"不能单独使用，必须配合别的绘图命令一起使用；仅当 AutoCAD 提示输入点时，"对象捕捉"才生效。如果试图在命令提示下使用"对象捕捉"，AutoCAD 将显示错误信息。

2）"对象捕捉"只影响屏幕上可见的对象，包括锁定图层、布局视口边界和多段线上的对象；不能捕捉不可见的对象，如未显示的对象、关闭或冻结图层上的对象及虚线的空白部分。

5. 自动对象捕捉

在绘制图形的过程中，使用"对象捕捉"的频率非常高，如果每次在捕捉时都要先选择捕捉模式，将使工作效率大大降低。出于此种考虑，AutoCAD 提供了自动对象捕捉模式。如果启用自动捕捉功能,当光标距指定的捕捉点较近时,系统会自动精确地捕捉这些特征点,并显示出相应的标记以及该捕捉的提示。选择"草图设置"对话框中的"对象捕捉"选项卡,勾选"启用对象捕捉追踪"复选框,可以调用自动捕捉,如图 1-60 所示。

图 1-60 "对象捕捉"选项卡

 注意

可以设置自己经常要用的捕捉方式。一旦设置了运行捕捉方式后,在每次运行时,所设定的目标捕捉方式就会被激活,而不是仅对一次选择有效。当同时使用多种方式时,系统将捕捉距光标最近、同时又满足多种目标捕捉方式之一的点。当光标距要获取的点非常近时,按下 Shift 键暂时不获取对象点。

第 2 章

二维绘图命令

二维图形是指在二维平面空间内绘制的图形。主要由一些基本图形元素，如点、直线、圆弧、圆、椭圆、矩形、多边形等组成。AutoCAD 提供了大量的绘图工具，可以帮助用户完成二维图形的绘制。

学 习 要 点

- ◎ 点和直线类命令
- ◎ 圆类图形命令
- ◎ 平面图形命令
- ◎ 点命令
- ◎ 复杂线条命令
- ◎ 图案填充命令

2.1 点和直线类命令

2.1.1 点

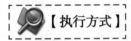【执行方式】

命令行：POINT

菜单栏：绘图→点

工具栏：绘图→点 ∴

功能区：单击"默认"选项卡"绘图"面板中的"多点"按钮 ∴

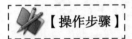【操作步骤】

命令：POINT ✓
当前点模式：PDMODE=0 PDSIZE=0.0000
指定点：（输入点的坐标）

系统在屏幕上的指定位置绘出一个点，也可在屏幕上单击选择点。

点在图形中的表示样式共有 20 种。可通过命令 DDPTYPE 或菜单栏（格式→点样式）打开"点样式"对话框来设置，如图 2-1 所示。

2.1.2 直线

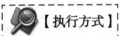【执行方式】

命令行：LINE

菜单栏：绘图→直线

工具栏：绘图→直线 ╱

功能区：单击"默认"选项卡"绘图"面板中的"直线"按钮 ╱（见图 2-2）

图 2-1 "点样式"对话框

图 2-2 "绘图"面板

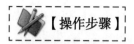【操作步骤】

命令：LINE ✓
指定第一个点：(指定所绘直线段的起始点)
指定下一点或 [放弃 (U)]：(指定所绘直线段的端点)
指定下一点或 [放弃 (U)]：(指定下一条直线段的端点)
…
指定下一点或 [闭合 (C)/ 放弃 (U)]：(按空格键或 Enter 键结束本次操作)

若用 Enter 键响应"指定第一个点："提示，系统会把上次绘线（或弧）的终点作为本次操作的起始点。若上次操作为绘制圆弧，按 Enter 键响应后绘出通过圆弧终点的与该圆弧相切的直线段，该线段的长度由光标在屏幕上指定的一点与切点之间线段的长度确定。

在"指定下一点"提示下，用户可以指定多个端点，从而绘出多条直线段。每一段直线是一个独立的对象，可以进行单独的编辑操作。

绘制两条以上直线段后，若采用输入 C 响应"指定下一点"提示，系统会自动连接起始点和最后一个端点，从而绘出封闭的图形。若采用输入 U 响应提示，则擦除最近一次绘制的直线段。

2.1.3　实例——绘制动断（常闭）触点图形符号

本实例利用"直线"命令绘制连续线段，从而绘制出动断（常闭）触点图形符号，如图 2-3 所示。

01 单击"默认"选项卡"绘图"面板中的"直线"按钮 ∕，打开"正交"按钮，绘制连续线段。命令行中的提示与操作如下：

命令：_line
指定第一个点：(任意指定一点)
指定下一点或 [放弃 (U)]：(光标向下，指定下一点)
指定下一点或 [放弃 (U)]：(光标向右，指定下一点)
指定下一点或 [闭合 (C)/ 放弃 (U)]：(按 Enter 键)

绘制连续线段，如图 2-4 所示。

图 2-3　绘制动断（常闭）触点图形符号　　　　　　　图 2-4　绘制连续线段

02 单击"默认"选项卡"绘图"面板中的"直线"按钮 ∕，绘制剩余的直线，完成动断连续线段，符号的绘制结果如图 2-3 所示。

2.1.4　数据输入方法

在 AutoCAD 2024 中，点的坐标可以用直角坐标、极坐标、球面坐标和柱面坐标表示，每一种坐标又分别具有两种坐标输入方式，即绝对坐标和相对坐标。其中，直角坐标和极坐标最为常用，下面主要介绍它们的输入。

1）直角坐标法。用点的 X、Y 坐标值表示的坐标。

例如，在命令行窗口中输入点的坐标提示下输入"15,18"，则表示输入了一个 X、Y 的坐标值分别为 15、18 的点，此为绝对坐标输入方式，表示该点的坐标是相对于当前坐标原点的坐标值，如图 2-5a 所示。如果输入"@10，20"，则为相对坐标输入方式，表示该点的坐标是相对于前一点的坐标值，如图 2-5b 所示。

2）极坐标法。用长度和角度表示的坐标，只能用来表示二维点的坐标。

在绝对坐标输入方式下，表示为"长度＜角度"，如"25＜50"，其中长度为该点到坐标原点的距离，角度为该点至原点的连线与 X 轴正向的夹角，如图 2-5c 所示。

在相对坐标输入方式下，表示为"@ 长度＜角度"，如"@25＜45"，其中长度为该点到前一点的距离，角度为该点至前一点的连线与 X 轴正向的夹角，如图 2-5d 所示。

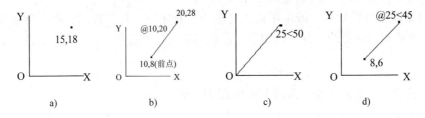

图 2-5　数据输入方法

3）动态数据输入。单击状态栏中的"动态输入"按钮 ⊢，系统打开动态输入功能，可以在屏幕上动态地输入某些参数数据。例如，绘制直线时，在光标附近会动态地显示"指定第一个点"，以及后面的坐标框。当前显示的是光标所在位置，可以输入数据，两个数据之间以逗号隔开，如图 2-6 所示。指定第一个点后，系统动态显示直线的角度，同时要求输入线段长度值，如图 2-7 所示。其输入效果与"@ 长度＜角度"方式相同。

图 2-6　"动态输入"坐标值　　　　　　图 2-7　"动态输入"长度值

下面分别讲述点与距离值的输入方法。

4）点的输入。绘图过程中，常需要输入点的位置，AutoCAD 提供了以下几种输入点的方式。

- 用键盘直接在命令行窗口中输入点的坐标。直角坐标有两种输入方式，即"X，Y"（点的绝对坐标值，如"100,50"）和"@X,Y"（相对于前一点的相对坐标值，如"@50,-30"）。坐标值均相对于当前的用户坐标系。

- 极坐标的输入方式为：长度＜角度（其中，长度为点到坐标原点的距离，角度为原点至该点连线与 X 轴的正向夹角，如"20 < 45"）或"@ 长度 < 角度"（相对于前一点的相对极坐标，如"@50 < −30"）。

- 用鼠标等定标设备移动光标并单击，在屏幕上直接取点。
- 用目标捕捉方式捕捉屏幕上已有图形的特殊点（如端点、中点、中心点、插入点、交点、切点、垂足点等）。
- 直接距离输入：先用光标拖拉出橡筋线确定方向，然后用键盘输入距离，这样有利于准确控制对象的长度等参数。如要绘制一条长度为 10mm 的线段，命令行中提示与操作如下：

命令 : line ↙
指定第一个点 : (在绘图区指定一点)
指定下一点或 [放弃 (U)]:

这时在屏幕上移动光标指明线段的方向（但不要单击），如图 2-8 所示，然后在命令行中输入 10，这样就在指定方向上准确地绘制出了长度为 10mm 的线段。

图 2-8　绘制线段

5）距离值的输入。在 AutoCAD 2024 命令中，有时需要提供高度、宽度、半径、长度等距离值。AutoCAD 2024 提供了两种输入距离值的方式：一种是用键盘在命令行窗口中直接输入数值；另一种是在屏幕上拾取两点，以两点的距离值定出所需数值。

2.1.5　实例——利用动态输入绘制标高图形符号

本实例主要练习执行"直线"命令后，在"动态输入"功能下绘制标高图形符号的流程图，如图 2-9 所示。

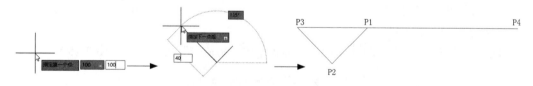

图 2-9　绘制标高图形符号的流程图

【操作步骤】

1）系统默认打开"动态输入"，如果"动态输入"没有打开，单击状态栏中的"动态输入"按钮 📐，打开"动态输入"。单击"默认"选项卡"绘图"面板中的"直线"按钮 ╱，在"动态输入"框中输入第一点坐标为（100，100），如图 2-10 所示。按 Enter 键确认 P1 点。

图 2-10　确定 P1 点

2）拖动光标，在"动态输入"框中输入"长度"为 40，按 Tab 键切换到"角度"输入框，输入"角度"为 135，按 Enter 键确认 P2 点，如图 2-11 所示。

3）拖动光标，在光标位置为 135°时，动态输入 40，按 Enter 键确认 P3 点，如图 2-12 所示。

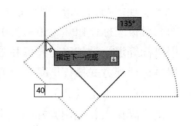

图 2-11　确定 P2 点　　　　　　　　　　　　　图 2-12　确定 P3 点

4）拖动光标，在"动态输入"框中输入相对直角坐标（@180，0），按 Enter 键确认 P4 点。如图 2-13 所示。也可以拖动光标，在光标位置为 0° 时，动态输入 180，按 Enter 键确认 P4 点，如图 2-14 所示，完成绘制。

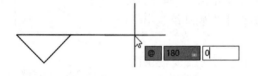

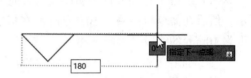

图 2-13　确定 P4 点（相对直角坐标方式）　　　　图 2-14　确定 P4 点

2.1.6　构造线

【执行方式】

命令行：XLINE
菜单栏：绘图→构造线
工具栏：绘图→构造线
功能区：单击"默认"选项卡"绘图"面板中的"构造线"按钮（见图 2-15）

图 2-15　绘图面板

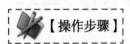【操作步骤】

命令：XLINE
指定点或 [水平 (H)/ 垂直 (V)/ 角度 (A)/ 二等分 (B)/ 偏移 (O)]:
(指定一点或输入选项 [水平 / 垂直 / 角度 / 二等分 / 偏移])
指定通过点：(指定参照线要经过的点并按空格键或 Enter 键结束本次操作)

AutoCAD 2024可以用各种不同的方法绘制一条或多条直线。应用构造线作为辅助线绘制机械图中三视图是其最主要的用途。构造线的应用保证了三视图之间"主俯视图长对正、主左视图高平齐、俯左视图宽相等"的对应关系。

2.2 圆类图形命令

2.2.1 圆

【执行方式】

命令行：CIRCLE

菜单栏：绘图→圆

工具栏：绘图→圆 ⊙

功能区：打开"默认"选项卡"绘图"面板中的"圆"下拉菜单（见图2-16）

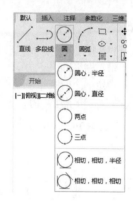

图2-16 "圆"下拉菜单

【操作步骤】

AutoCAD 2024提供了多种绘制圆的方式，下面着重介绍几种。

1）圆心、半径方式：

命令：CIRCLE ✓
指定圆的圆心或[三点(3P)/两点(2P)/切点、切点、半径(T)]:
指定圆的半径或[直径(D)]:

2）三点方式：

命令：CIRCLE ✓
指定圆的圆心或[三点(3P)/两点(2P)/切点、切点、半径(T)]: 3P ✓（选择三点方式）
指定圆上的第一个点：
指定圆上的第二个点：
指定圆上的第三个点：

3）相切、相切、半径方式：

命令：CIRCLE ✓
指定圆的圆心或[三点(3P)/两点(2P)/切点、切点、半径(T)]: T ✓（选择此方式）
指定对象与圆的第一个切点：
指定对象与圆的第二个切点：
指定圆的半径：

此方式按先指定两个相切对象，后给出半径的方法绘制圆。图2-17所示为以"相切、相切、半径"方式绘制圆的各种情形。

4）相切、相切、相切（A）："圆"下拉菜单中有一种"相切、相切、相切"的方式，当选择此方式时（见图2-18），系统提示与操作如下：

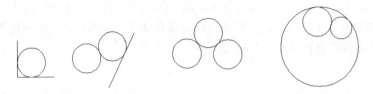

图 2-17 "相切、相切、半径"方式绘制圆

命令：_circle
指定圆的圆心或 [三点 (3P)/ 两点 (2P)/ 切点、切点、半径 (T)]: _3p ↙
指定圆上的第一个点:_tan 到 : (指定相切的第一个圆弧)
指定圆上的第二个点:_tan 到 : (指定相切的第二个圆弧)
指定圆上的第三个点:_tan 到 : (指定相切的第三个圆弧)

图 2-19 所示为"相切、相切、相切"的方式绘制的圆（其中加黑的圆为最后绘制的圆）。

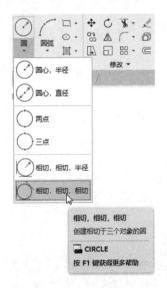

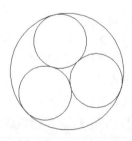

图 2-18 绘制圆的菜单方式　　　　图 2-19 "相切、相切、相切"方式绘制圆

2.2.2 实例——绘制信号灯图形符号

绘制如图 2-20 所示信号灯图形符号。

01 绘制圆。单击"默认"选项卡"绘图"面板中的"圆"按钮⊙，在绘图区中适当位置绘制一个半径为 5mm 的圆，命令行中的提示与操作如下：

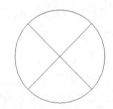

图 2-20 绘制信号灯图形符号

命令：_circle
指定圆的圆心或 [三点 (3P)/ 两点 (2P)/ 切点、切点、半径 (T)]: (任意指定一点)
指定圆的半径或 [直径 (D)]: 5 ↙

结果如图 2-21a 所示。

02 绘制灯芯线。单击"默认"选项卡"绘图"面板中的"直线"按钮 /，在"对象捕捉"和"极轴"绘图方式下，用光标捕捉圆心，以其为起点，分别绘制如图 2-21b 所示的与水平方向成 45°、长度都为 5mm 的直线 1 和直线 2，以及以圆心为起点，与水平方向成 45° 角，长度为 5mm 的直线 3 和直线 4，结果如图 2-20 所示。

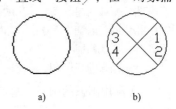

a)   b)

图 2-21 绘制信号灯图形符号

2.2.3 圆弧

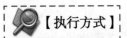
【执行方式】

命令行：ARC（缩写名：A）

菜单栏：绘图→圆弧

工具栏：绘图→圆弧 /

功能区：打开"默认"选项卡"绘图"面板中"圆弧"下拉菜单（见图 2-22）

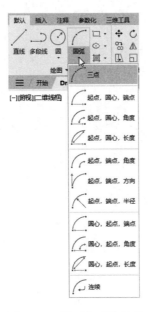

图 2-22 "圆弧"下拉菜单

【操作步骤】

AutoCAD 2024 提供了多种绘制圆弧的方法。下面着重介绍几种：

1）利用三点绘制圆弧为系统默认方式，如图 2-23a 所示。

命令：ARC ↙
指定圆弧的起点或 [圆心 (C)]:
指定圆弧的第二个点或 [圆心 (C)/ 端点 (E)]:
指定圆弧的端点：

2）利用圆弧的起点、圆心和端点绘制圆弧，如图 2-23b 所示。

命令 : ARC ↙

指定圆弧的起点或 [圆心 (C)]:

指定圆弧的第二个点或 [圆心 (C)/ 端点 (E)]: C ↙（选择圆心方式)

指定圆弧的圆心 :

指定圆弧的端点 (按住 Ctrl 键以切换方向) 或 [角度 (A)/ 弦长 (L)]:

3）利用圆弧的圆心、起点和夹角绘制圆弧，如图 2-23c 所示。

命令 : ARC ↙

指定圆弧的起点或 [圆心 (C)]: C ↙（选择圆心方式)

指定圆弧的圆心 :

指定圆弧的起点 :

指定圆弧的端点 (按住 Ctrl 键以切换方向) 或 [角度 (A)/ 弦长 (L)]: A ↙（选择圆弧夹角方式)

指定夹角 (按住 Ctrl 键以切换方向):（输入圆弧夹角的角度值)

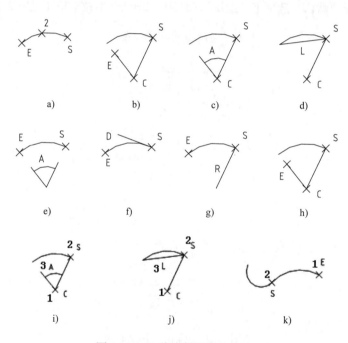

图 2-23　11 种绘制圆弧的方法

4）利用圆弧的起点、圆心和圆弧的弦长绘制圆弧，如图 2-23d 所示。

命令 : ARC ↙

指定圆弧的起点或 [圆心 (C)]:

指定圆弧的第二个点或 [圆心 (C)/ 端点 (E)]: C ↙（选择圆心方式)

指定圆弧的圆心 :（指定圆弧的圆心)

指定圆弧的端点 (按住 Ctrl 键以切换方向) 或 [角度 (A)/ 弦长 (L)]: L ↙（选择弦长方式)

指定弦长 (按住 Ctrl 键以切换方向):（指定弦长的长度)

其他几种方式不一一列举，图 2-23 所示给出了其示意图。

2.2.4 椭圆与椭圆弧

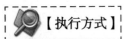【执行方式】

命令行：ELLIPSE

菜单栏：绘图→椭圆→圆弧

工具栏：绘图→椭圆 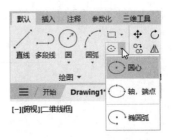 或绘图→椭圆弧

功能区：打开"默认"选项卡"绘图"面板中的"椭圆"
下拉菜单（见图 2-24）

图 2-24 "椭圆"下拉菜单

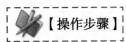【操作步骤】

1）利用椭圆上的两个端点（图 2-25 中 1、2 两点），以及另一个轴的半轴长（图 2-25 中 3、
4 两点）拉出的长度绘制椭圆（系统默认方式）。

命令：ELLIPSE ✓
指定椭圆的轴端点或 [圆弧 (A)/ 中心点 (C)]:
指定轴的另一个端点：
指定另一条半轴长度或 [旋转 (R)]:

其中 [旋转（R）] 是指定绕长轴旋转的角度。可以输入一个角度值，其有效范围为 0° ～
89.4°。输入 0，将定义圆。

2）利用椭圆的中心坐标、一个轴上的一个端点以及另一个轴的半轴长绘制椭圆。

命令：ELLIPSE ✓
指定椭圆的轴端点或 [圆弧 (A)/ 中心点 (C)]: C ✓ （选择此方式绘制椭圆）
指定椭圆的中心点：
指定轴的端点：
指定另一条半轴长度或 [旋转 (R)]:

绘制椭圆弧的方法与绘制椭圆类似，只是要拉出椭圆弧的夹角，如图 2-26 所示。

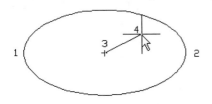

图 2-25 绘制椭圆

图 2-26 绘制椭圆弧

2.2.5 实例——绘制电话机图形符号

绘制如图 2-27 所示的电话机图形符号。

01 单击"默认"选项卡"绘图"面板中的"直
线"按钮✓，绘制一系列的线段，坐标分别为 {（100,100）、
（@100,0）、（@0,60）、（@-100,0）、c}，{（152,110）、

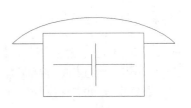

图 2-27 电话机图形符号

（152,150）}，{（148,120）、（148,140）}，{（148,130）、（110,130）}，{（152,130）、（190,130）}，
{（100,150）、（70,150）}，{（200,150）、（230,150）}，如图 2-28 所示。

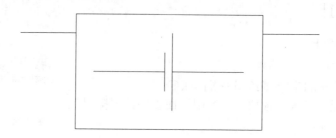

图 2-28　绘制线段

02 单击"默认"选项卡"绘图"面板中的"椭圆弧"按钮 ，绘制椭圆弧。命令行中的提示与操作如下：

命令：_ellipse
指定椭圆的轴端点或 [圆弧 (A)/ 中心点 (C)]：_a ✓
指定椭圆弧的轴端点或 [中心点 (C)]：c ✓
指定椭圆弧的中心点：150,130 ✓
指定轴的端点：60,130 ✓
指定另一条半轴长度或 [旋转 (R)]：44.5 ✓
指定起点角度或 [参数 (P)]：194 ✓
指定端点角度或 [参数 (P)/ 夹角 (I)]：(指定左侧直线的左端点)

最终结果如图 2-27 所示。

2.3　平面图形命令

2.3.1　矩形

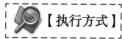【执行方式】

命令行：RECTANG（缩写名：REC）
菜单栏：绘图→矩形
工具栏：绘图→矩形 □
功能区：单击"默认"选项卡"绘图"面板中的"矩形"按钮 □

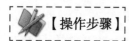【操作步骤】

命令：RECTANG ✓
指定第一个角点或 [倒角 (C)/ 标高 (E)/ 圆角 (F)/ 厚度 (T)/ 宽度 (W)]：
指定另一个角点或 [面积 (A)/ 尺寸 (D)/ 旋转 (R)]：

【选项说明】

指定第一个角点：

1）指定一点作为对角点创建矩形。矩形的边与当前的 X 轴或 Y 轴平行。执行此操作以后，系统会提示：

指定另一个角点或 [面积 (A)/ 尺寸 (D)/ 旋转 (R)]:

输入另一对角点来完成矩形的绘制，如图 2-29a 所示。

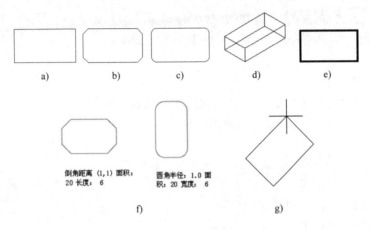

图 2-29　绘制矩形

- 倒角（C）：设置矩形的倒角距离。仅对矩形的 4 个角进行处理，以满足绘图的要求，如图 2-29b 所示。
- 标高（E）：设置矩形的标高。将矩形画在标高为 Z 与 XOY 坐标面平行的平面上，并作为后续矩形的标高值。
- 圆角（F）：设置矩形的圆角半径。将矩形的 4 个角改由一小段圆弧连接，如图 2-29c 所示。
- 厚度（T）：设置矩形的厚度，如图 2-29d 所示。
- 宽度（W）：为所绘制的矩形设置线宽，如图 2-29e 所示。
- 面积（A）：指定面积和长或宽创建矩形。选择该项，系统提示：

输入以当前单位计算的矩形面积 <20.0000>: (输入面积值)

计算矩形标注时依据 [长度 (L)/ 宽度 (W)] < 长度 >: (按 Enter 键或输入 W)

输入矩形长度 <2.0000>: (指定长度或宽度)

2）指定长度或宽度后，系统自动计算另一个维度后绘制出矩形。如果矩形被倒角或圆角，则长度或宽度计算中会考虑此设置，如图 2-29f 所示。

- 旋转（R）：旋转所绘制的矩形。选择该项，系统提示：

指定旋转角度或 [拾取点 (P)] <45>: (指定角度)

指定另一个角点或 [面积 (A)/ 尺寸 (D)/ 旋转 (R)]: (指定另一个角点或选择其他选项)

指定旋转角度后，系统按指定角度创建矩形，如图 2-19g 所示。

指定另一个角点 : 指定矩形的另一对角点来绘制矩形。

- 尺寸（D）：使用长和宽绘制矩形。

2.3.2 实例——绘制电阻器图形符号

绘制如图 2-30 所示电阻器图形符号。

01 单击"默认"选项卡"绘图"面板中的"矩形"按钮 ▭，绘制矩形，命令行中的提示与操作如下：

图 2-30　电阻器图形符号

命令 : RECTANG ✓
指定第一个角点或 [倒角 (C)/ 标高 (E)/ 圆角 (F)/ 厚度 (T)/ 宽度 (W)]: 100,100 ✓
指定另一个角点或 [面积 (A)/ 尺寸 (D)/ 旋转 (R)]:: @100,-40 ✓

结果如图 2-31 所示。

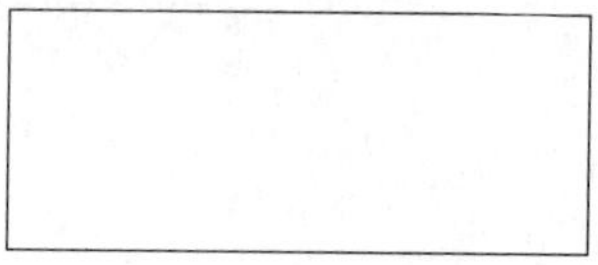

02 单击"默认"选项卡"绘图"面板中的"直线"按钮 ╱，绘制两条线段，命令行中的提示与操作如下：

图 2-31　绘制连续线段

命令 : _line
指定第一个点 : 100,80 ✓
指定下一点或 [放弃 (U)]: 60,80 ✓
指定下一点或 [放弃 (U)]: ✓
命令 :_line
指定第一个点 : 200,80 ✓
指定下一点或 [放弃 (U)]: @40,0 ✓
指定下一点或 [放弃 (U)]: ✓

最终结果如图 2-30 所示。

> **说明**
>
> 　一般每个命令有 3 种执行方式，这里只给出了命令行窗口执行方式，其他两种执行方式的操作方法与命令行窗口执行方式相同。

2.3.3 正多边形

在 AutoCAD 2024 中，正多边形是具有 3 ~ 1024 条等边长的封闭二维图形。

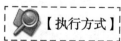【执行方式】

命令行 : POLYGON
菜单栏 : 绘图→多边形
工具栏 : 绘图→多边形⬠
功能区 : 单击"默认"选项卡"绘图"面板中的"多边形"按钮⬠

【操作步骤】

在 AutoCAD 2024 中，绘制正多边形有 3 种方法。

1）利用内接于圆绘制正多边形，如图 2-32a 所示。

a)　　　　　　　　　　　b)　　　　　　　　　　　c)

图 2-32　绘制正多边形

命令：POLYGON ✓

输入侧面数：(输入数目)

指定正多边形的中心点或 [边 (E)]:(指定正多边形的中心点或边)

输入选项 [内接于圆 (I)/ 外切于圆 (C)]:I ✓ (选择内接于圆)

指定圆的半径：

2）利用外切于圆绘制正多边形，如图 2-32b 所示。

命令：POLYGON ✓

输入侧面数：(输入数目) ✓

指定正多边形的中心点或 [边 (E)]:

输入选项 [内接于圆 (I)/ 外切于圆 (C)]:C ✓ (选择外切于圆绘制正多边形)

指定圆的半径：

3）利用正多边形上一条边的两个端点绘制正多边形，如图 2-32c 所示。

命令：POLYGON ✓

输入侧面数：(输入数目) ✓

指定正多边形的中心点或 [边 (E)]:E ✓ (选择利用边绘制正多边形)

指定边的第一个端点：

指定边的第二个端点：

2.4　点命令

2.4.1　等分点

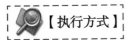【执行方式】

命令行：DIVIDE（缩写名：DIV）

菜单栏：绘图→点→定数等分

功能区：单击"默认"选项卡"绘图"面板中的"定数等分"按钮 ⁂

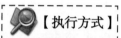
【操作步骤】

命令：DIVIDE ✓
选择要定数等分的对象：(选择要等分的实体)
输入线段数目或 [块 (B)]:(指定实体的等分数，绘制结果如图 2-33a 所示) ✓

等分数范围为 2 ~ 32767。在等分点处，按当前点样式设置画出等分点。在第二提示行选择"块（B）"选项时，表示在等分点处插入指定的块（BLOCK）。

2.4.2 测量点

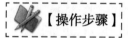
【执行方式】

命令行：MEASURE（缩写名：ME）
菜单栏：绘图→点→定距等分
功能区：单击"默认"选项卡"绘图"面板中的"定距等分"按钮

【操作步骤】

命令：MEASURE ✓
选择要定距等分的对象：(选择要设置等分测量点的实体)
指定线段长度或 [块 (B)]:(指定分段长度，绘制结果如图 2-33b 所示) ✓

设置的起点一般是指定线的绘制起点。在第二提示行选择"块（B）"选项时，表示在测量点处插入指定的块，后续操作与上面等分点类似。在等分点处，按当前点样式设置画出等分点。最后一个测量段的长度不一定等于指定分段长度。

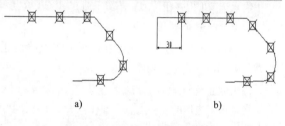

a)   b)

图 2-33 绘制等分点和测量点

2.5 复杂线条命令

2.5.1 多线

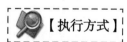
【执行方式】

命令行：MLINE
菜单栏：绘图→多线

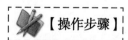
【操作步骤】

命令：MLINE ✓

当前设置：对正 = 上，比例 = 1.00，样式 = STANDARD
指定起点或 [对正 (J)/ 比例 (S)/ 样式 (ST)]: (指定起始点或输入选项 [对正 / 比例 / 样式])
指定下一点：
指定下一点或 [放弃 (U)]:
指定下一点或 [闭合 (C)/ 放弃 (U)]: ✓

AutoCAD 2024 利用"多线样式"对话框设置这些格式。打开该对话框的方法有：

命令行：MLSTYLE

菜单栏：格式→多线样式

执行命令后，系统打开"多线样式"对话框，如图 2-34 所示。可以利用该对话框对多线样式进行设置或修改。

图 2-34 "多线样式"对话框

📖 2.5.2 实例——绘制墙体图形符号

绘制如图 2-35 所示的墙体图形符号。操作步骤如下：

01 绘制辅助线。单击"默认"选项卡"绘图"面板中的"构造线"按钮 ✓，绘制出一条水平构造线和一条竖直构造线，组成"十"字构造线，如图 2-36 所示。命令行中的提示与操作如下：

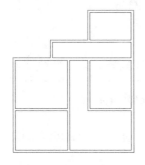

图 2-35 墙体图形符号

图 2-36 绘制"十"字构造线

```
命令 : XLINE ✓
指定点或 [ 水平 (H)/ 垂直 (V)/ 角度 (A)/ 二等分 (B)/ 偏移 (O)]: O ✓
指定偏移距离或 [ 通过 (T)] <0.0000>: 4200
选择直线对象 : ( 选择刚绘制的水平构造线 )
指定向哪侧偏移 : ( 指定上边一点 )
选择直线对象 : ( 继续选择刚绘制的水平构造线 )
```

使用相同方法，将绘制得到的水平构造线依次向上偏移 5100、1800 和 3000，绘制的水平方向的主要辅助线如图 2-37 所示。使用同样方法绘制垂直构造线，依次向右偏移 3900、1800、2100 和 4500，如图 2-38 所示。

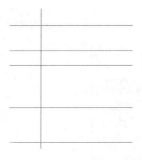

图 2-37　绘制水平方向的主要辅助线　　　图 2-38　绘制垂直构造线

02 定义多线样式。选择菜单栏中的"格式"→"多线样式"命令，系统打开"多线样式"对话框。在该对话框中单击"新建"按钮，系统打开"创建新的多线样式"对话框，在该对话框的"新样式名"文本框中输入"墙体线"，单击"继续"按钮，系统打开"新建多线样式：墙体线"对话框，在对话框中进行如图 2-39 所示的设置。

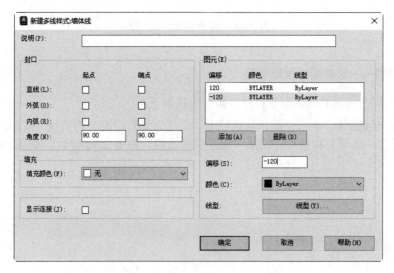

图 2-39　设置"新建多线样式：墙体线"对话框

03 绘制多线。选择菜单栏中的"绘图"→"多线"命令，绘制多线墙体。命令行提示与操作如下：

```
命令 : MLINE ↙
当前设置 : 对正 = 上 , 比例 = 20.00, 样式 = STANDARD
指定起点或 [ 对正 (J)/ 比例 (S)/ 样式 (ST)]: S ↙
输入多线比例 <20.00>:1 ↙
当前设置 : 对正 = 上 , 比例 = 1.00, 样式 = STANDARD
指定起点或 [ 对正 (J)/ 比例 (S)/ 样式 (ST)]: J ↙
输入对正类型 [ 上 (T)/ 无 (Z)/ 下 (B)] < 上 >: Z ↙
当前设置 : 对正 = 无 , 比例 = 1.00, 样式 = STANDARD
指定起点或 [ 对正 (J)/ 比例 (S)/ 样式 (ST)]: ( 在绘制的辅助线交点上指定一点 )
指定下一点 : ( 在绘制的辅助线交点上指定下一点 )
指定下一点或 [ 放弃 (U)]: ( 在绘制的辅助线交点上指定下一点 )
指定下一点或 [ 闭合 (C)/ 放弃 (U)]: ( 在绘制的辅助线交点上指定下一点 )
……
指定下一点或 [ 闭合 (C)/ 放弃 (U)]: C ↙
```

采用相同方法根据辅助线网格绘制多线，如图 2-40 所示。

04 编辑多线。选择菜单栏中的“修改”→“对象”→“多线”命令，系统打开“多线编辑工具”对话框，如图 2-41 所示。选择其中的“T 形打开”选项，确认后，命令行中的提示与操作如下 :

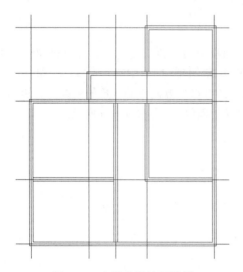

图 2-40　全部多线绘制效果

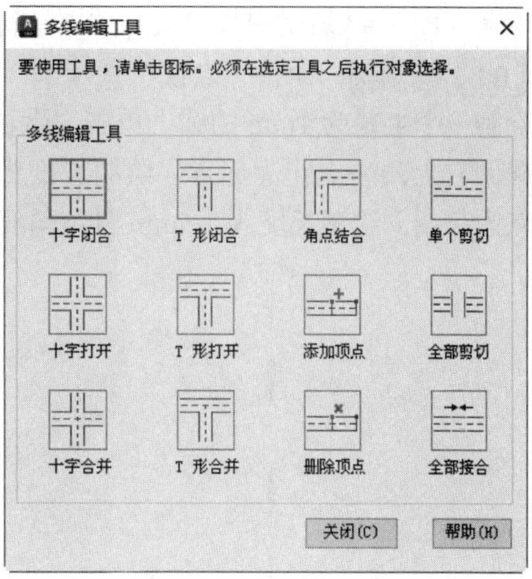

图 2-41　“多线编辑工具”对话框

```
命令 : MLEDIT ↙
选择第一条多线 : ( 选择多线 )
选择第二条多线 : ( 选择多线 )
选择第一条多线或 [ 放弃 (U)]: ( 选择多线 )
……
选择第一条多线或 [ 放弃 (U)]: ↙
```

使用同样方法继续进行多线编辑，编辑的最终结果如图 2-35 所示。

2.5.3 多段线

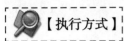

【执行方式】

命令行：PLINE（缩写名：PL）

菜单栏：绘图→多段线

工具栏：绘图→多段线 ⌐⊃

功能区：单击"默认"选项卡"绘图"面板中的"多段线"按钮 ⌐⊃

【操作步骤】

命令：PLINE ✓

指定起点：(指定多段线的起始点)

当前线宽为 0.0000 (提示当前多段线的宽度)

指定下一个点或 [圆弧 (A)/ 半宽 (H)/ 长度 (L)/ 放弃 (U)/ 宽度 (W)]:

指定下一点或 [圆弧 (A)/ 闭合 (C)/ 半宽 (H)/ 长度 (L)/ 放弃 (U)/ 宽度 (W)]:

图 2-42 所示为利用"多段线"命令绘制的火花间隙图形符号。

2.5.4 实例——绘制单极拉线开关图形符号

绘制如图 2-43 所示单极拉线开关图形符号。

01 绘制圆。单击"默认"选项卡"绘图"面板中的"圆"按钮 ⊙，在单极拉线开关的下部绘制一个半径为 1mm 的圆。单击"默认"选项卡"绘图"面板中的"直线"按钮 ╱，用光标捕捉圆右上角一点作为起点，绘制长度为 5mm，且与水平方向成 60° 角的斜线 1；以斜线 1 的终点为起点，绘制长度为 1.5mm 且与斜线成 90° 角的斜线 2，如图 2-44a 所示。

图 2-42　火花间隙图形符号　　　　图 2-43　单极拉线开关图形符号

02 绘制多段线。单击"默认"选项卡"绘图"面板中的"多段线"按钮 ⌐⊃，按命令行中的提示绘制多段线，即可形成单极拉线开关，如图 2-44b 所示。命令行中的提示与操作如下：

命令：_Pline ✓

指定起点：(捕捉步骤 **01** 中绘制的两线交点)

当前线宽为：0.0000

指定下一点或 [圆弧 (A)/ 半宽 (H)/ 长度 (L)/ 放弃 (U)/ 宽度 (W)]: @0,-1 ✓

指定下一点或 [圆弧 (A)/ 半宽 (H)/ 长度 (L)/ 放弃 (U)/ 宽度 (W)]: W ✓

指定起点宽度 <0.0000>: 0.5 ✓
指定端点宽度 <1.0000>: 0 ✓
指定下一点或 [圆弧 (A)/ 半宽 (H)/ 长度 (L)/ 放弃 (U)/ 宽度 (W)]: @0,-1 ✓
指定下一点或 [圆弧 (A)/ 半宽 (H)/ 长度 (L)/ 放弃 (U)/ 宽度 (W)]: ✓

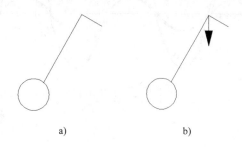

图 2-44　绘制单极拉线开关图形符号

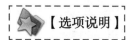【选项说明】

1）指定下一个点：确定另一端点绘制一条直线段，是系统的默认项。

2）圆弧：使系统变为绘制圆弧方式。选择了这一项后，系统会提示：

指定圆弧的端点 (按住 Ctrl 键以切换方向) 或 [角度 (A)/ 圆心 (CE)/ 方向 (D)/ 半宽 (H)/ 直线 (L)/ 半径 (R)/ 第二个点 (S)/ 放弃 (U)/ 宽度 (W)]:

- 圆弧的端点：用于绘制弧线段，为系统的默认项。弧线段从多段线上一段的最后一点开始并与多段线相切。

- 角度（A）：用于指定弧线段从起点开始包含的角度。若输入的角度值为正值，则按逆时针方向绘制弧线段；反之，按顺时针方向绘制弧线段。

- 圆心（CE）：用于指定所绘制弧线段的圆心。

- 方向（D）：用于指定弧线段的起始方向。

- 半宽（H）：用于指定从宽多段线线段的中心到其一边的宽度。

- 直线（L）：用于退出 ARC 功能项并返回到 PLINE 命令的初始提示信息状态。

- 半径（R）：用于指定所绘制弧线段的半径。

- 第二个点（S）：用于利用三点绘制圆弧。

- 放弃（U）：用于撤销上一步操作。

- 宽度（W）：用于指定下一条直线段的宽度，与"半宽"相似。

3）半宽（H）：用于指定从宽多段线线段的中心到其一边的宽度。

4）长度（L）：在与前一线段相同的角度方向上绘制指定长度的直线段。

5）放弃（U）：用于撤销上一步操作。

6）宽度（W）：用于指定下一段多线段的宽度。

2.5.5　样条曲线

AutoCAD 使用一种称为非一致有理 B 样条（NURBS）曲线的特殊样条曲线类型。NURBS 曲线在控制点之间产生一条光滑的曲线，如图 2-45 所示。样条曲线可用于创建形状不规则的曲线，如为地理信息系统（GIS）应用或汽车设计绘制轮廓线。

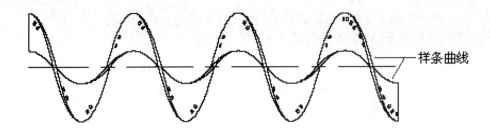

图 2-45   样条曲线

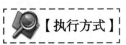【执行方式】

命令行：SPLINE

菜单栏：绘图→样条曲线

工具栏：绘图→样条曲线 ∿

功能区：单击"默认"选项卡"绘图"面板中的"样条曲线拟合"按钮 ∿ 或"样条曲线控制点"按钮 ∿（见图 2-46）

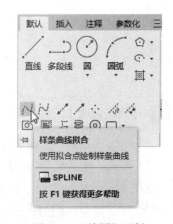

图 2-46   "绘图"面板

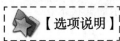【操作步骤】

命令：SPLINE ✓
当前设置：方式 = 拟合   节点 = 弦
指定第一个点或 [方式 (M)/ 节点 (K)/ 对象 (O)]:（指定一点或选择"对象 (O)"选项）
输入下一个点或 [起点切向 (T)/ 公差 (L)]:（指定一点）
输入下一个点或 [端点相切 (T)/ 公差 (L)/ 放弃 (U)]:（输入下一个点）
输入下一个点或 [端点相切 (T)/ 公差 (L)/ 放弃 (U)/ 闭合 (C)]: C ✓

【选项说明】

1）对象（O）：将二维或三维的二次或三次样条曲线的拟合多段线转换为等价的样条曲线，然后（根据 DelOBJ 系统变量的设置）删除该拟合多段线。

2）闭合（C）：将最后一点定义为与第一点一致，并使它在连接处与样条曲线相切，这样可以闭合样条曲线。

用户可以通过指定一点来定义切向矢量，或者通过使用"切点"和"垂足"对象来捕捉模式使样条曲线与现有对象相切或垂直。

3）公差（L）：使用新的公差值将样条曲线重新拟合至现有的拟合点。

4）起点切向（T）：定义样条曲线的第一点和最后一点的切向。

如果在样条曲线的两端都指定切向，可以通过输入一个点，或者使用"切点"和"垂足"对象来捕捉模式，使样条曲线与已有的对象相切或垂直。如果按 Enter 键，AutoCAD 将计算默认切向。

2.6 图案填充命令

2.6.1 图案填充

当需要用一个重复的图案（pattern）填充一个区域时，可以使用 BHATCH 命令建立一个相关联的填充阴影对象，即所谓的图案填充。

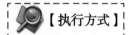【执行方式】

命令行：BHATCH

菜单栏：绘图→图案填充

工具条：绘图→图案填充▨

功能区：单击"默认"选项卡"绘图"面板中的"图案填充"按钮▨

执行上述命令后，系统弹出如图 2-47 所示的"图案填充创建"选项卡。

图 2-47 "图案填充创建"选项卡

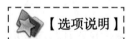【选项说明】

1. "边界"面板

1）拾取点：通过选择由一个或多个对象形成的封闭区域内的点，确定图案填充边界（见图 2-48）。指定内部点时，可以随时在绘图区中右击以显示包含多个选项的快捷菜单。

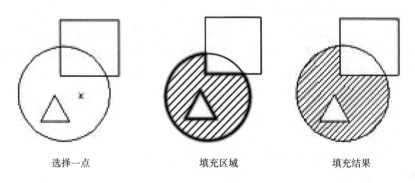

| 选择一点 | 填充区域 | 填充结果 |

图 2-48 边界确定

2）选择边界对象：指定基于选定对象的图案填充边界。选择该选项时，不会自动检测内部对象，必须选择选定边界内的对象，以按照当前孤岛检测样式填充这些对象（见图 2-49）。

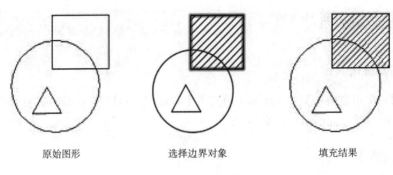

原始图形　　　　　　　　选择边界对象　　　　　　　　填充结果

图 2-49　选择边界对象

3）删除边界对象：从边界定义中删除之前添加的任何对象（见图 2-50）。

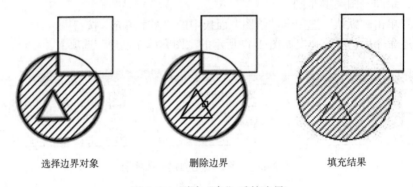

选择边界对象　　　　　　　　删除边界　　　　　　　　填充结果

图 2-50　删除"岛"后的边界

4）重新创建边界：围绕选定的图案填充或填充对象创建多段线或面域，并使其与图案填充对象相关联（可选）。

5）显示边界对象：选择构成选定关联图案填充对象的边界的对象，使用显示的夹点可修改图案填充边界。

2. 保留边界对象

指定如何处理图案填充边界对象。选项包括：

1）不保留边界。（仅在图案填充创建期间可用）不创建独立的图案填充边界对象。

2）保留边界 - 多段线。（仅在图案填充创建期间可用）创建封闭图案填充对象的多段线。

3）保留边界 - 面域。（仅在图案填充创建期间可用）创建封闭图案填充对象的面域对象。

4）选择新边界集。指定对象的有限集（称为边界集），以便通过创建图案填充时的拾取点进行计算。

3. "图案"面板

显示所有预定义和自定义图案的预览图像。

4. "特性"面板

1）图案填充类型：指定是使用纯色、渐变色、图案还是用户定义的图案填充。

2）图案填充颜色：替代实体填充和填充图案的当前颜色。

3）背景色：指定填充图案背景的颜色。

4）图案填充透明度：设定新图案填充或填充的透明度，替代当前对象的透明度。

5）图案填充角度：指定图案填充或填充的角度。

6）填充图案比例：放大或缩小预定义或自定义填充图案。

7）相对图纸空间：（仅在布局中可用）相对于图纸空间单位缩放填充图案。选择此选项，可很容易地做到以适合布局的比例显示填充图案。

8）双向：仅当"图案填充类型"设定为"用户定义"时可用，将绘制第二组直线，与原始直线成90°，从而构成交叉线。

9）ISO笔宽：仅对预定义的ISO图案可用，基于选定的笔宽缩放ISO图案。

5. "原点"面板

1）设定原点：指定新的图案填充原点。

2）左下：将图案填充原点设定在图案填充边界矩形范围的左下角。

3）右下：将图案填充原点设定在图案填充边界矩形范围的右下角。

4）左上：将图案填充原点设定在图案填充边界矩形范围的左上角。

5）右上：将图案填充原点设定在图案填充边界矩形范围的右上角。

6）中心：将图案填充原点设定在图案填充边界矩形范围的中心。

7）使用当前原点：将图案填充原点设定在HPORIGIN系统变量中存储的默认位置。

8）存储为默认原点：将新图案填充原点的值存储在HPORIGIN系统变量中。

6. "选项"面板

1）关联：指定图案填充或填充为关联图案填充。关联的图案填充或填充在用户修改其边界对象时将会更新。

2）注释性：指定图案填充为注释性。此特性会自动完成缩放注释过程，从而使注释能够以正确的大小在图纸上打印或显示。

7. 特性匹配

1）使用当前原点：使用选定图案填充对象（除图案填充原点外）设定图案填充的特性。

2）使用源图案填充原点：使用选定图案填充对象（包括图案填充原点）设定图案填充的特性。

3）允许的间隙：设定将对象用作图案填充边界时可以忽略的最大间隙。默认值为0，此值指定对象必须封闭区域而没有间隙。

4）创建独立的图案填充：控制当指定了几个单独的闭合边界时，是创建单个图案填充对象，还是创建多个图案填充对象。

8. 孤岛检测

1）普通孤岛检测：从外部边界向内填充。如果遇到内部孤岛，填充将关闭，直到遇到孤岛中的另一个孤岛。

2）外部孤岛检测：从外部边界向内填充。此选项仅填充指定的区域，不会影响内部孤岛。

3）忽略孤岛检测：忽略所有内部的对象，填充图案时将通过这些对象。

4）绘图次序：为图案填充或填充指定绘图次序。选项包括不更改、后置、前置、置于边界之后和置于边界之前。

9. "关闭"面板

关闭"图案填充创建"：退出BHATCH并关闭"图案填充创建"选项卡，也可以按Enter键或Esc键退出BHATCH。

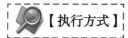 **2.6.2　编辑填充的图案**

利用 HATCHEDIT 命令，可以编辑已经填充的图案。

【执行方式】

命令行：HATCHEDIT

菜单栏：选择菜单栏中的"修改"→"对象"→"图案填充"命令

工具栏：单击"修改 II"工具栏中的"编辑图案填充"按钮

功能区：单击"默认"选项卡"修改"面板中的"编辑图案填充"按钮

快捷菜单：选择填充的图案并右击，在打开的快捷菜单中选择"图案填充编辑"命令

快捷方法：直接选择填充的图案，打开"图案填充编辑器"选项卡（见图 2-51）

图 2-51　"图案填充编辑器"选项卡

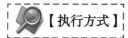 **2.6.3　实例——绘制配电箱图形符号**

绘制如图 2-52 所示配电箱图形符号。

01 绘制矩形。单击"默认"选项卡"绘图"面板中的"矩形"按钮 □，绘制一个长度为 6mm、宽度为 2mm 的矩形，如图 2-53 所示。

图 2-52　配电箱图形符号

02 绘制直线。启用"对象捕捉"方式，单击"默认"选项卡"绘图"面板中的"直线"按钮 ╱，连接矩形左下角与右上角，将矩形平分为二，如图 2-54 所示。

图 2-53　绘制矩形

图 2-54　平分矩形

03 填充矩形。单击"默认"选项卡"绘图"面板中的"图案填充"按钮 ▨，用 SOLID 图案填充所要填充的图形。命令行中的提示与操作如下：

命令：BHATCH ╱ （图案填充命令，输入该命令后将出现"图案填充创建"选项卡，选择图案填充图案为"SOLID"图案，设置角度为 0，比例为 1）

拾取内部点或 [选择对象(S)/放弃(U)/设置(T)]:（用光标在左边小矩形内拾取一点，然后按 Enter 键）

完成图案的填充，如图 2-52 所示。

2.7 综合演练——绘制简单的振荡回路

绘制如图 2-55 所示的简单的振荡回路。

本实例先绘制电感图形符号，从而确定整个回路以及电气图形符号的大体尺寸和位置；然后绘制一侧导线，再绘制电容图形符号；最后绘制剩余导线。绘制过程中要用到"直线""圆弧"和"多段线"等命令。

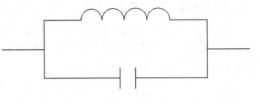

图 2-55　简单的振荡回路

01 单击"默认"选项卡"绘图"面板中的"多段线"按钮，绘制电感符号及其相连导线。命令行中的提示与操作如下：

命令：_pline

指定起点：(在绘图区空白处适当指定一点)

当前线宽为 0.0000

指定下一个点或 [圆弧 (A)/ 半宽 (H)/ 长度 (L)/ 放弃 (U)/ 宽度 (W)]：(水平向右指定一点)

指定下一点或 [圆弧 (A)/ 闭合 (C)/ 半宽 (H)/ 长度 (L)/ 放弃 (U)/ 宽度 (W)]：a↙

指定圆弧的端点 (按住 Ctrl 键以切换方向) 或 [角度 (A)/ 圆心 (CE)/ 闭合 (CL)/ 方向 (D)/ 半宽 (H)/ 直线 (L)/ 半径 (R)/ 第二个点 (S)/ 放弃 (U)/ 宽度 (W)]：a↙

指定夹角：-180↙

指定圆弧的端点 (按住 Ctrl 键以切换方向) 或 [圆心 (CE)/ 半径 (R)]：(向右与左边直线大约处于水平位置处指定一点)

指定圆弧的端点 (按住 Ctrl 键以切换方向) 或 [角度 (A)/ 圆心 (CE)/ 闭合 (CL)/ 方向 (D)/ 半宽 (H)/ 直线 (L)/ 半径 (R)/ 第二个点 (S)/ 放弃 (U)/ 宽度 (W)]：d↙

指定圆弧的起点切向：(竖直向上指定一点)

指定圆弧的端点 (按住 Ctrl 键以切换方向)：(向右与左边直线大约处于水平位置处指定一点，使此圆弧与前面圆弧半径大约相等)

指定圆弧的端点 (按住 Ctrl 键以切换方向) 或 [角度 (A)/ 圆心 (CE)/ 闭合 (CL)/ 方向 (D)/ 半宽 (H)/ 直线 (L)/ 半径 (R)/ 第二个点 (S)/ 放弃 (U)/ 宽度 (W)]：↙

结果如图 2-56 所示。

图 2-56　绘制电感图形符号及其导线

02 单击"默认"选项卡"绘图"面板中的"圆弧"按钮，绘制电感符号，命令行中的提示与操作如下：

命令：_arc

指定圆弧的起点或 [圆心 (C)]：(指定多段线终点为起点)

指定圆弧的第二个点或 [圆心 (C)/ 端点 (E)]：e↙

指定圆弧的端点：(水平向右指定一点，与第一点距离及多段线圆弧直径大致相等)

指定圆弧的中心点 (按住 Ctrl 键以切换方向) 或 [角度 (A)/ 方向 (D)/ 半径 (R)]：d↙

指定圆弧起点的相切方向 (按住 Ctrl 键以切换方向)：(竖直向上指定一点)

同理，继续绘制一段圆弧，结果如图 2-57 所示。

03 单击"默认"选项卡"绘图"面板中的
"直线"按钮 ╱，绘制导线。以圆弧终点为起点绘制
正交连续直线，如图 2-58 所示。

图 2-57　完成电感图形符号绘制

04 单击"默认"选项卡"绘图"面板中的
"直线"按钮 ╱，绘制电容图形符号。电容图形符号为两条平行等长的竖线，使右边竖线的中点
为刚绘制的导线端点，如图 2-59 所示。

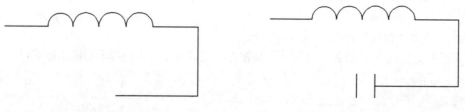

图 2-58　绘制正交连续直线　　　　　　图 2-59　绘制电容图形符号

05 单击"默认"选项卡"绘图"面板中的"直线"按钮 ╱，绘制连续正交直线，完成
其他导线绘制。使直线的起点为电容图形符号的左侧竖线中点，终点为与电感图形符号相连的
导线直线左端点，最终结果如图 2-55 所示。

由于所绘制的直线、多段线和圆弧都是首尾相连或水平对齐，因此要求在指定相应点时要
细心。读者操作起来可能比较麻烦，在后面章节学习了精确绘图的相关知识后就很简单了。

第 **3** 章

编辑命令

绘制好图形后，还要对图形进行编辑和修改才能满足设计要求。在修改图形时，往往要对图形的局部进行编辑，此时将这些要修改的图形定义为对象以方便对其进行修改，而其他没定义的部分不受影响。

学 习 要 点

◎ 选择编辑对象
◎ 复制类命令
◎ 改变位置类命令
◎ 改变几何特性命令
◎ 对象编辑类命令

3.1 选择编辑对象

AutoCAD 2024 把绘制的单个图形对象定义为对象。在绘图中进行编辑操作和一些其他操作时，必须指定操作对象，即选择目标。

1. 用光标直接获取法

1）单击法：移动光标指到所要选择的对象上单击，则该目标以虚线的方式显示，表明该对象已被选择。

2）实线框选择法：在屏幕上单击一点，然后向右移动光标，此时光标在屏幕上会拉出一个实线框，当该实线框把所要选择的图形对象完全框住后，再单击一次，此时被框住的图形对象会以虚线的方式显示，表明该对象已被选择。

3）虚线框选择法：在屏幕上单击一点，然后向左移动光标，此时光标在屏幕上会拉出一个虚线框，当该虚线框把所要选择的图形对象一部分（而非全部）框住后，再单击一次，此时被部分框住的图形对象会以虚线的方式显示，表明该对象已被选择。

2. 使用选项法

这是通过输入 AutoCAD 2024 提供的选择图形对象命令，确定要选择图形对象的方法。获取此种选项信息的方法是在"选择对象："提示下，用户可以通过输入 ? 来得到。

> 命令：SELECT ✓
> 选择对象 :? ✓
> 需要点或 窗口 (W)/ 上一个 (L)/ 窗交 (C)/ 框 (BOX)/ 全部 (ALL)/ 栏选 (F)/ 圈围 (WP)/ 圈交 (CP)/ 编组 (G)/ 添加 (A)/ 删除 (R)/ 多个 (M)/ 前一个 (P)/ 放弃 (U)/ 自动 (AU)/ 单个 (SI)/ 子对象 (SU)/ 对象 (O)

【选项说明】

1）窗口（W）：选择由两点所定义的矩形框内的所有对象。与上面讲的实线框选择法基本相同，不过不论光标指针向左还是向右，均为实线框，而与边界相交的对象不会被选择。

2）上一个（L）：自动选择最后绘制的一个对象。

3）窗交（C）：此方式与"窗口"方法类似，但它不仅包括矩形框内的对象，也包括与矩形框边界相交的所有对象。

4）框（BOX）：选择该选项时，系统根据用户在屏幕上指定的两个对角点的坐标而自动使用"窗口"或"窗交"选择方式。若从左向右指定对角点，则为"窗口"方式；反之，则为"窗交"方式。

5）全部（ALL）：选择图面上的所有对象。

6）栏选（F）：临时绘制一些直线，凡是与这些直线相交的对象均被选择。

7）圈围（WP）：使用一个多边形来选择对象。该多边形可以为任意形状，但不能与自身相交。

8）圈交（CP）：类似于"圈围"方式。区别在于，与多边形边界相交的对象也可被选择。

9）编组（G）：选择指定组中的全部对象。

10）添加（A）：可以将选定对象添加到选择集。

11）删除（R）：可以将对象从当前选择集中删除。

12）多个（M）:指定多个点而不虚线显示被选对象，从而加快复杂对象上的对象选择过程。若两个对象交叉，指定交叉点两次就可以选定这两个对象。

13）前一个（P）:将上次编辑命令最后一次所构造的选择集作为当前选择集。

14）放弃（U）:用于取消最近加入到选择集中的对象。

15）自动（AU）:若选择单个对象，则该对象即为自动选择的结果；如果选择点落到对象内部或外部的空白处，系统会采取"窗口"的选择方式，即把空白处的选择点作为一矩形框的一个对角点，移动光标到另一选择点，系统把该点作为矩形框的另一对角点，此时该矩形框框住的对象被选择且变为虚线形式。

16）单个（SI）:选择指定第一个对象或第一组对象集而不继续提示进行下一步选择。

17）子对象（SU）:使用户可以逐个选择原始形状，这些形状是复合实体的一部分或三维实体上的顶点、边和面。可以选择这些子对象的其中之一，也可以创建多个子对象的选择集。选择集可以包含多种类型的子对象。按住 Ctrl 键操作与选择 SELECT 命令的"子对象"选项相同。

18）对象（O）:结束选择子对象的功能。使用户可以使用对象选择方法。

3.2 复制类命令

3.2.1 复制

【执行方式】

命令行：COPY
菜单栏：修改→复制
工具栏：修改→复制
快捷菜单：选择要复制的对象并右击，在弹出的快捷菜单中选择"复制选择"命令
功能区：单击"默认"选项卡"修改"面板中的"复制"按钮

【操作步骤】

命令 : COPY ✓
选择对象 : (指定复制对象)
选择对象 : (可以按 Enter 键或空格键结束选择 , 也可以继续)
当前设置 : 复制模式 = 多个
指定基点或 [位移 (D)/ 模式 (O)] < 位移 >:
指定第二个点或 [阵列 (A)] < 使用第一个点作为位移 >:
指定第二个点或 [阵列 (A)/ 退出 (E)/ 放弃 (U)] < 退出 >:

【选项说明】

1）指定基点：指定一个坐标点后，AutoCAD 2024 把该点作为复制对象的基点。指定第

二个点后，系统将根据这两点确定的位移矢量把选择的对象复制到第二点处。如果此时直接按Enter键，即选择默认的"用第一点作位移"，则第一个点被当作相对于X、Y、Z的位移。例如，如果指定基点为（2,3）并在下一个提示下按Enter键，则该对象从它当前的位置开始，在X方向上移动2个单位，在Y方向上移动3个单位。一次复制完成后，可以不断指定新的第二点，从而实现多重复制。

2）位移（D）：直接输入位移值，表示以选择对象时的拾取点为基准，以拾取点坐标为移动方向，按纵横比移动指定位移后所确定的点为基点。例如，选择对象时的拾取点坐标为（2,3），输入位移为5，则表示以（2,3）点为基准，按纵横比为3：2的方向移动5个单位所确定的点为基点。

3）模式（O）：控制是否自动重复该命令。确定复制模式是单个还是多个。

4）阵列（A）：指定在线性阵列中排列的副本数量。

📖 3.2.2　实例——绘制双绕组变压器图形符号

绘制如图3-1所示双绕组变压器图形符号。

01 绘制圆。单击"默认"选项卡"绘图"面板中的"圆"按钮 ⊙，在绘图区中适当位置绘制一个半径为4mm的圆，如图3-2a所示。

02 复制圆。单击"默认"选项卡"修改"面板中的"复制"按钮 ⅜，将步骤 **01** 绘制的圆复制一份，并向右平移8mm。命令行中的提示与操作如下：

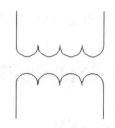

图3-1　双绕组变压器图形符号

命令：_copy
选择对象：找到1个（选择圆）
选择对象：（按Enter键）
当前设置：复制模式=多个
指定基点或[位移(D)/模式(O)]<位移>：（单击圆心）
指定第二个点或[阵列(A)]<使用第一个点作为位移>：（将光标放置在圆右侧，打开"正交"，在命令行中输入8）
指定第二个点或[阵列(A)/退出(E)/放弃(U)]<退出>：

重复执行"复制"命令，每次都以最下面的圆为复制对象并向右平移，如图3-2b所示。

03 绘制水平直线。单击"默认"选项卡"绘图"面板中的"直线"按钮 ╱，在"对象捕捉"方式下，用光标分别捕捉左右两端两个圆的圆心，绘制水平直线，如图3-2c所示。

04 拉长水平直线。单击"默认"选项卡"修改"面板中的"拉长"按钮 ╱，将水平直线拉长。命令行中的提示与操作如下：

命令：_lengthen ✓
选择要测量的对象或[增量(DE)/百分比(P)/总计(T)/动态(DY)]<总计(T)>：DE ✓
输入长度增量或[角度(A)]<0.0000>：4 ✓
选择要修改的对象或[放弃(U)]：（选择水平直线）
选择要修改的对象或[放弃(U)]：✓

绘制结果如图3-2d所示。

图 3-2　绘制圆和直线

05 修剪图形。单击"默认"选项卡"修改"面板中的"修剪"按钮✂（将在后面小节详细讲述），以水平直线为剪切边，对圆进行修剪，命令行中的提示与操作如下：

> 命令：_trim
> 当前设置：投影 =UCS, 边 = 无 , 模式 = 标准
> 选择剪切边 ...
> 选择对象或 [模式 (O)] < 全部选择 >: (选择水平直线)
> 选择对象：✓
> 选择要修剪的对象 , 或按住 Shift 键选择要延伸的对象 , 或 [剪切边 (T)/ 栏选 (F)/ 窗交 (C)/ 投影 (P)/ 边 (E)/ 删除 (R)]: (依次选择圆的上半部分)
> 选择要修剪的对象 , 或按住 Shift 键选择要延伸的对象 , 或 [剪切边 (T)/ 栏选 (F)/ 窗交 (C)/ 投影 (P)/ 边 (E)/ 删除 (R)/ 放弃 (U)]: ✓

修剪结果如图 3-3a 所示。

06 平移水平直线。单击"默认"选项卡"修改"面板中的"移动"按钮✛（将在后面小节详细讲述），将水平直线向下平移 7mm，平移后结果如图 3-3b 所示。

07 镜像图形。单击"默认"选项卡"修改"面板中的"镜像"按钮⚐（将在后面小节详细讲述），选择 4 段半圆弧为镜像对象，以水平直线为镜像线，做镜像操作，得到水平直线下方的一组半圆弧。单击"默认"选项卡"修改"面板中的"删除"按钮🖉，删除掉水平直线，如图 3-3c 所示。

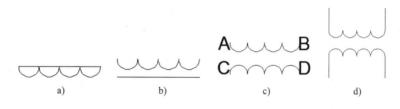

图 3-3　完成绘制

08 绘制连接线。单击"默认"选项卡"绘图"面板中的"直线"按钮╱，在"对象捕捉"和"正交"绘图方式下，用光标捕捉点 A，以其为起点，向上绘制一条长度为 12mm 的竖直直线。重复上面的操作，以点 B 为起点，向上绘制长度为 12mm 的竖直直线。用光标捕捉点 C、点 D 分别向下绘制长度为 12mm 的竖直直线，作为变压器的输入输出连接线，如图 3-3d 所示。

📖 3.2.3　镜像

命令行：MIRROR

菜单栏：修改→镜像

工具栏：修改→镜像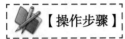

功能区：单击"默认"选项卡"修改"面板中的"镜像"按钮 ⚠

【操作步骤】

命令：MIRROR ↙
选择对象：(指定镜像对象)
选择对象：(可以按 Enter 键或空格键结束选择，也可以继续)
指定镜像线的第一点：(通过两点确定镜像线)
指定镜像线的第二点：
要删除源对象吗? [是(Y)/否(N)] <否>：

3.2.4 实例——绘制单向击穿二极管图形符号

绘制如图 3-4 所示单向击穿二极管图形符号。

01 绘制等边三角形。单击"默认"选项卡"绘图"面板中的"多边形"按钮◇，命令行中的提示与操作如下：

命令：_polygon
输入侧面数 <4>：3 ↙
指定正多边形的中心点或 [边(E)]：e ↙
指定边的第一个端点：(任意指定一点)
指定边的第二个端点：@10,0 ↙

结果如图 3-5 所示。

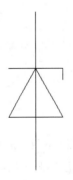

图 3-4 单向击穿二极管图形符号

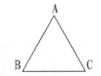

图 3-5 绘制正三角形

02 绘制竖直直线。单击"默认"选项卡"绘图"面板中的"直线"按钮╱，在"正交"和"对象捕捉"方式下，用光标捕捉等边三角形最上面的顶点 A，以其为起点，向上绘制一条长度为 10mm 的竖直直线，如图 3-6a 所示。

03 拉长竖直直线。单击"默认"选项卡"修改"面板中的"拉长"按钮╱，将步骤 **02** 绘制的竖直直线向下拉长 18mm。命令行中的提示与操作如下：

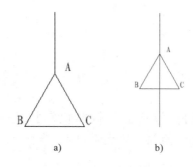

图 3-6　绘制竖直直线

命令：_lengthen
选择要测量的对象或 [增量 (DE)/ 百分比 (P)/ 总计 (T)/ 动态 (DY)] < 增量 (DE)>: de ✓
输入长度增量或 [角度 (A)] <0.0000>: 18 ✓
选择要修改的对象或 [放弃 (U)]: (选择竖直直线的下半部分)
选择要修改的对象或 [放弃 (U)]:

拉长后的结果如图 3-6b 所示。

04 绘制直线 1。单击"默认"选项卡"绘图"面板中的"直线"按钮 ╱，在"正交"和"对象捕捉"方式下，用光标捕捉点 A，向左绘制一条长度为 5mm 的直线 1，如图 3-7a 所示。

05 镜像直线 1。单击"默认"选项卡"修改"面板中的"镜像"按钮，对直线 1 进行镜像操作。命令行中的提示与操作如下：

命令：_mirror
选择对象：(选择步骤 **04** 绘制的直线 1)
选择对象：✓
指定镜像线的第一点：(指定竖直直线上一点)
指定镜像线的第二点：(指定竖直直线上另一点)
要删除源对象吗？ [是 (Y)/ 否 (N)] < 否 >: ✓

镜像后的结果如图 3-7b 所示。

06 绘制直线。单击"默认"选项卡"绘图"面板中的"直线"按钮 ╱，以图 3-7b 中直线 1 的右端点为起始点，竖直向下绘制长度为 2mm 的直线，如图 3-7c 所示。至此完成单向击穿二极管图形符号的绘制。

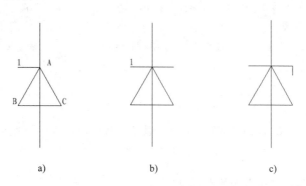

图 3-7　绘制单向击穿二极管图形符号

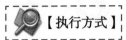 3.2.5　阵列

图3-8　"修改"面板

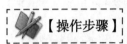【执行方式】

命令行：ARRAY

菜单栏：修改→阵列→矩形阵列 / 路径阵列 / 环形阵列

工具栏：修改→矩形阵列 品，修改→路径阵列 ，修改→环形阵列

功能区：单击"默认"选项卡"修改"面板中的"矩形阵列"按钮品 /"路径阵列"按钮 /"环形阵列"按钮（见图3-8）

【操作步骤】

命令：ARRAY ↙
选择对象：(使用对象选择方法)
输入阵列类型 [矩形 (R)/ 路径 (PA)/ 极轴 (PO)]< 矩形 >:

【选项说明】

1）矩形（R）：将选定对象的副本分布到行数、列数和层数的任意组合。选择该选项后出现如下提示：

选择夹点以编辑阵列或 [关联 (AS)/ 基点 (B)/ 计数 (COU)/ 间距 (S)/ 列数 (COL)/ 行数 (R)/ 层数 (L)/ 退出 (X)] < 退出 >:(通过夹点，调整阵列间距、列数、行数和层数；也可以分别选择各选项输入数值)

2）路径（PA）：沿路径或部分路径均匀分布选定对象的副本。选择该选项后出现如下提示：

选择路径曲线：(选择一条曲线作为阵列路径)
选择夹点以编辑阵列或 [关联 (AS)/ 方法 (M)/ 基点 (B)/ 切向 (T)/ 项目 (I)/ 行 (R)/ 层 (L)/ 对齐项目 (A)/ Z 方向 (Z)/ 退出 (X)] < 退出 >:(通过夹点，调整阵行数和层数；也可以分别选择各选项输入数值)

3）极轴（PO）：在绕中心点或旋转轴的环形阵列中均匀分布对象副本。选择该选项后出现如下提示：

指定阵列的中心点或 [基点 (B)/ 旋转轴 (A)]:(选择中心点、基点或旋转轴)
选择夹点以编辑阵列或 [关联 (AS)/ 基点 (B)/ 项目 (I)/ 项目间角度 (A)/ 填充角度 (F)/ 行 (ROW)/ 层 (L)/ 旋转项目 (ROT)/ 退出 (X)] < 退出 >:(通过夹点，调整项目间角度和填充角度；也可以分别选择各选项输入数值)

 注意

在命令行中输入 ARRAYCLASSIC，弹出如图 3-9 所示的"阵列"对话框。

3.2.6　实例——绘制点火分离器图形符号

绘制如图 3-10 所示的点火分离器图形符号。

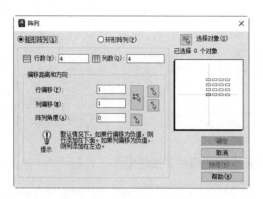

图 3-9　"阵列"对话框

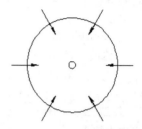

图 3-10　点火分离器图形符号

01 绘制圆。单击"默认"选项卡"绘图"面板中的"圆"按钮 ⊙ ，以（50,50）为圆心，分别绘制半径为 1.5mm 和 20mm 的圆，如图 3-11 所示。

02 绘制箭头。单击"默认"选项卡"绘图"面板中的"多段线"按钮 ，通过改变线宽绘制箭头。起点宽度为 0，终点宽度为 1mm，箭头尺寸如图 3-12 所示。利用"对象捕捉"功能，使箭头的尾部位于圆 2 的最右边象限点上，如图 3-13 所示。

03 绘制水平直线。单击"默认"选项卡"绘图"面板中的"直线"按钮 ╱ ，启动"对象捕捉"和"正交"模式，以箭头尾部为起点，向右绘制一条长度为 7mm 的水平直线，如图 3-14 所示。

04 阵列箭头。单击"默认"选项卡"修改"面板中的"环形阵列"按钮 ，阵列步骤 **02** 、 **03** 绘制的箭头和直线。命令行中的提示与操作如下：

```
命令：_arraypolar
选择对象：( 选择步骤 02 、 03 绘制的箭头和直线 )
选择对象：↙
类型 = 极轴  关联 = 否
指定阵列的中心点或 [ 基点 (B)/ 旋转轴 (A)]:
选择夹点以编辑阵列或 [ 关联 (AS)/ 基点 (B)/ 项目 (I)/ 项目间角度 (A)/ 填充角度 (F)/ 行 (ROW)/ 层 (L)/
旋转项目 (ROT)/ 退出 (X)] < 退出 >: i ↙
输入阵列中的项目数或 [ 表达式 (E)] <6>: 6 ↙
选择夹点以编辑阵列或 [ 关联 (AS)/ 基点 (B)/ 项目 (I)/ 项目间角度 (A)/ 填充角度 (F)/ 行 (ROW)/ 层 (L)/
旋转项目 (ROT)/ 退出 (X)] < 退出 >: f ↙
指定填充角度 (+= 逆时针、-= 顺时针 ) 或 [ 表达式 (EX)] <360>: ↙
选择夹点以编辑阵列或 [ 关联 (AS)/ 基点 (B)/ 项目 (I)/ 项目间角度 (A)/ 填充角度 (F)/ 行 (ROW)/ 层 (L)/
旋转项目 (ROT)/ 退出 (X)] < 退出 >: ↙
```

图 3-11　绘制圆

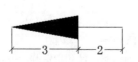

图 3-12　绘制箭头

图 3-13　添加箭头

图 3-14　绘制直线

阵列结果如图 3-10 所示，完成点火分离器图形符号的绘制。

3.2.7 偏移

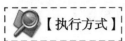

【执行方式】

命令行：OFFSET

菜单栏：修改→偏移

工具栏：修改→偏移⊂

功能区：单击"默认"选项卡"修改"面板中的"偏移"按钮⊂

【操作步骤】

命令 :OFFSET ↙

当前设置 : 删除源 = 否 图层 = 源 OFFSETGAPTYPE=0

指定偏移距离或 [通过 (T)/ 删除 (E)/ 图层 (L)] < 通过 >:

选择要偏移的对象 , 或 [退出 (E)/ 放弃 (U)] < 退出 >:

指定要偏移的那一侧上的点 , 或 [退出 (E)/ 多个 (M)/ 放弃 (U)] < 退出 >: (图 3-15 所示为图像偏移过程示意)

选择要偏移的对象 , 或 [退出 (E)/ 放弃 (U)] < 退出 >:

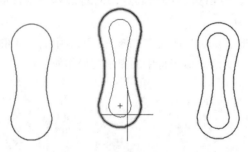

图 3-15　图像偏移过程示意

3.2.8 实例——绘制防水防尘灯图形符号

绘制如图 3-16 所示的防水防尘灯图形符号。

01 绘制圆。单击"默认"选项卡"绘图"面板中的"圆"按钮⊘，绘制半径为 2.5mm 的圆。

02 偏移圆。单击"默认"选项卡"修改"面板中的"偏移"按钮⊂，将步骤 **01** 绘制的圆向内进行偏移，命令行中的提示与操作如下：

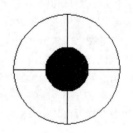

图 3-16　防水防尘灯图形符号

命令 :_offset

当前设置 : 删除源 = 否 图层 = 源 OFFSETGAPTYPE=0

指定偏移距离或 [通过 (T)/ 删除 (E)/ 图层 (L)] < 通过 >: (任意指定圆上一点)

指定第二点 : (在圆内指定距离确定一点)

选择要偏移的对象 , 或 [退出 (E)/ 放弃 (U)] < 退出 >: (选择圆图形)

指定要偏移的那一侧上的点 , 或 [退出 (E)/ 多个 (M)/ 放弃 (U)] < 退出 >: (在圆内指定一点)

选择要偏移的对象，或 [退出 (E)/ 放弃 (U)] < 退出 >:

结果如图 3-17a 所示。

03 绘制直线。单击"默认"选项卡"绘图"面板中的"直线"按钮 ╱，以圆心为起点水平向右绘制半径，如图 3-17b 所示。

04 阵列直线。单击"默认"选项卡"修改"面板中的"环形阵列"按钮 ⬡，将步骤 **03** 绘制的直线以圆心为中心环形阵列 4 个。命令行中的提示与操作如下：

命令 : _arraypolar

选择对象 : 找到 1 个

选择对象 : ✓

类型 = 极轴 关联 = 否

指定阵列的中心点或 [基点 (B)/ 旋转轴 (A)]:(单击圆心)

选择夹点以编辑阵列或 [关联 (AS)/ 基点 (B)/ 项目 (I)/ 项目间角度 (A)/ 填充角度 (F)/ 行 (ROW)/ 层 (L)/ 旋转项目 (ROT)/ 退出 (X)] < 退出 >: i ✓

输入阵列中的项目数或 [表达式 (E)] <6>: 4 ✓

选择夹点以编辑阵列或 [关联 (AS)/ 基点 (B)/ 项目 (I)/ 项目间角度 (A)/ 填充角度 (F)/ 行 (ROW)/ 层 (L)/ 旋转项目 (ROT)/ 退出 (X)] < 退出 >: f ✓

指定填充角度 (+= 逆时针、 -= 顺时针) 或 [表达式 (EX)] <360>: 360 ✓

选择夹点以编辑阵列或 [关联 (AS)/ 基点 (B)/ 项目 (I)/ 项目间角度 (A)/ 填充角度 (F)/ 行 (ROW)/ 层 (L)/ 旋转项目 (ROT)/ 退出 (X)] < 退出 >: ✓

结果如图 3-17c 所示。

05 填充圆。单击"默认"选项卡"绘图"面板中的"图案填充"按钮 ▨，用"SOLID"图案填充内圆，如图 3-17d 所示，完成防水防尘灯图形符号的绘制。

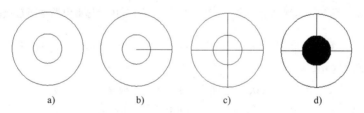

a)　　　　　　　b)　　　　　　　c)　　　　　　　d)

图 3-17　绘制防水防尘灯图形符号

3.3　改变位置类命令

3.3.1　移动

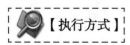
【执行方式】

命令行 : MOVE

菜单栏 : 修改→移动

快捷菜单 : 选择要复制的对象，在绘图区右击，在弹出的快捷菜单选择"移动"命令

工具栏：修改→移动✛

功能区：单击"默认"选项卡"修改"面板中的"移动"按钮✛

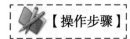【操作步骤】

命令：MOVE↙

选择对象：(指定移动对象)

选择对象：(可以按 Enter 键或空格键结束选择，也可以继续)

指定基点或 [位移 (D)] < 位移 >：

指定第二个点或 < 使用第一个点作为位移 >：

其中命令选项的含义与"复制（COPY）"相同。"移动"编辑功能示意如图 3-18 所示。

3.3.2　实例——绘制热继电器动断触点图形符号

绘制如图 3-19 所示热继电器动断触点图形符号。

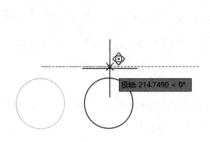

图 3-18　"移动"编辑功能示意　　　　图 3-19　热继电器动断触点图形符号

01 打开 2.1.3 节绘制的动断（常闭）触点图形符号，如图 3-20a 所示，将文件另存为"热继电器动断触点 .dwg"。

02 绘制虚线 2。单击"默认"选项卡"绘图"面板中的"直线"按钮╱，以图 3-20a 中直线 1 上端点为起始点，水平向右绘制长度为 6mm 的直线，并将绘制的直线线型改为虚线，如图 3-20b 所示。

03 平移虚线 2。单击"默认"选项卡"修改"面板中的"移动"按钮✛，将虚线 2 向左上方平移，命令行中的提示与操作如下：

命令：_move

选择对象：找到 1 个 (选择虚线 2)

选择对象：↙

指定基点或 [位移 (D)] < 位移 >：(单击虚线 2 的右端点)

指定第二个点或 < 使用第一个点作为位移 >：(单击斜线中点)

结果如图 3-20c 所示。

04 绘制连续直线。将当前图层切换至"实线层"。单击"默认"选项卡"绘图"面板中的"直线"按钮╱，在"对象捕捉"和"正交"绘图方式下，依次绘制直线 3、直线 4、直线 5。绘制方法如下：用光标捕捉虚线 2 的右端点，以其为起点，向上绘制长度为 2mm 的竖直直线 3；

用光标捕捉直线 3 的上端点，以其为起点，向左绘制长度为 1.5mm 的水平直线 4；用光标捕捉直线 4 的左端点，向上绘制长度为 1.5mm 的竖直直线 5，如图 3-20d 所示。

05 镜像直线。单击"默认"选项卡"修改"面板中的"镜像"按钮 ⚌，以虚线 2 为镜像线，对直线 3、直线 4、直线 5 做镜像操作。命令行中的提示与操作如下：

命令：_mirror
选择对象：找到 3 个 (选择直线 3、4、5)
选择对象：↙
指定镜像线的第一点：(单击虚线 2 的左端点)
指定镜像线的第二点：(单击虚线 2 的右端点)
要删除源对象吗？ [是 (Y)/ 否 (N)] < 否 >：↙

结果如图 3-20e 所示。

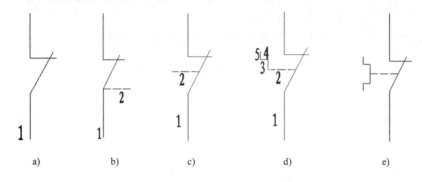

a)　　　　　　b)　　　　　　c)　　　　　　d)　　　　　　e)

图 3-20　绘制热继电器动断触点图形符号

📖 3.3.3　旋转

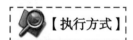【执行方式】

命令行：ROTATE
菜单栏：修改→旋转
快捷菜单：选择要旋转的对象，在绘图区右击，在弹出的快捷菜单选择"旋转"命令
工具栏：修改→旋转 ↻
功能区：单击"默认"选项卡"修改"面板中的"旋转"按钮 ↻

【操作步骤】

命令：ROTATE ↙
UCS 当前的正角方向：ANGDIR= 逆时针 ANGBASE=0
选择对象：(指定旋转对象)
选择对象：(可以按 Enter 键或空格键结束选择，也可以继续)
指定基点：(指定旋转的基点)
指定旋转角度，或 [复制 (C)/ 参照 (R)] <0>：(指定旋转角度或其他选项)

⭐ 【选项说明】

1）UCS 当前的正角方向：ANGDIR= 逆时针 ANGBASE=0：说明当前的正角度方向为逆时针，零角度方向为 X 轴正方向。

2）"旋转角度，或 [复制（C）/ 参照（R）] <0>："中两选项的含义如下：

指定旋转角度：指定对象绕基点旋转的角度。可以用光标来确定旋转角度，指定旋转角度为基点与光标的连线与零角度方向 (X 轴正方向) 之间的夹角。

● 参照（R）：以参照方式旋转对象。系统提示：

指定参照角 [0]：(指定要参考的角度值，默认值为 0)
指定新角度或 [点 (P)] <0>: (输入旋转后的角度值)

操作结束后，对象被旋转到指定的角度，也可以用拖动光标的方法旋转对象。对象被旋转后，原位置处的对象消失，如图 3-21 所示。

● 复制（C）：选择该项，旋转对象的同时保留原对象，如图 3-22 所示。

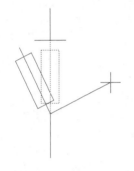

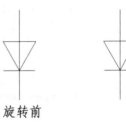 

旋转前　　　　　旋转后

图 3-21　拖动光标旋转对象　　　　　　　图 3-22　"复制"旋转

3.3.4　实例——绘制熔断式隔离开关图形符号

绘制如图 3-23 所示的熔断式隔离开关图形符号。

01 单击"默认"选项卡"绘图"面板中的"直线"按钮 ╱，绘制一条水平线段和 3 条首尾相连的竖直线段，其中上面两条竖直线段以水平线段为分界点，下面两条竖直线段以图 3-24 所示点 1 为分界点。

图 3-23　熔断式隔离开关图形符号

 注意

这里绘制的 3 条首尾相连的竖直线段不能用一条线段代替，否则后面无法操作。

02 单击"默认"选项卡"绘图"面板中的"矩形"按钮 ▢，绘制一个穿过中间竖直线段的矩形，如图 3-25 所示。

03 单击"默认"选项卡"修改"面板中的"旋转"按钮 ↻，捕捉图 3-26 中的端点，旋转矩形和中间竖直线段，命令行中的提示与操作如下：

命令 : _rotate

UCS 当前的正角方向 : ANGDIR= 逆时针 ANGBASE=0

选择对象 : (选择矩形和中间竖直线段)

选择对象 : ✓

指定基点 : (捕捉图 3-26 中的端点)

指定旋转角度 , 或 [复制 (C)/ 参照 (R)] <0>: (指定合适的角度)

最终结果如图 3-23 所示。

图 3-24　绘制线段　　　　　图 3-25　绘制矩形　　　　　图 3-26　指定旋转角度

3.4　改变几何特性命令

 3.4.1　缩放

【执行方式】

命令行 : SCALE

菜单栏 : 修改→缩放

快捷菜单 : 选择要缩放的对象 , 在绘图区中右击 , 在弹出的快捷菜单中选择 "缩放" 命令

工具栏 : 修改→缩放

功能区 : 单击 "默认" 选项卡 "修改" 面板中的 "缩放" 按钮

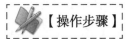【操作步骤】

命令 : SCALE ✓

选择对象 : (指定缩放对象)

选择对象 : (可以按 Enter 键或空格键结束选择 , 也可以继续)

指定基点 : (指定缩放中心点)

指定比例因子或 [复制 (C)/ 参照 (R)]:

【选项说明】

1) 指定比例因子 : 按指定的比例缩放选定对象的尺寸。

2) 参照（R）: 按参照长度和指定的新长度比例缩放所选对象。

可以用拖动光标的方法缩放对象。选择对象并指定基点后，从基点到当前光标位置会出现一条连线，线段的长度决定比例的大小。移动光标，选择的对象将随着该连线长度的变化而动态地缩放，按 Enter 键确认旋转操作。"缩放"示意如图 3-27 所示。

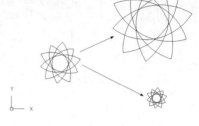

 3.4.2 拉伸

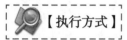【执行方式】

命令行：STRETCH
菜单栏：修改→拉伸
工具栏：修改→拉伸
功能区：单击"默认"选项卡"修改"面板中的"拉伸"按钮

图 3-27 "缩放"示意

【操作步骤】

命令：STRETCH ✓
以交叉窗口或交叉多边形选择要拉伸的对象 ...
选择对象：(以交叉窗口或交叉多边形选择要拉伸的对象)
指定基点或 [位移 (D)] < 位移 >：(指定拉伸的基点)
指定第二个点或 < 使用第一个点作为位移 >：(指定拉伸的移至点)

此时，若指定第二个点，系统将根据这两点决定的矢量拉伸对象。若直接按 Enter 键，系统会把第一个点作为 X 轴和 Y 轴的分量值。"拉伸"示意如图 3-28 所示。

> **注意**
> 用交叉窗口选择拉伸对象后落在交叉窗口内的端点被拉伸，落在外部的端点保持不动。

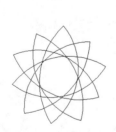 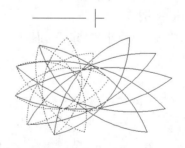

图 3-28 "拉伸"示意

3.4.3 图形修剪

【执行方式】

命令行：TRIM

菜单栏：修改→修剪

工具栏：修改→修剪 ✂

功能区：单击"默认"选项卡"修改"面板中的"修剪"按钮 ✂

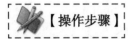**【操作步骤】**

命令：TRIM ✓

当前设置：投影 =UCS, 边 = 无, 模式 = 标准

选择剪切边 …

选择对象 < 全部选择 >：(指定修剪边界的图形)

选择对象：(可以按 Enter 键或空格键结束修剪边界的指定, 也可以继续)

选择要修剪的对象, 或按住 Shift 键选择要延伸的对象, 或 [剪切边 (T)/ 栏选 (F)/ 窗交 (C)/ 模式 (O)/ 投影 (P)/ 边 (E)/ 删除 (R)]：

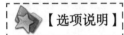**【选项说明】**

1）当前设置：投影 =UCS，边 = 无。提示选择修剪边界和当前使用的修剪模式。

2）"选择要修剪的对象, 或按住 Shift 键选择要延伸的对象, 或 "[剪切边（T）/ 栏选（F）/ 窗交（C）/ 模式（O）/ 投影（P）/ 边（E）/ 删除（R）/ 放弃（U）]"中各个选项的含义：

选择要修剪的对象, 按住 Shift 键选择要延伸的对象：指定要修剪的对象。在选择对象的同时按 Shift 键可将对象延伸到最近的修剪边界, 而不修剪它。按 Enter 键结束该命令。

● 投影（P）：确定是否使用投影方式修剪对象。

选择要修剪的对象, 按住 Shift 键选择要延伸的对象, 或 [剪切边 (T)/ 栏选 (F)/ 窗交 (C)/ 模式 (O)/ 投影 (P)/ 边 (E)/ 删除 (R)]: P ✓

输入投影选项 [无 (N)/UCS(U)/ 视图 (V)]：

其中：

● 无（N）：指定无投影。AutoCAD 2024 只修剪在三维空间中与剪切边相交的对象。

● UCS（U）（用户坐标系）：指定在当前用户坐标系 XY 平面上的投影。

● 视图（V）：指定沿当前视图方向的投影。在二维图形中一般用此项。

● 边（E）：确定是在另一对象的隐含边处或与三维空间中一个对象相交的对象的修剪方式。

● 放弃（U）：取消上一次的操作。

● 选择"栏选（F）"选项时, 系统以"栏选"的方式选择被修剪对象, 如图 3-29 所示。

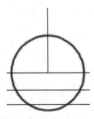 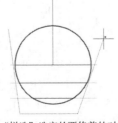 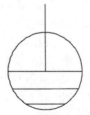

选定剪切边 　　　 使用"栏选"选定的要修剪的对象 　　　 结果

图 3-29 "栏选"修剪对象

● 选择"窗交（C）"选项时，系统以"窗交"的方式选择被修剪对象，如图 3-30 所示。被选择的对象可以互为边界和被修剪对象，此时系统会在选择的对象中自动判断边界。

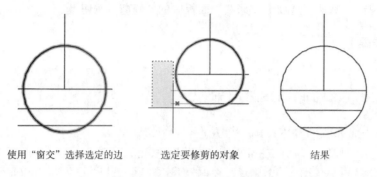

使用"窗交"选择选定的边　　　　选定要修剪的对象　　　　结果

图 3-30 "窗交"选择修剪对象

3.4.4 实例——绘制电抗器图形符号

绘制如图 3-31 所示电抗器图形符号。

01 绘制圆。单击"默认"选项卡"绘图"面板中的"圆"按钮 ⊙，在绘图区中适当位置绘制一个半径为 3.5mm 的圆，如图 3-32a 所示。

02 绘制竖直直线。单击"默认"选项卡"绘图"面板中的"直线"按钮 ／，在"对象捕捉"和"正交"绘图方式下，用光标捕捉圆心作为起点，分别向上和向下绘制长度为 7mm 的线段，如图 3-32b 所示。

图 3-31 电抗器图形符号

03 绘制水平直线。单击"默认"选项卡"绘图"面板中的"直线"按钮 ／，在"对象捕捉"和"正交"绘图方式下，用光标捕捉绘制过圆心水平线段，如图 3-32c 所示。

04 修剪图形。单击"默认"选项卡"修改"面板中的"修剪"按钮 ✂，修剪掉多余的直线与圆弧。命令行中的提示与操作如下：

```
命令：_trim
当前设置：投影 =UCS, 边 = 无 , 模式 = 标准
选择剪切边 ...
选择对象或 [ 模式 (O)]< 全部选择 >: 指定对角点 : 找到 3 个 ( 选择所有的图形 )
选择对象 : ( 按 Enter 键 )
选择要修剪的对象 , 或按住 Shift 键选择要延伸的对象 , 或 [ 剪切边 (T)/ 栏选 (F)/ 窗交 (C)/ 模式 (O)/
投影 (P)/ 边 (E)/ 删除 (R)]: ( 选择圆内水平直线的右半部分 )
选择要修剪的对象 , 或按住 Shift 键选择要延伸的对象 , 或 [ 剪切边 (T)/ 栏选 (F)/ 窗交 (C)/ 模式 (O)/
投影 (P)/ 边 (E)/ 删除 (R)/ 放弃 (U)]: ( 选择圆内竖直直线的下半部分 )
选择要修剪的对象 , 或按住 Shift 键选择要延伸的对象 , 或 [ 剪切边 (T)/ 栏选 (F)/ 窗交 (C)/ 模式 (O)/
投影 (P)/ 边 (E)/ 删除 (R)/ 放弃 (U)]: ( 选择左下角处的圆弧 )
选择要修剪的对象 , 或按住 Shift 键选择要延伸的对象 , 或 [ 剪切边 (T)/ 栏选 (F)/ 窗交 (C)/ 模式 (O)/
投影 (P)/ 边 (E)/ 删除 (R)/ 放弃 (U)]:
```

修剪后的结果如图 3-32d 所示，即为绘制完成的电抗器图形符号。

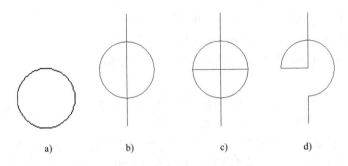

a)   b)   c)   d)

图 3-32 绘制电抗器图形符号

3.4.5 图形延伸

【执行方式】

命令行：EXTEND

菜单栏：修改→延伸

工具栏：修改→延伸

功能区：单击"默认"选项卡"修改"面板中的"延伸"按钮 —→|

【操作步骤】

命令：EXTEND ✓

当前设置：投影 =UCS, 边 = 无 , 模式 = 标准

选择边界的边 ...

选择对象或 [模式 (O)] < 全部选择 >: (指定延伸边界的图形)

选择对象 : (可以按 Enter 键或空格键结束延伸边界的指定 , 也可以继续)

选择要延伸的对象 , 或按住 Shift 键选择要修剪的对象 , 或 [边界边 (B)/ 栏选 (F)/ 窗交 (C)/ 模式 (O)/ 投影 (P)/ 边 (E)]:

上述提示中各个选项的含义与"修剪"类似。"延伸"示意如图 3-33 所示。

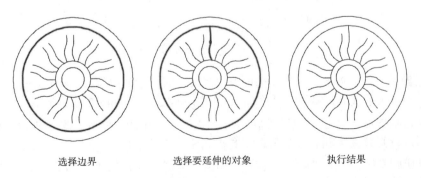

选择边界   选择要延伸的对象   执行结果

图 3-33 "延伸"示意

3.4.6 实例——绘制动断按钮图形符号

绘制如图 3-34 所示动断（常用）按钮图形符号。

01 设置图层。设置实线层和虚线层两个图层，"线型"分别设置为 Continuous 和 ACAD_ISO02W100。其他属性按默认设置。

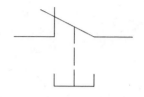

图 3-34 动断按钮图形符号

02 绘制基本图形。单击"默认"选项卡"绘图"面板中的"直线"按钮／，绘制基本图形。如图 3-35a 所示。

03 绘制竖直直线。单击"默认"选项卡"绘图"面板中的"直线"按钮／，分别以图 3-35a 中点 a 和点 b 为起点，竖直向下绘制长度为 4.5mm 的直线，如图 3-35b 所示。

04 绘制水平直线。单击"默认"选项卡"绘图"面板中的"直线"按钮／，分别以图 3-35b 中点 a 为起点，点 b 为终点，绘制线段 ab，如图 3-36a 所示。

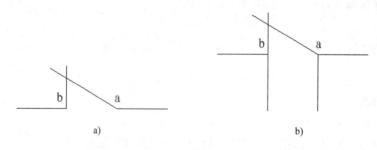

图 3-35 绘制直线

05 绘制竖直直线。单击"默认"选项卡"绘图"面板中的"直线"按钮／，捕捉线段 ab 的中点，以其为起点，竖直向下绘制长度为 4.5mm 的直线，并将其图形属性更改为"虚线层"，如图 3-36b 所示。

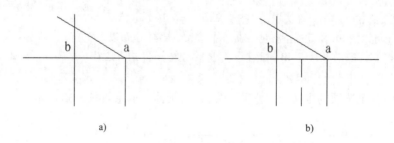

图 3-36 绘制直线

06 偏移直线。单击"默认"选项卡"修改"面板中的"偏移"按钮⊏，以线段 ab 为起始，绘制两条水平直线，偏移长度分别为 3.5mm 和 4.5mm，如图 3-37a 所示。

07 修剪图形。单击"默认"选项卡"修改"面板中的"修剪"按钮 ✂ 和"删除"按钮 ✍，对图形进行修剪，并删除掉线段 ab，结果如图 3-37b 所示。

08 延伸直线。单击"默认"选项卡"修改"面板中的"延伸"按钮→|，选择虚线作为延伸的对象，将其延伸到斜线 ac，即为绘制完成的动断按钮图形符号。命令行中的提示与操作如下：

命令：_extend ↙
当前设置：投影 =UCS，边 = 无，模式 = 标准
选择边界的边 ...
选择对象或 [模式 (O)] < 全部选择 >:（选择 ac 斜边）
选择对象：↙
选择要延伸的对象，或按住 Shift 键选择要修剪的对象，或 [边界边 (B)/ 栏选 (F)/ 窗交 (C)/ 模式 (O)/
投影 (P)/ 边 (E)]:（选择虚线）
选择要延伸的对象，或按住 Shift 键选择要修剪的对象，或 [边界边 (B)/ 栏选 (F)/ 窗交 (C)/ 模式 (O)/
投影 (P)/ 边 (E)/ 放弃 (U)]: ↙

结果如图 3-38 所示。

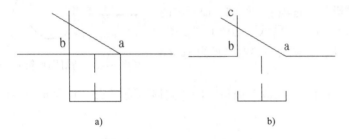
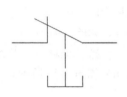

图 3-37 修剪图形   图 3-38 绘制完成

3.4.7 打断

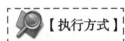【执行方式】

命令行：BREAK
菜单栏：修改→打断
工具栏：修改→打断 ⎘
功能区：单击"默认"选项卡"修改"面板中的"打断"按钮 ⎘

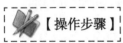【操作步骤】

命令：BREAK ↙
选择对象：（选择要断开的对象）
指定第二个打断点或 [第一点 (F)]:

【选项说明】

选择对象：若用光标选择对象，系统会选择该对象并把选择点作为第一个断开点。

指定第二个打断点或 [第一点（F）]：若输入 F，系统将取消前面的第一个选择点，提示指定两个新的断开点。"打断"示意如图 3-39 所示。

"修改"工具栏中还有一个"打断于点"命令 ⎘，与"打断"命令类似。

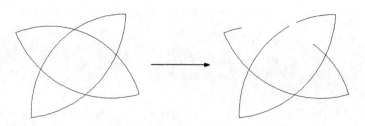

图 3-39 "打断"示意

3.4.8 实例——绘制弯灯图形符号

绘制如图 3-40 所示的弯灯图形符号。

01 绘制直线和圆。单击"默认"选项卡"绘图"面板中的"直线"按钮／，绘制一条水平直线。单击"默认"选项卡"绘图"面板中的"圆"按钮 ⊙，以直线的端点为圆心，绘制半径为 10mm 的圆，如图 3-41 所示。

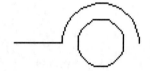

图 3-40 弯灯图形符号

02 偏移圆。单击"默认"选项卡"修改"面板中的"偏移"按钮 ⊂，将圆向外偏移 3mm，如图 3-42 所示。

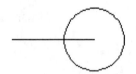

图 3-41 绘制直线和圆

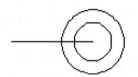

图 3-42 偏移圆

03 打断曲线。单击"默认"选项卡"修改"面板中的"打断"按钮 凵，命令行中的提示与操作如下：

```
命令：_break
选择对象：(选择外圆的左侧象限点)
指定第二个打断点或 [ 第一点 (F)]:(选择外圆的右侧象限点)
```

🪛 举一反三

捕捉第二点（右侧象限点）时，与"正交"模式的设置无关。

打断曲线后的图形如图 3-43 所示。

04 修剪曲线。单击"默认"选项卡"修改"面板中的"修剪"按钮 ✂，将圆内部分多余的线段剪切掉，得到的图形如图 3-40 所示。

3.4.9 倒角

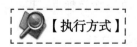
【执行方式】

命令行：CHAMFER

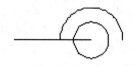

图 3-43 打断曲线后的图形

菜单栏：修改→倒角

工具栏：修改→倒角

功能区：单击"默认"选项卡"修改"面板中的"倒角"按钮

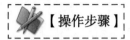【操作步骤】

AutoCAD 2024 提供两种方法进行两个线型对象的倒角操作：指定倒角距离和指定倒角距离与夹角，如图 3-44、图 3-45 所示。

图 3-44　倒角距离

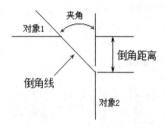

图 3-45　倒角距离与夹角

1）指定倒角距离：该距离是指从被连接的对象与倒角线的交点到被连接的两个对象的可能交点之间的距离。命令行中的提示与操作如下：

命令：CHAMFER ✓
（"修剪"模式）当前倒角距离 1 = 0.0000, 距离 2 = 0.0000
选择第一条直线或 [放弃 (U)/ 多段线 (P)/ 距离 (D)/ 角度 (A)/ 修剪 (T)/ 方式 (E)/ 多个 (M)]: D ✓
指定第一个倒角距离：
指定第二个倒角距离：

在此时可以设定两个倒角的距离，第一距离的默认值是上一次指定的距离，第二距离的默认值为第一距离所选的任意值；然后选择要倒角的两个对象，系统会根据指定的距离连接两个对象。

2）指定夹角和倒角距离：使用这种方法时，需确定两个参数：倒角线与一个对象的倒角距离和倒角线与该对象的夹角。命令行中的提示与操作如下：

命令：CHAMFER ✓
（"修剪"模式）当前倒角距离 1 = 0.0000，距离 2 = 0.0000
选择第一条直线或 [放弃 (U) / 多段线 (P) / 距离 (D) / 角度 (A) / 修剪 (T) / 方式 (E) / 多个 (M)]: A ✓
指定第一条直线的倒角长度：
指定第一条直线的倒角角度：

3）在系统提示"选择第一条直线或 [放弃（U）/ 多段线（P）/ 距离（D）/ 角度（A）/ 修剪（T）/ 方式（E）/ 多个（M）]"中其他选项含义如下：

- 多段线（P）：对整个二维多段线倒角。选择"多段线"后，系统会对多段线每个顶点处的相交直线段倒角。为了得到最好的倒角结果，一般设置倒角线是相等的值。
- 修剪（T）：控制 AutoCAD 是否修剪选定边为倒角线端点。
- 方式（E）：控制 AutoCAD 是使用两个距离还是一个距离和一个角度来创建倒角。
- 多个（M）：给多个对象集加倒角。

"倒角"示意如图 3-46 所示。

3.4.10 圆角

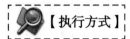
【执行方式】

命令行：FILLET

菜单栏：修改→圆角

工具栏：修改→圆角

功能区：单击"默认"选项卡"修改"面板中的"圆角"按钮

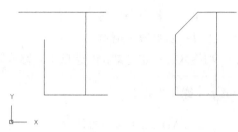

图 3-46 "倒角"示意

【操作步骤】

命令：FILLET ✓
当前设置：模式 = 修剪，半径 = 0.0000
选择第一个对象或 [放弃 (U)/ 多段线 (P)/ 半径 (R)/ 修剪 (T)/ 多个 (M)]:
选择第二个对象，或按住 Shift 键选择对象以应用角点或 [半径 (R)]:

【选项说明】

1）当前设置："模式 = 修剪，半径 =0.0000"是当前圆角设置。是前一次设置的状态的显示，可更改。

2）选择第一个对象：系统把选择的对象作为要进行圆角处理的第一个对象。

● 多段线（P）：用于在一条二维多段线的两段直线段的交点处插入圆角弧。

● 半径（R）：用于设置圆角半径。

● 修剪（T）：用于在圆滑连接两条边时是否修剪这两条边。

● 多个（M）：用于给多个对象集加圆角。

"圆角"示意如图 3-47 所示。

3.4.11 分解

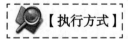
【执行方式】

命令行：EXPLODE

菜单栏：修改→分解

工具栏：修改→分解

功能区：单击"默认"选项卡"修改"面板中的"分解"按钮

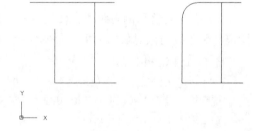

图 3-47 "圆角"示意

【操作步骤】

命令：EXPLODE ✓
选择对象：
选择一个对象后，该对象会被分解。

3.4.12 实例——绘制热继电器驱动器件图形符号

绘制如图 3-48 所示热继电器驱动器件图形符号。

01 绘制矩形。单击"默认"选项卡"绘图"面板中的"矩形"按钮，绘制一个长度为 10mm，宽度为 5mm 的矩形，如图 3-49a 所示。

02 分解矩形。单击"默认"选项卡"修改"面板中的"分解"按钮，将绘制的矩形分解为 4 条直线。命令行中的提示与操作如下：

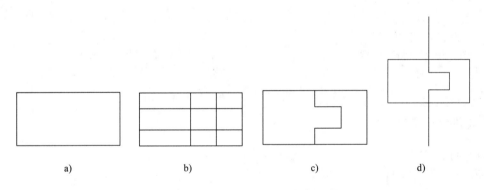

图 3-48　热继电器
驱动器件图形符号

```
命令：_explode
选择对象：找到 1 个（选择矩形）
选择对象：↙
```

结果如图 3-49a 所示。

03 偏移直线。单击"默认"选项卡"修改"面板中的"偏移"按钮，以上端水平直线为起始，绘制两条水平直线，偏移量分别为 1.5mm、2mm；以左侧竖直直线为起始，绘制两条竖直直线，偏移量分别为 5mm、2.5mm，结果如图 3-49b 所示。

04 修剪和打断图形。单击"默认"选项卡"修改"面板中的"修剪"按钮，修剪图形，如图 3-49c 所示。

05 拉长线段。单击"默认"选项卡"修改"面板中的"拉长"按钮，分别将与矩形相交的竖直线段向上、向下拉长 5mm，结果如图 3-49d 所示。

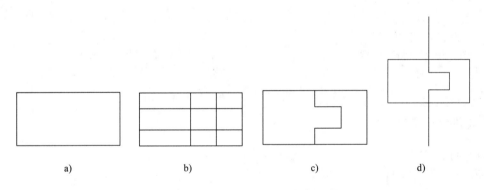

　　　　a)　　　　　　　　　b)　　　　　　　　　c)　　　　　　　　　d)

图 3-49　绘制热继电器驱动器件图形符号

3.4.13 删除

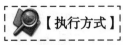 【执行方式】

命令行：ERASE
菜单栏：修改→删除
快捷菜单：选择要删除的对象，在绘图区右击，在弹出的快捷菜单中选择"删除"命令
工具栏：修改→删除
功能区：单击"默认"选项卡"修改"面板中的"删除"按钮

【操作步骤】

命令：ERASE ✓
选择对象：(指定删除对象)
选择对象：(可以按 Enter 键结束命令，也可以继续指定删除对象)

当选择多个对象时，多个对象都被删除；若选择的对象属于某个对象组，则该对象组的所有对象均被删除。图 3-50 所示为删除示意。

3.4.14　合并

将直线、圆、椭圆弧和样条曲线等独立的线段合并为一个对象，如图 3-51 所示。

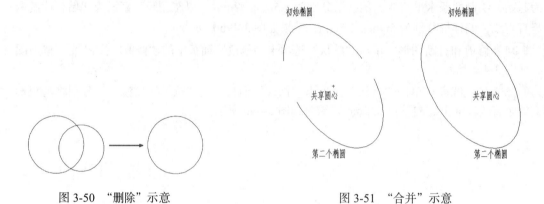

图 3-50　"删除"示意　　　　　　　　　图 3-51　"合并"示意

【执行方式】

命令行：JOIN
菜单栏：修改→合并
工具栏：修改→合并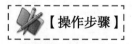
功能区：单击"默认"选项卡"修改"面板中的"合并"按钮

【操作步骤】

命令：JOIN ✓
选择源对象或要一次合并的多个对象：(选择一个对象)
　找到 1 个
选择要合并的对象：(选择另一个对象)
　找到 1 个，总计 2 个
选择要合并的对象：✓
2 条直线已合并为 1 条直线

3.5 对象编辑类命令

3.5.1 光顺曲线

在两条选定直线或曲线之间的间隙中创建样条曲线。

【执行方式】

命令行：BLEND

菜单栏：修改→光顺曲线

工具栏：修改→光顺曲线∿

功能区：单击"默认"选项卡"修改"面板中的"光顺曲线"按钮∿

【操作步骤】

命令：BLEND ✓
连续性 = 相切
选择第一个对象或 [连续性 (CON)]: CON
输入连续性 [相切 (T)/ 平滑 (S)]< 相切 >:
选择第一个对象或 [连续性 (CON)]:
选择第二个点:

【选项说明】

1）连续性（CON）：在两种过渡类型中指定一种。

2）相切（T）：创建一条 3 阶样条曲线，在选定对象的端点处具有相切（G1）连续性。

3）平滑（S）：创建一条 5 阶样条曲线，在选定对象的端点处具有曲率（G2）连续性。

如果选择"平滑"选项，请勿将显示从控制点切换为拟合点。此操作将样条曲线更改为 3 阶，这会改变样条曲线的形状。

3.5.2 钳夹功能

利用钳夹功能可以快速方便地编辑对象。AutoCAD 在图形对象上定义了一些特殊点，称为夹持点，利用夹持点可以灵活地控制对象，如图 3-52 所示。

要使用钳夹功能编辑对象必须先打开钳夹功能，打开的方法是：

菜单栏：工具→选项

系统打开"选项"对话框。选择"选择集"选项卡，勾选"夹点"选项组中的"显示夹点"复选框。在该选项卡中还可以设置代表夹点的小方格尺寸和颜色。

也可以通过 GRIPS 系统变量控制是否打开钳夹功能，1

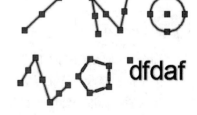

图 3-52 夹持点

代表打开，0代表关闭。

打开了钳夹功能后，应该在编辑对象之前先选择对象。夹持点表示了对象的控制位置。

使用夹持点编辑对象，首先要选择一个夹持点作为基点，称为基准夹持点；然后选择一种编辑操作，镜像、移动、旋转、拉伸和缩放。可以用空格键、Enter键或快捷键循环选择这些功能。

下面仅就其中的拉伸对象操作为例进行讲述，其他操作类似。

在图形上拾取一个夹持点，该夹持点马上改变颜色，此点为夹持点编辑的基准点。这时系统提示：

** 拉伸 **
指定拉伸点或 [基点 (B)/ 复制 (C)/ 放弃 (U)/ 退出 (X)]:

在上述"拉伸"编辑提示下，执行"缩放"命令或右击，在弹出的快捷菜单中选择"缩放"命令，系统就会转换为"缩放"操作，其他操作类似。

3.5.3 修改对象属性

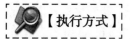【执行方式】

命令行：DDMODIFY 或 PROPERTIES

菜单栏：修改→特性

工具条：标准→特性

功能区：单击"视图"选项卡"选项板"面板中的"特性"按钮（见图3-53），或者单击"默认"选项卡"特性"面板中的"对话框启动器"按钮

【操作步骤】

命令：DDMODIFY ↙

打开"特性"选项板，如图 3-54 所示。利用它可以方便地设置或修改对象的各种属性。

不同的对象属性种类和值不同，修改属性值，对象改变为新的属性。

3.5.4 特性匹配

利用"特性匹配"功能可以将目标对象的属性与源对象的属性进行匹配，使目标对象变为与源对象相同。利用"特性匹配"功能可以方便快捷地修改对象属性，使不同对象的属性变为相同。

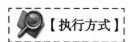【执行方式】

命令行：MATCHPROP

菜单栏：修改→特性匹配

工具栏：标准→特性匹配

功能区：单击"默认"选项卡"特性"面板中的"特性匹配"按钮

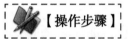

图 3-53 "选项板"面板   图 3-54 "特性"选项板

【操作步骤】

命令：MATCHPROP ∠
选择源对象：(选择源对象)
当前活动设置：颜色 图层 线型 线型比例 线宽 透明度 厚度 打印样式 标注 文字 图案填充 多段线 视口 表格材质 多重引线中心对象
选择目标对象或 [设置 (S)]：(选择目标对象)

图 3-55a 所示为两个不同属性的对象，以左边的圆为源对象，对右边的矩形进行属性匹配，结果如图 3-55b 所示。

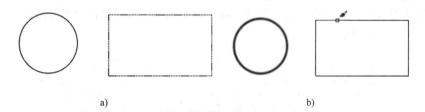

a)   b)

图 3-55 "特性匹配"示意

3.6 综合演练——绘制耐张铁帽三视图

图 3-56 所示为耐张铁帽的三视图。本图的绘制必须满足机械制图中"长对正，宽平齐，高相等"的规定。通过绘制本图，学习架空线路图的绘制方法。

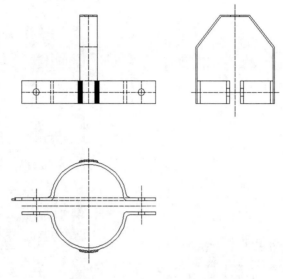

图 3-56　耐张铁帽三视图

　　绘制思路：先根据三视图中各部件的位置确定图样布局，得到各个视图的轮廓线，然后分别绘制正视图、左视图和俯视图。

3.6.1　设置绘图环境

　　01 建立新文件。打开 AutoCAD 2024 应用程序，单击快速访问工具栏中的"新建"按钮 🗋，系统打开"选择样板"对话框，选择"无样板打开—公制"，单击"打开"按钮，则选择的样板图就会出现在绘图区中，设置保存路径，命名为"耐张铁帽三视图 .dwg"并保存。

　　02 设置绘图工具栏。在任意工具栏处右击，在弹出的快捷菜单中选择"标准""图层""对象特性""绘图""修改"和"标注"这 6 个选项，调出这些工具栏，并将它们移动到绘图区中的适当位置。

　　03 设置图层。单击"默认"选项卡"图层"面板中的"图层特性"按钮 🗂，设置"轮廓线层""实体符号层"和"虚线层"图层，将"轮廓线层"图层设置为当前图层。设置好的各图层的属性如图 3-57 所示。

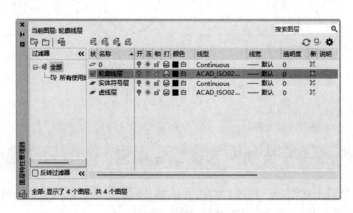

图 3-57　设置图层属性

3.6.2 图样布局

01 绘制直线 1。单击"默认"选项卡"绘图"面板中的"构造线"按钮 ✎，在"正交"绘图方式下，绘制一条横贯整个绘图区的直线 1。命令行中的提示与操作如下：

```
命令 : _xline
指定点或 [ 水平 (H)/ 垂直 (V)/ 角度 (A)/ 二等分 (B)/ 偏移 (O)]: ( 输入 H ↙ )
指定通过点 : ( 在绘图区中合适位置指定一点 )
指定通过点 : ( 右击或按 Enter 键 )
```

02 偏移直线 1。单击"默认"选项卡"修改"面板中的"偏移"按钮 ⊂，将直线 1 依次向下偏移 85mm、90mm、30mm、30mm、150mm、108mm、108mm，得到 7 条直线，如图 3-58 所示。

03 绘制直线 2。单击"默认"选项卡"绘图"面板中的"直线"按钮 ╱，绘制直线 2，如图 3-59 所示。

04 偏移直线 2。单击"默认"选项卡"修改"面板中的"偏移"按钮 ⊂，将直线 2 依次向右偏移 40mm、40mm、8mm、71mm、25mm、25mm、71mm、8mm、40mm、40mm、108mm、108mm、108mm，得到 13 条直线，如图 3-60 所示。

图 3-58 偏移直线 1

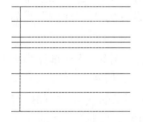

图 3-59 绘制直线 2

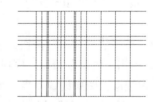

图 3-60 偏移直线 2

05 修剪直线。单击"默认"选项卡"修改"面板中的"修剪"按钮 ✂，修剪掉多余的线段，得到图样布局，如图 3-61 所示。

06 绘制三视图布局。单击"默认"选项卡"修改"面板中的"修剪"按钮 ✂ 和"删除"按钮 ✐，将图 3-61 裁剪成图 3-62 所示的 3 个区域，每个区域对应一个视图。

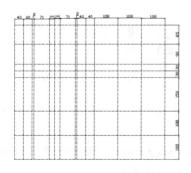

图 3-61 图样布局

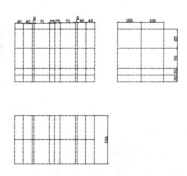

图 3-62 图样布局

3.6.3 绘制主视图

01 修剪图形。单击"默认"选项卡"修改"面板中的"修剪"按钮 ✂，修剪图 3-63 所示的左上角区域，得到主视图的大致轮廓，如图 3-63 所示。

02 绘制主视图左半部分。

❶ 单击"默认"选项卡"修改"面板中的"偏移"按钮 ⊑，将图 3-63 所示的直线 1 向下偏移 4mm，选择偏移后的直线，将其图层特性设为"虚线层"。单击"默认"选项卡"修改"面板中的"修剪"按钮 ✂，保留图形的左半部分，如图 3-64 所示。

❷ 单击"默认"选项卡"修改"面板中的"偏移"按钮 ⊑，将图 3-63 所示的直线 2 向左偏移 17.5mm。选择偏移后的直线，将其图层特性改为"虚线层"。单击"默认"选项卡"修改"面板中的"修剪"按钮 ✂，得到表示圆孔的隐线。

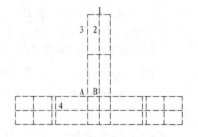

图 3-63　主视图轮廓

❸ 单击"默认"选项卡"修改"面板中的"偏移"按钮 ⊑，将图 3-63 所示的直线 3 向左偏移 4mm，并将其图层特性改为"实体图形符号层"。单击"默认"选项卡"修改"面板中的"修剪"按钮 ✂，得到表示架板与抱箍板连接斜面的小矩形。

❹ 单击"默认"选项卡"绘图"面板中的"图案填充"按钮 ▧，系统打开"图案填充创建"选项卡。设置"图案填充图案"为 SOLID，"角度"设置为 0，"比例"设置为 1，其他为默认值。

❺ 单击"选择边界对象"按钮，暂时回到绘图区中进行选择。依次选择小矩形的 4 条边作为填充边界，单击"确定"按钮，完成图案的填充，如图 3-65 所示。

❻ 将"虚线层"图层设置为当前图层，绘制出图 3-63 所示的点 A 与点 B 之间的虚线。

❼ 将当前图层由"虚线层"切换为"实体符号层"，单击"默认"选项卡"绘图"面板中的"圆"按钮 ⊙，以图 3-66 所示的交点为圆心，绘制直径为 17.5mm 的表示螺孔的小圆，如图 3-67 所示。

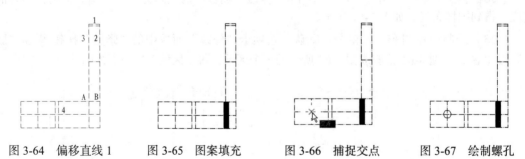

图 3-64　偏移直线 1　　图 3-65　图案填充　　图 3-66　捕捉交点　　图 3-67　绘制螺孔

❽ 单击"默认"选项卡"绘图"面板中的"多段线"按钮 ⌐⊃，绘制出主视图外轮廓线的左半部分，结果如图 3-68 所示。

❾ 打开"轮廓线层"图层，单击"默认"选项卡"修改"面板中的"镜像"按钮 ⚎，以中心线为对称轴，将主视图左半部分对称镜像一份，如图 3-69 所示。

❿ 单击"默认"选项卡"修改"面板中的"偏移"按钮 ⊑，将中心线左右平移 12.5mm，

单击"默认"选项卡"修改"面板中的"修剪"按钮▼，修剪掉多余的图形，得到如图 3-70 所示图形。

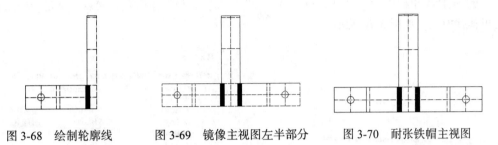

图 3-68　绘制轮廓线　　　　图 3-69　镜像主视图左半部分　　　　图 3-70　耐张铁帽主视图

3.6.4　绘制左视图

01 单击"默认"选项卡"修改"面板中的"偏移"按钮⊆，在左视图区域补充绘制定位线，如图 3-71 所示。

02 将"实体符号层"图层设置为当前图层，单击"默认"选项卡"绘图"面板中的"多段线"按钮￣）￣，通过捕捉端点和交点绘制出架板的外轮廓线，如图 3-72 所示。

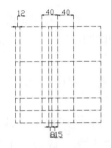　　　　　　　　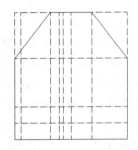

图 3-71　在左视图绘制定位线　　　　　　图 3-72　绘制架板外轮廓线

03 单击"默认"选项卡"修改"面板中的"偏移"按钮⊆，将架板的外轮廓线向内偏移 4mm，得到架板的内轮廓线，如图 3-73 所示。

04 单击"默认"选项卡"修改"面板中的"修剪"按钮▼，对左视图区域的左下方轴线进行修剪，得到抱箍板的大致轮廓，如图 3-74 所示。

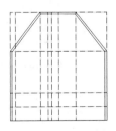　　　　　　　　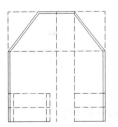

图 3-73　绘制架板内轮廓线　　　　　　图 3-74　修剪左下方轴线

05 单击"默认"选项卡"绘图"面板中的"多段线"按钮￣）￣，绘制出抱箍板的轮廓，如图 3-75 所示。

06 绘制表示抱箍板上的螺孔的虚线。

❶ 将"虚线层"图层设置为当前图层。

❷ 选择菜单栏中的"工具"→"绘图设置"命令，设置象限点，交点，垂足，中点和端点为可捕捉模式，如图 3-76 所示。

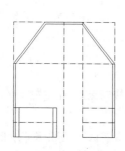

图 3-75　抱箍板轮廓

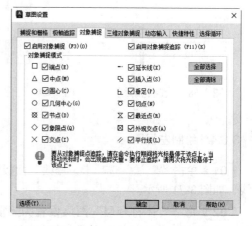

图 3-76　"草图设置"对话框

❸ 单击"默认"选项卡"绘图"面板中的"直线"按钮╱，在"对象追踪"绘图方式下，通过追踪主视图中螺孔的象限点，确定直线的第一个端点，如图 3-77 所示。捕捉垂足确定直线的第二个端点，绘制好的直线如图 3-78 所示。

❹ 单击"默认"选项卡"修改"面板中的"镜像"按钮◢◣，将图 3-78 所示的抱箍板的左半部分进行镜像操作，得到抱箍板的右半部分。

❺ 单击"默认"选项卡"修改"面板中的"偏移"按钮⬰，将中心线向左右各偏移12.5mm，单击"默认"选项卡"修改"面板中的"修剪"按钮✂，修剪掉多余直线，至此，左视图绘制基本完成，关闭"轮廓线层"，如图 3-79 所示。

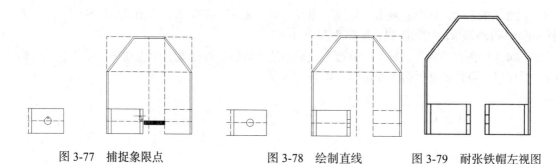

图 3-77　捕捉象限点　　　　图 3-78　绘制直线　　　　图 3-79　耐张铁帽左视图

📖 3.6.5　绘制俯视图

01 单击"默认"选项卡"修改"面板中的"偏移"按钮⬰，在俯视图区域补充绘制定位线，如图 3-80 所示。

02 将"实体符号层"图层设置为当前图层，单击"默认"选项卡"绘图"面板中的

"圆"按钮◎，绘制抱箍板图形部分的轮廓，两个圆的半径分别为96mm和104mm，如图3-81所示。

03 单击"默认"选项卡"绘图"面板中的"多段线"按钮⤵，绘制抱箍板左上平板部分的轮廓，如图3-81所示。

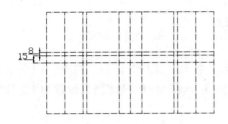

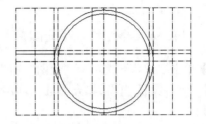

图3-80　在俯视图绘制定位线　　　　图3-81　绘制抱箍板图形部分的轮廓

04 关闭"轮廓线层"，将"虚线层"图层设置为当前图层。单击"默认"选项卡"绘图"面板中的"直线"按钮╱，绘制表示抱箍板上的螺孔，如图3-82所示。

05 单击"默认"选项卡"修改"面板中的"圆角"按钮⌐，设置圆角半径为10mm，然后分别对抱箍板平板向圆板过渡处的内侧及外侧进行倒圆，如图3-82所示。

06 单击"默认"选项卡"修改"面板中的"镜像"按钮▲▲，镜像复制出抱箍板的右上平板部分。

07 单击"默认"选项卡"修改"面板中的"修剪"按钮✂，修剪掉两个圆形的多余部分，如图3-83所示。

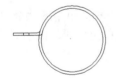

图3-82　绘制螺孔并倒圆　　　　　　图3-83　完成抱箍板绘制

08 绘制架板在俯视图上的投影。

❶ 关闭"轮廓线层"，然后把"实体符号层"图层设置为当前图层。

❷ 单击"默认"选项卡"绘图"面板中的"圆"按钮◎，绘制架板轮廓的定位圆，如图3-84所示。

❸ 单击"视图"选项卡"导航"面板中的"范围"下拉菜单中的"窗口"按钮◻，局部放大图3-84的顶部，如图3-85所示。

❹ 单击"默认"选项卡"修改"面板中的"修剪"按钮✂，以定位线1和定位线2为修剪边，修剪掉外面圆的多余部分，如图3-85所示。

❺ 单击"默认"选项卡"修改"面板中的"偏移"按钮⟜，将定位线1和定位线2分别向外偏移复制4mm，如图3-85所示。

❻ 单击"默认"选项卡"绘图"面板中的"直线"按钮╱，绘制架板与抱箍板连接斜面的两条短线，如图3-85所示。

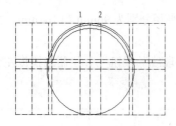

图 3-84　绘制架板轮廓的定位圆

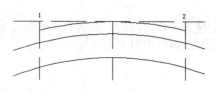

图 3-85　局部放大

⑦ 单击"默认"选项卡"绘图"面板中的"图案填充"按钮▨，系统打开"图案填充创建"选项卡。设置"图案填充图案"为 ANSI31，"角度"设置为 0，"比例"设置为 1，其他为默认值。

⑧ 单击"拾取点"按钮，暂时回到绘图区中进行选择。选择架板内一点，单击"确定"按钮，完成图案的填充，如图 3-86 所示。

09 单击"默认"选项卡"修改"面板中的"镜像"按钮⚠，打开"轮廓线层"，镜像复制出俯视图另一部分，再次关闭轮廓线层后结果如图 3-87 所示。

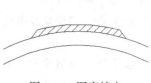

图 3-86　图案填充

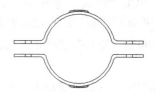

图 3-87　俯视图

10 单击"视图"选项卡"导航"面板中的"范围"下拉菜单中的"全部"按钮🔍，则三视图全部显示于模型空间。打开"轮廓线层"，删除不必要的定位线，把余下的定位线修改为轴线，如图 3-88 所示。

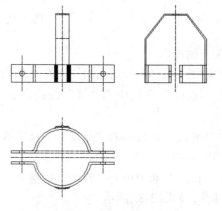

图 3-88　初步完成三视图

第 **4** 章

文本、表格与尺寸标注

文字注释是图形中很重要的一部分内容，进行各种设计时，通常不仅要绘出图形，还要在图形中标注一些文字，如技术要求、注释说明等，对图形对象加以解释。AutoCAD 提供了多种写入文字的方法，本章将介绍文本的注释和编辑功能。表格在 AutoCAD 图形中也有大量的应用，如明细栏、参数表和标题栏等。

学 习 要 点

◎ 文本标注

◎ 尺寸标注

◎ 表格

4.1 文本标注

文本是图形的基本组成部分，在图签、说明、图样目录等地方都要用到文本。本节讲述文本标注的基本方法。

4.1.1 设置文字样式

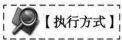【执行方式】

命令行：STYLE 或 DDSTYLE

菜单栏：格式→文字样式

工具栏：文字→文字样式 **A**

功能区：单击"默认"选项卡"注释"面板中的"文字样式"按钮 **A**（见图4-1），或者单击"注释"选项卡"文字"面板中的"文字样式"下拉菜单中的"管理文字样式"按钮（见图4-2），或者单击"注释"选项卡"文字"面板中"对话框启动器"按钮 ⬧

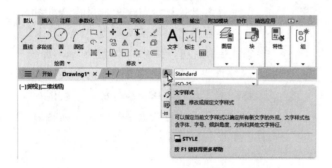

图 4-1 "注释"面板

图 4-2 "文字"面板

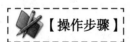【操作步骤】

执行上述命令，系统打开"文字样式"对话框，如图4-3所示。利用该对话框可以新建文字样式或修改当前文字样式。图4-4~图4-6所示为各种文字样式。

图 4-3 "文字样式"对话框

图 4-4 不同"宽度因子""倾斜角度"和"高度"字体

图 4-5 文字"颠倒"标注与"反向"标注   图 4-6 文字"垂直"标注

📖 4.1.2 单行文本标注

🔍【执行方式】

命令行：TEXT 或 DTEXT

菜单栏：绘图→文字→单行文字

工具栏：文字→单行文字 **A**

功能区：单击"注释"选项卡"文字"面板中的"单行文字"按钮 **A**，或者单击"默认"选项卡"注释"面板中的"单行文字"按钮 **A**

✏️【操作步骤】

命令：TEXT ↙

当前文字样式："Standard" 文字高度：2.5000 注释性：否

指定文字的起点或 [对正 (J)/ 样式 (S)]:

⭐【选项说明】

1）指定文字的起点：在此提示下直接在绘图区中选择一点作为文本的起始点，命令行中的提示与操作：

指定高度 <0.2000>:(确定字符的高度)

指定文字的旋转角度 <0>:(确定文字的倾斜角度)

输入文字 :(输入文本)

输入文字 :(输入文本或按 Enter 键)

2）对正（J）：在上面的提示下输入 J，用来确定文本的对齐方式，对齐方式决定文本的哪一部分与所选的插入点对齐。选择此选项，命令行中的提示与操作：

输入选项 [左 (L)/ 居中 (C)/ 右 (R)/ 对齐 (A)/ 中间 (M)/ 布满 (F)/ 左上 (TL)/ 中上 (TC)/ 右上 (TR)/ 左中 (ML)/ 正中 (MC)/ 右中 (MR)/ 左下 (BL)/ 中下 (BC)/ 右下 (BR)]:

在此提示下选择一个选项作为文本的对齐方式。当文本串水平排列时，AutoCAD 为标注文本行定义了如图 4-7 所示的顶线、中线、基线和底线，各种对齐方式如图 4-8 所示，图中大写字母对应上述提示中各命令。下面以"对齐"为例进行简要说明。

实际绘图时，有时需要标注一些特殊字符，如直径符号、上画线或下画线、温度符号等，由于这些符号不能直接从键盘上输入，AutoCAD 提供了一些控制码，用来满足这些要求。控制码用两个百分号（%%）加一个字符构成，常用的控制码及功能见表 4-1。

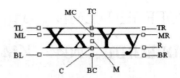

图 4-7　文本行的底线、基线、中线和顶线　　　　图 4-8　文本的对齐方式

表 4-1　常用的控制码及功能

控制码	功能
%%O	上画线
%%U	下画线
%%D	"度"符号
%%P	正负符号
%%C	直径符号
%%%	百分号 %
\u+2248	几乎相等
\u+2220	角度
\u+E100	边界线
\u+2104	中心线
\u+0394	差值
\u+0278	电相位
\u+E101	流线
\u+2261	标识
\u+E102	界碑线
\u+2260	不相等
\u+2126	欧姆
\u+03A9	欧米茄
\u+214A	低界线
\u+2082	下标 2
\u+00B2	上标 2

4.1.3　多行文字标注

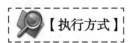【执行方式】

命令行：MTEXT

菜单栏：绘图→文字→多行文字

工具栏：绘图→多行文字**A**或文字→多行文字**A**

功能区：单击"默认"选项卡"注释"面板中的"多行文字"按钮**A**，或者单击"注释"选项卡"文字"面板中的"多行文字"按钮**A**

【操作步骤】

命令：MTEXT ↙
当前文字样式："Standard" 当前文字高度：1.9122　注释性：否
指定第一角点：(指定矩形框的第一个角点)
指定对角点或 [高度 (H)/ 对正 (J)/ 行距 (L)/ 旋转 (R)/ 样式 (S)/ 宽度 (W)/ 栏 (C)]::

【选项说明】

1）高度（H）：用于指定多行文本的高度。可在绘图区选择一点，与前面确定的第一个角点组成一个矩形框的高作为多行文本的高度；也可以输入一个数值，精确设置多行文本的高度。

2）指定对角点：直接在绘图区选择一个点作为矩形框的第二个角点，AutoCAD 以这两个点为对角点形成一个矩形区域，其宽度作为将来要标注的多行文本的宽度，而且第一个点作为第一行文本顶线的起点。响应后 AutoCAD 打开"文字编辑器"选项卡和多行文字编辑器，可利用此编辑器输入多行文本并对其格式进行设置。

3）对正（J）：用于确定所标注文本的对齐方式。

这些对齐方式与 TEXT 命令中的各对齐方式相同，在此不再重复。选择一种对齐方式后按Enter 键，AutoCAD 回到上一级提示。

4）行距（L）：用于确定多行文本的行距，这里所说的行距是指相邻两文本行的基线之间的垂直距离。选择此选项，命令行中提示如下：

输入行距类型 [至少 (A)/ 精确 (E)]< 至少 (A)>:

在此提示下有两种方式确定行距："至少"方式和"精确"方式。"至少"方式下 AutoCAD 根据每行文本中最大的字符自动调整行距，"精确"方式下 AutoCAD 给多行文本赋予一个固定的行距。可以直接输入一个确切的间距值，也可以选择输入 nx 的形式，其中"n"是一个具体数，表示行距设置为单行文本高度的 n 倍，而单行文本高度是本行文本字符高度的 1.66 倍。

5）旋转（R）：用于确定文本行的倾斜角度。选择此选项，命令行中提示如下：

指定旋转角度 <0>: (输入倾斜角度)
输入角度值后按 Enter 键，返回到"指定对角点或 [高度 (H)/ 对正 (J)/ 行距 (L)/ 旋转 (R)/ 样式 (S)/ 宽度 (W)]:"提示。

6）样式（S）：用于确定当前的文字样式。

7）宽度（W）：用于指定多行文本的宽度。可在绘图区选择一点，将其与前面确定的第一个角点组成的矩形框的宽度作为多行文本的宽度；也可以输入一个数值，精确设置多行文本的宽度。

高手支招

在创建多行文本时，只要指定文本行的起始点和宽度后，AutoCAD 就会打开"文字编辑器"选项卡和多行文字编辑器，如图 4-9 和图 4-10 所示。该编辑器与 Microsoft Word 编辑器界面相似，事实上该编辑器与 Word 编辑器在某些功能上趋于一致。这样既增强了多行文字的编辑功能，又能使用户更熟悉和方便地使用。

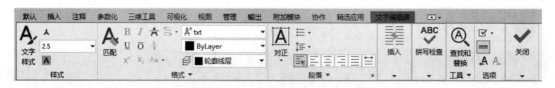

图 4-9 "文字编辑器"选项卡

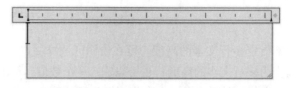

图 4-10 多行文字编辑器

8）栏（C）：可以将多行文字对象的格式设置为多栏。可以指定栏和栏之间的宽度、高度及栏数，以及使用夹点编辑栏宽和栏高。其中提供了 3 个栏选项，即"不分栏""静态栏"和"动态栏"。

"文字编辑器"选项卡用来控制文本文字的显示特性。可以在输入文本文字前设置文本的特性，也可以改变已输入的文本文字特性。要改变已有文本文字显示特性，首先应选择要修改的文本，选择文本的方式有以下 3 种。

1）将光标定位到文本文字开始处，按住鼠标左键拖到文本末尾。

2）双击某个文字，则该文字被选择。

3）3 次单击，则选择全部内容。

下面介绍选项卡中部分选项的功能。

1）"高度"下拉列表：用于确定文本的字符高度，可在文本编辑框中直接输入新的字符高度，也可从下拉列表中选择已设定过的高度。

2）"B"和"I"按钮：用于设置黑体或斜体效果，只对 TrueType 字体有效。

3）"删除线"按钮 $\overline{A}$：用于在文字上添加水平删除线。

4）"下画线"按钮 $\underline{U}$ 与"上画线"按钮 $\overline{O}$：设置或取消上（下）画线。

5）"堆叠"按钮 $\frac{b}{a}$：即层叠 / 非层叠文本按钮，用于层叠所选的文本，也就是创建分数形式。当文本中某处出现"/""^"或"#"这 3 种层叠符号之一时可层叠文本。方法是选择需层叠的文字，然后单击此按钮，则符号左边的文字作为分子，右边的文字作为分母。

AutoCAD 提供了 3 种分数形式。

● 如果选择"abcd/efgh"后单击此按钮，得到如图 4-11a 所示的分数形式。

● 如果选择"abcd^efgh"后单击此按钮，则得到如图 4-11b 所示的形式，此形式多用于标注极限偏差。

● 如果选择"abcd # efgh"后单击此按钮，则创建斜排的分数形式，如图 4-11c 所示。如果选择已经层叠的文本对象后单击此按钮，则恢复到非层叠形式。

6）"倾斜角度"$0/$下拉列表：用于设置文字的倾斜角度，如图 4-12 所示。

7）"符号"按钮 @：用于输入各种符号。单击该按钮，系统打开符号列表，如图 4-13 所示，可以从中选择符号输入到文本中。

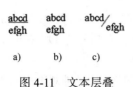

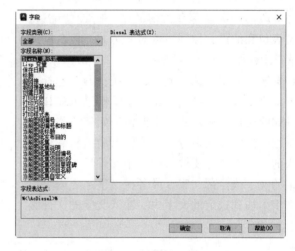

建筑设计

建筑设计

建筑设计

图 4-11　文本层叠　　　　　　　　　　　图 4-12　倾斜角度与斜体效果

8)"插入字段"按钮：用于插入一些常用或预设字段。单击该按钮，系统打开"字段"对话框，如图 4-14 所示。用户可以从中选择字段插入到标注文本中。

9)"追踪"按钮：用于增大或减小选定字符之间的空隙。

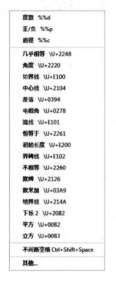

图 4-13　符号列表　　　　　　　　　　　图 4-14　"字段"对话框

10)"宽度因子"按钮：用于扩展或收缩选定字符。

11)"上标"按钮X^2：将选定文字转换为上标，即在输入线的上方设置稍小的文字。

12)"下标"按钮X_2：将选定文字转换为下标，即在输入线的下方设置稍小的文字。

13)"清除格式"下拉列表：用于删除选定字符的字符格式，或者删除选定段落的段落格式，或者删除选定段落中的所有格式。

14)"项目符号和编号"下拉列表：用于添加段落文字前面的项目符号和编号。

- 关闭：如果选择此选项，将从应用了列表格式的选定文字中删除字母、数字和项目符号。不更改缩进状态。
- 以数字标记：将带有句点的数字用于列表中的项的列表格式。
- 以字母标记：将带有句点的字母用于列表中的项的列表格式。如果列表含有的项多于字母中含有的字母，可以使用双字母继续序列。
- 以项目符号标记：将项目符号用于列表中的项的列表格式。
- 启点：在列表格式中启动新的字母或数字序列。如果选定的项位于列表中间，则选定项下面未选择的项也将成为新列表的一部分。
- 连续：将选定的段落添加到上面最后一个列表然后继续序列。如果选择了列表项而非段落，选定项下面的未选择的项将继续序列。

- 允许自动项目符号和编号：在输入时应用列表格式。以下字符可以用作字母和数字后的标点而不能用作项目符号：句点（.）、逗号（,）、右括号（)）、右尖括号（>）、右方括号（]）和右花括号（}）。
- 允许项目符号和列表：如果选择此选项，列表格式将应用到外观类似列表的多行文字对象中的所有纯文本。

15）拼写检查：确定输入时拼写检查处于打开还是关闭状态。

16）编辑词典：显示"词典"对话框，从中可添加或删除在拼写检查过程中使用的自定义词典。

17）标尺：在多行文字编辑器顶部显示标尺。拖动标尺末尾的箭头可更改文字对象的宽度。列模式处于活动状态时，还显示高度和列夹点。

18）段落：为段落和段落的第一行设置缩进。指定制表位和缩进，控制段落对齐方式、段落间距和段落行距，如图 4-15 所示。

19）输入文字：选择此项，系统打开"选择文件"对话框，如图 4-16 所示。选择任意 ASCII 或 RTF 格式的文件。输入的文字保留原始字符格式和样式特性，但可以在多行文字编辑器中编辑和格式化输入的文字。选择要输入的文本文件后，可以替换选定的文字或全部文字，或者在文字边界内将插入的文字附加到选定的文字中。输入文字的文件必须小于 32KB。

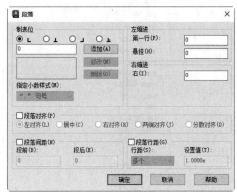

图 4-15　"段落"对话框

图 4-16　"选择文件"对话框

🎓 高手支招

多行文字是由任意数目的文字行或段落组成的，布满指定的宽度，还可以沿垂直方向无限延伸。多行文字中，无论行数是多少，单个编辑任务中创建的每个段落集将构成单个对象；用户可对其进行移动、旋转、删除、复制、镜像或缩放操作。

4.1.4 实例——绘制三相笼型感应电动机图形符号

绘制如图 4-17 所示三相笼型感应电动机图形符号。

01 绘制圆。单击"默认"选项卡"绘图"面板中的"圆"按钮⊙，在绘图区合适位置选择一点作为圆心，绘制一个半径为 25mm 的圆。命令行中的提示与操作如下：

图 4-17 电动机图形符号

命令：_circle
指定圆的圆心或 [三点 (3P)/ 两点 (2P)/ 切点、切点、半径 (T)](选择一点)
指定圆的半径或 [直径 (D)]: 25 ✓ (输入圆的半径为 25mm)

绘制得到的圆如图 4-18a 所示。

02 添加文字。单击"默认"选项卡"注释"面板中的"多行文字"按钮**A**，打开"文字编辑器"选项卡，选择"默认文字样式"，设置"文字高度"为 10，其他属性默认。在各个元件的旁边撰写元件的符号，调整其位置，以对齐文字，命令行中的提示与操作如下：

命令：_mtext
当前文字样式："Standard" 文字高度：10 注释性：否
指定第一角点：
指定对角点或 [高度 (H)/ 对正 (J)/ 行距 (L)/ 旋转 (R)/ 样式 (S)/ 宽度 (W)/ 栏 (C)](输入"M3～")

添加文字后如图 4-18b 所示。

03 绘制直线。单击"默认"选项卡"绘图"面板中的"直线"按钮／，绘制过圆心的竖直直线，长度为 50mm，如图 4-18c 所示。

04 偏移直线。单击"默认"选项卡"修改"面板中的"偏移"按钮⊆，将竖直直线向两侧偏移 15mm，结果如图 4-18d 所示。

05 修剪直线。单击"默认"选项卡"修改"面板中的"修剪"按钮✂，修剪掉多余的直线，结果如图 4-17 所示。

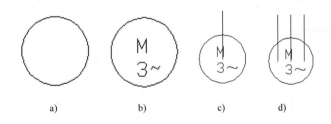

a)   b)   c)   d)

图 4-18 电动机弹出符号

4.2 尺寸标注

尺寸标注相关命令的菜单方式集中在"标注"菜单中，功能区方式集中在"注释"面板和"标注"面板中，工具栏方式集中在"标注"工具栏中，如图 4-19 ～图 4-22 所示。

图 4-19 "注释"面板

图 4-20 "标注"面板

图 4-21 "标注"菜单   图 4-22 "标注"工具栏

4.2.1 设置尺寸标注样式

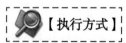【执行方式】

命令行：DIMSTYLE

菜单栏：格式→标注样式或标注→标注样式

工具栏：标注→标注样式 ⤵

功能区：单击"默认"选项卡"注释"面板中的"标注样式"按钮 ⤵，或者单击"注释"选项卡"标注"面板上的"标注样式"下拉菜单中的"管理标注样式"按钮，或者单击"注释"

选项卡"标注"面板中"对话框启动器"按钮🡦

【操作步骤】

执行上述命令，系统打开"标注样式管理器"对话框，如图 4-23 所示。利用此对话框可方便直观地定制和浏览尺寸标注样式，包括产生新的标注样式、修改已存在的样式、设置当前尺寸标注样式、样式重命名以及删除一个已有样式等。

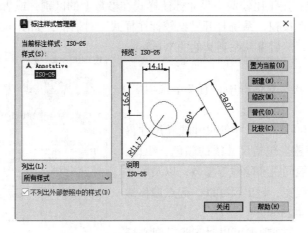

图 4-23　"标注样式管理器"对话框

【选项说明】

1)"置为当前"按钮：单击此按钮，把在"样式"列表框中选择的样式设置为当前样式。

2)"新建"按钮：用于定义一个新的尺寸标注样式。单击此按钮，系统打开"创建新标注样式"对话框，如图 4-24 所示。利用此对话框可创建一个新的尺寸标注样式，单击"继续"按钮，系统打开"新建标注样式"对话框，如图 4-25 所示，利用此对话框可对新样式的各项特性进行设置，该对话框中各部分的含义和功能将在后面介绍。

图 4-24　"创建新标注样式"对话框

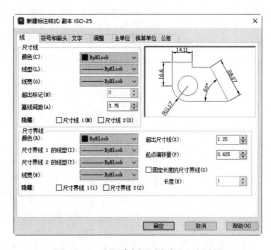

图 4-25　"新建标注样式"对话框

3）"修改"按钮：用于修改一个已存在的尺寸标注样式。单击此按钮，系统弹出"修改标注样式"对话框。该对话框中的各选项与"新建标注样式"对话框中完全相同，可以对已有标注样式进行修改。

4）"替代"按钮：用于设置临时覆盖尺寸标注样式。单击此按钮，系统打开"替代当前样式"对话框。该对话框中各选项与"新建标注样式"对话框完全相同，用户可改变选项的设置并覆盖原来的设置，但这种修改只对指定的尺寸标注起作用，而不影响当前尺寸变量的设置。

5）"比较"按钮：用于比较两个尺寸标注样式在参数上的区别，或者浏览一个尺寸标注样式的参数设置。单击此按钮，系统打开"比较标注样式"对话框，如图 4-26 所示。可以把比较结果复制到剪切板上，然后再粘贴到其他的 Windows 应用软件上。

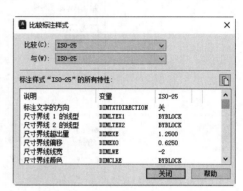

图 4-26 "比较标注样式"对话框

在"新建标注样式"对话框中，有 7 个选项卡，分别说明如下：

1）线：该选项卡可以对尺寸的尺寸线和尺寸界线的各个参数进行设置。包括尺寸线的颜色、线型、线宽、超出标记、基线间距和隐藏等参数，以及尺寸界线的颜色、线型、线宽、超出尺寸线、起点偏移量和隐藏等参数，如图 4-25 所示。

2）箭头和符号：该选项卡可以对箭头、圆心标记、弧长符号和半径折弯标注的各个参数进行设置，如图 4-27 所示，包括箭头大小、引线、形状等参数，圆心标记的类型、大小等参数，弧长符号位置、半径折弯标注的折弯角度、线性折弯标注的折弯高度因子以及折断标注的折断大小等参数。

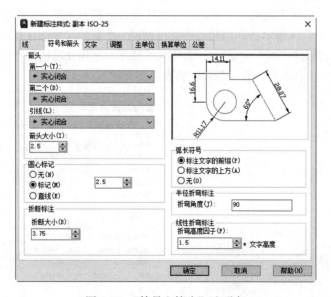

图 4-27 "符号和箭头"选项卡

3）文字：该选项卡可以对文字的外观、位置、对齐方式等各个参数进行设置，如图 4-28

所示。包括文字外观的文字样式、文字颜色、填充颜色、文字高度、分数高度比例、是否绘制文字边框等参数，文字位置的垂直、水平和从尺寸线偏移量等参数。文字对齐方式有水平、与尺寸线对齐、ISO 标准 3 种方式。图 4-29 所示为尺寸在垂直方向放置的 4 种不同情形，图 4-30 所示为尺寸在水平方向放置的 5 种不同情形。

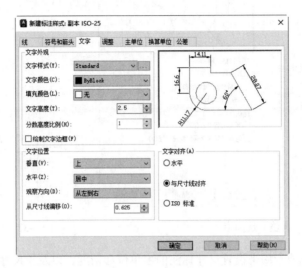

图 4-28 "文字"选项卡

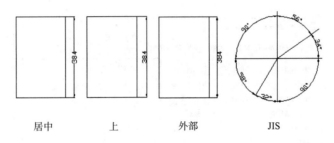

居中   上   外部   JIS

图 4-29 尺寸在垂直方向的放置

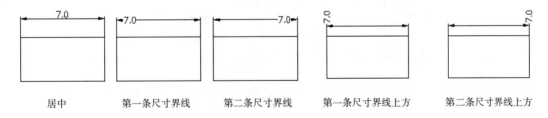

居中   第一条尺寸界线   第二条尺寸界线   第一条尺寸界线上方   第二条尺寸界线上方

图 4-30 尺寸在水平方向的放置

4）调整：该选项卡可以对调整选项、文字位置、标注特征比例和优化等各个参数进行设置，如图 4-31 所示。包括调整选项选择，文字位置不在默认位置时的放置位置，标注特征比例选择以及调整尺寸要素位置等参数。图 4-32 所示为文字位置不在默认位置时的放置位置的 3 种不同情形。

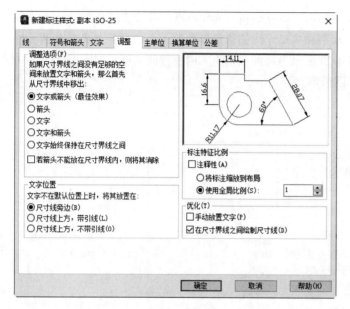

图 4-31 "调整"选项卡

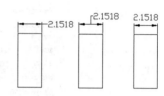

图 4-32 尺寸文字的位置

5）主单位：该选项卡用来设置尺寸标注的主单位和精度，以及给尺寸文本添加固定的前缀或后缀。本选项卡含两个选项组，分别用于对线性标注和角度标注进行设置，如图 4-33 所示。

6）换算单位：该选项卡用于对换算单位进行设置，如图 4-34 所示。

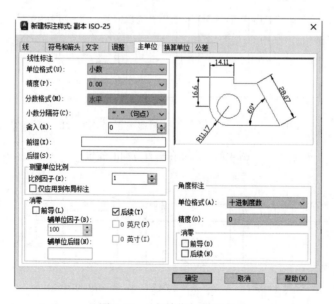

图 4-33 "主单位"选项卡

7）公差：该选项卡用于对尺寸公差进行设置，如图 4-35 所示。其中"方式"下拉列表框列出了 AutoCAD 提供的 5 种标注公差的方式，用户可从中选择。这 5 种方式分别是"无""对称""极限偏差""极限尺寸"和"基本尺寸"，其中"无"表示不标注公差，即上述的通常标注情形，其余 4 种标注情况如图 4-36 所示。在"精度""上偏差""下偏差""高度比例""垂直位置"等文本框中输入或选择相应的参数值即可。

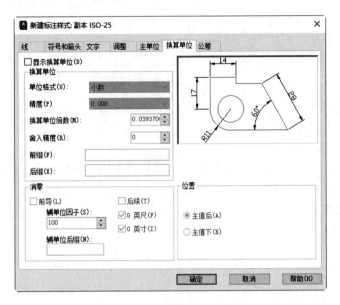

图 4-34 "换算单位"选项卡

注意

系统自动在上极限偏差数值前加一"+"号,在下极限偏差数值前加一"−"号。如果上极限偏差是负值或下偏差是正值,都需要在输入的偏差值前加负号。如下极限偏差是 +0.005,则需要在"下偏差"微调框中输入 −0.005。

图 4-35 "公差"选项卡

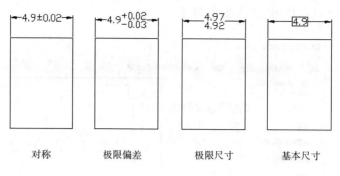

图 4-36 公差标注的方式

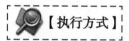

4.2.2 尺寸标注

1. 线性标注

【执行方式】

命令行：DIMLINEAR

菜单栏：标注→线性

工具栏：标注→线性⊢

功能区：单击"默认"选项卡"注释"面板中的"线性"按钮⊢（见图 4-37），或者单击"注释"选项卡"标注"面板中的"线性"按钮⊢（见图 4-38）

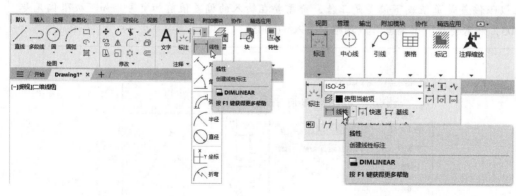

图 4-37 "注释"面板   图 4-38 "标注"面板

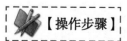

命令：DIMLINEAR ✓

指定第一个尺寸界线原点或 < 选择对象 >：

在此提示下有两种选择，即直接按 Enter 键选择要标注的对象或确定尺寸界线的起始点，按 Enter 键并选择要标注的对象或指定两条尺寸界线的起始点后，系统继续提示：

指定尺寸线位置或 [多行文字 (M)/ 文字 (T)/ 角度 (A)/ 水平 (H)/ 垂直 (V)/ 旋转 (R)]：

 【选项说明】

1）指定尺寸线位置：确定尺寸线的位置。用户可移动光标选择合适的尺寸线位置，然后按 Enter 键或单击，AutoCAD 则自动测量所标注线段的长度并标注出相应的尺寸。

2）多行文字（M）：用多行文本编辑器确定尺寸文本。

3）文字（T）：在命令行提示下输入或编辑尺寸文本。选择此选项后，系统提示：

输入标注文字 <默认值>:
其中的默认值是 AutoCAD 自动测量得到的被标注线段的长度，直接按 Enter 键即可采用此长度值，也可输入其他数值代替默认值。当尺寸文本中包含默认值时，可使用尖括号"<>"表示默认值。

4）角度（A）：确定尺寸文本的倾斜角度。

5）水平（H）：水平标注尺寸，不论标注什么方向的线段，尺寸线均水平放置。

6）垂直（V）：垂直标注尺寸，不论被标注线段沿什么方向，尺寸线总保持垂直。

7）旋转（R）：输入尺寸线旋转的角度值，旋转标注尺寸。

"对齐"标注的尺寸线与所标注的轮廓线平行；"坐标"用于标注点的纵坐标或横坐标；"角度"用于标注两个对象之间的角度；"直径"或"半径"用于标注圆或圆弧的直径或半径；"圆心标记"则用于标注圆或圆弧的中心或中心线，具体由"新建（修改）标注样式"对话框"符号与箭头"选项卡中的"圆心标记"选项组决定。上面所述这几种尺寸标注与"线性"标注类似，不再赘述。

2. 基线标注

"基线"标注用于产生一系列基于同一条尺寸界线的尺寸标注，适用于长度尺寸标注、角度标注和坐标标注等。在使用"基线"标注方式之前，应该先标注出一个相关的尺寸，如图 4-39a 所示。"基线"标注两平行尺寸线间距由"新建（修改）标注样式"对话框"线"选项卡"尺寸线"选项组中"基线间距"文本框中的值决定。

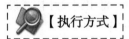 【执行方式】

命令行：DIMBASELINE

菜单栏：标注→基线

工具栏：标注→基线

功能区：单击"注释"选项卡"标注"面板中的"基线"按钮

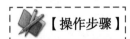 【操作步骤】

命令：DIMBASELINE ✓
指定第二个尺寸界线原点或 [选择 (S)/ 放弃 (U)] <选择>:

直接确定另一个尺寸的第二条尺寸界线的起点，AutoCAD 以上次标注的尺寸为基准标注，标注出相应尺寸。

直接按 Enter 键，系统提示：

选择基准标注：(选择作为基准的尺寸标注)

"连续"标注又叫尺寸链标注，用于产生一系列连续的尺寸标注，后一个尺寸标注均把前一个标注的第二条尺寸界线作为它的第一条尺寸界线。与"基线"标注一样,在使用"连续"标注方式之前,应该先标注出一个相关的尺寸。其标注过程与"基线"标注类似,如图4-39b所示。

3. 引线标注

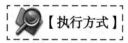
【执行方式】

命令行:QLEADER

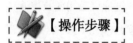
【操作步骤】

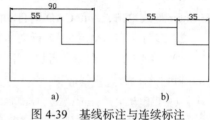

图 4-39　基线标注与连续标注

命令:QLEADER ✓
指定第一个引线点或 [设置 (S)] < 设置 >:
指定下一点:(输入指引线的第二点)
指定下一点:(输入指引线的第三点)
…
指定文字宽度 <0.0000>:(输入多行文本的宽度)
输入注释文字的第一行 < 多行文字 (M)>:(输入单行文本或按 Enter 键打开多行文字编辑器输入多行文本)
输入注释文字的下一行:(输入另一行文本)
输入注释文字的下一行:(输入另一行文本或按 Enter 键)

也可以在上述操作过程中选择"设置(S)"选项,打开"引线设置"对话框,在其中进行相关参数设置。另外,还有一个名为 LEADER 的命令行命令也可以进行引线标注。

4.2.3　实例——耐张铁帽三视图尺寸标注

本实例对如图4-40所示的耐张铁帽三视图进行尺寸标注。在本实例中,将用到尺寸样式设置、线性尺寸标注、连续尺寸标注、半径尺寸标注、直径尺寸标注及文字标注等知识。

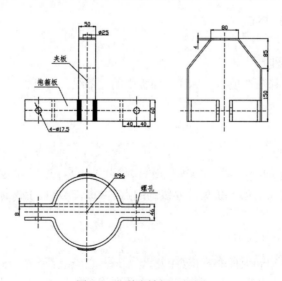

图 4-40　耐张铁帽三视图

为方便操作，将用到的实例保存到源文件中，打开电子资料包中"源文件 \ 第 3 章 \ 耐张铁帽三视图"，进行以下操作。

01 标注样式设置。

❶ 单击"默认"选项卡"注释"面板中的"标注样式"按钮 ，弹出"标注样式管理器"对话框，如图 4-41 所示，单击"新建"按钮，弹出"创建新标注样式"对话框，如图 4-42 所示。在"用于"下拉列表中选择"直径标注"。

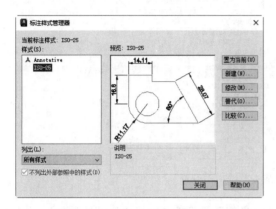

图 4-41 "标注样式管理器"对话框   图 4-42 "创建新标注样式"对话框

❷ 单击"继续"按钮，打开"新建标注样式"对话框。其中有 7 个选项卡，可对新建的"直径标注样式"的风格进行设置。"线"选项卡设置如图 4-43 所示，"基线间距"设置为 3.75，"超出尺寸线"设置为 1.25。

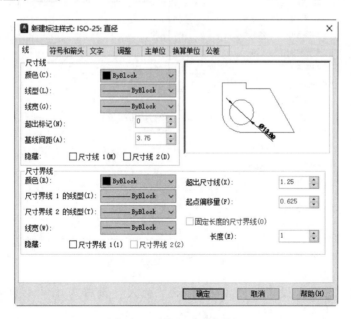

图 4-43 "线"选项卡设置

❸ "符号和箭头"选项卡设置如图 4-44 所示。"箭头大小"设置为 10，"折弯角度"设置为 90。

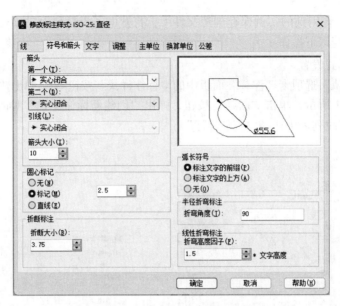

图 4-44 "符号和箭头"选项卡设置

❹"文字"选项卡设置如图 4-45 所示,"文字高度"设置为 10,"从尺寸线偏移"设置为 0.625,"文字对齐"采用"水平"。

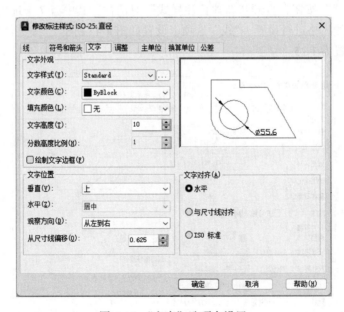

图 4-45 "文字"选项卡设置

❺"主单位"选项卡设置如图 4-46 所示,"舍入"设置为 0,"小数分隔符"设置为"句点"。

❻"调整"和"换算单位"选项卡不进行设置,后面用到时再进行设置。设置完毕后,回到"标注样式管理器"对话框。单击"置为当前"按钮,将新建的标注样式设置为当前使用的标注样式。

图 4-46 "主单位"选项卡设置

02 标注直径尺寸。

❶ 单击"默认"选项卡"注释"面板中的"直径"按钮◯,标注如图 4-47 所示的直径。命令行中的提示与操作如下:

> 命令:_dimdiameter
> 选择圆弧或圆:(选择小圆)
> 标注文字 = 17.5
> 指定尺寸线位置或 [多行文字 (M)/ 文字 (T)/ 角度 (A)]:(适当指定一个位置)

❷ 双击欲修改的直径标注文字,系统弹出文字格式编辑器,在已有的文字前面输入"4-",如图 4-48 所示。

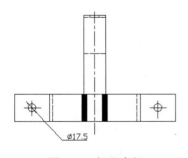

图 4-47 标注直径

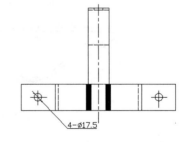

图 4-48 修改标注

03 重新设置标注样式。使用相同方法,重新设置用于标注半径的标注样式,具体参数和直径标注相同。

04 标注半径尺寸。单击"默认"选项卡"注释"面板中的"半径"按钮◯,标注如图 4-49 所示的半径。命令行中的提示与操作如下:

> 命令:_dimradius

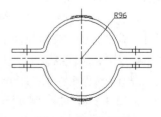

图 4-49 标注半径

选择圆弧或圆 : (选择俯视图圆弧)

标注文字 = 96

指定尺寸线位置或 [多行文字 (M)/ 文字 (T)/ 角度 (A)]: (适当指定一个位置)

05 重新设置标注样式。使用相同方法，重新设置用于"线性标注"的标注样式，"文字"选项卡的"文字对齐"选择"与尺寸线对齐"，其他参数和"直径标注"相同。

06 标注线性尺寸。单击"默认"选项卡"注释"面板中的"线性"按钮┣┫，标注如图 4-50 所示的线性尺寸。命令行操作如下：

命令 : _dimlinear

指定第一个尺寸界线原点或 < 选择对象 >: (捕捉适当位置点)

指定第二条尺寸界线原点 : (捕捉适当位置点)

创建了无关联的标注

指定尺寸线位置或 [多行文字 (M)/ 文字 (T)/ 角度 (A)/ 水平 (H)/ 垂直 (V)/ 旋转 (R)]: t ✓

输入标注文字 <21.5>: %%C25 ✓

指定尺寸线位置或 [多行文字 (M)/ 文字 (T)/ 角度 (A)/ 水平 (H)/ 垂直 (V)/ 旋转 (R)]: (指定适当位置)

使用相同方法，标注其他线性尺寸。

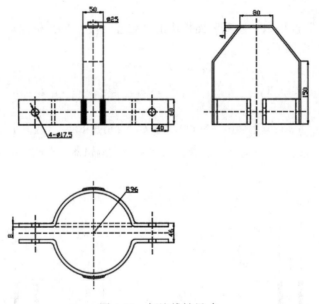

图 4-50　标注线性尺寸

07 重新设置标注样式。使用相同方法，重新设置用于"连续标注"的标注样式，参数设置和"线性标注"相同。

08 标注连续尺寸。单击"注释"选项卡"标注"面板中的"连续"按钮┣┣┫，标注连续尺寸。命令行中的提示与操作如下：

命令 : _dimcontinue

选择连续标注 : (选择尺寸为 150 的标注)

指定第二条尺寸界线原点或 [放弃 (U)/ 选择 (S)]< 选择 >: (捕捉合适的位置点)

标注文字 = 85

> 指定第二条尺寸界线原点或 [放弃 (U)/ 选择 (S)]< 选择 >: ✓

使用相同方法，绘制另一个连续标注尺寸 40，如图 4-51 所示。

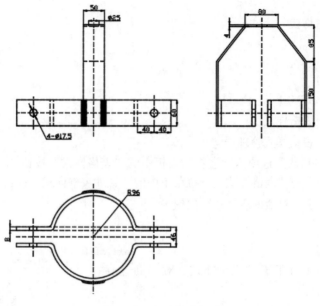

图 4-51　标注连续尺寸

(09) 添加文字。

❶ 创建文字样式。单击"默认"选项卡"注释"面板中的"文字样式"按钮**A**，弹出
"文字样式"对话框，创建一个样式名为"防雷平面图"的文字样式。"字体名"为"仿宋_
GB2312"，"字体样式"为"常规"，"高度"为 15，"宽度因子"为 1，如图 4-52 所示。

❷ 添加注释文字。单击"默认"选项卡"注释"面板中的"多行文字"按钮**A**，一次输入
几行文字，然后调整其位置，以对齐文字。调整位置时，结合使用"正交"命令。

❸ 使用文字编辑命令修改文字来得到需要的文字。

添加注释文字后，利用"直线"命令绘制几条指引线，即完成了整张图样的绘制。

图 4-52　"文字样式"对话框

4.3 表格

4.3.1 设置表格样式

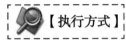 【执行方式】

命令行：TABLESTYLE

菜单栏：格式→表格样式

工具栏：样式→表格样式管理器

功能区：单击"默认"选项卡"注释"面板中的"表格样式"按钮，或者单击"注释"选项卡"表格"面板上的"表格样式"下拉菜单中的"管理表格样式"按钮，或者单击"注释"选项卡"表格"面板中"对话框启动器"按钮

 【操作步骤】

执行上述命令，系统打开"表格样式"对话框，如图 4-53 所示。

 【选项说明】

1. 新建

单击"新建"按钮，系统打开"创建新的表格样式"对话框，如图 4-54 所示。输入新的表格样式名后，单击"继续"按钮，系统打开"新建表格样式"对话框，如图 4-55 所示。从中可以定义新的表样式。分别控制表格中数据、列标题和总标题的有关参数。

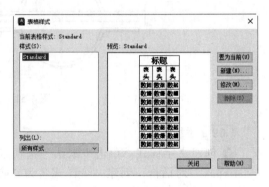

图 4-53 "表格样式"对话框

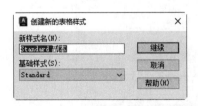

图 4-54 "创建新的表格样式"对话框

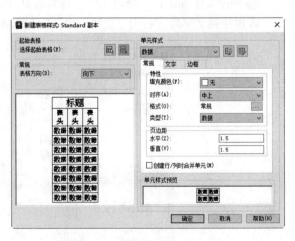

图 4-55 "新建表格样式"对话框

（1）"常规"选项卡：

1）"特性"选项组：

● 填充颜色：指定填充颜色。

● 对齐：为单元内容指定一种对齐方式。

● 格式：设置表格中各行的数据类型和格式。

● 类型：将单元样式指定为标签或数据，在包含起始表格的表格样式中插入默认文字时使用，也用于在"工具选项板"上创建表格工具的情况。

2）"页边距"选项组：

● 水平：设置单元中的文字或块与左右单元边界之间的距离。

● 垂直：设置单元中的文字或块与上下单元边界之间的距离。

3）创建行/列时合并单元：将使用当前单元样式创建的所有新行或列合并到一个单元中。

（2）"文字"选项卡（见图4-56）：

● 文字样式：指定文字样式。

● 文字高度：指定文字高度。

● 文字颜色：指定文字颜色。

● 文字角度：设置文字角度。

（3）"边框"选项卡（见图4-57）

● 线宽：设置要用于显示边界的线宽。

● 线型：通过单击边框，设置线型以应用于指定边框。

● 颜色：指定颜色以应用于显示的边界。

● 双线：指定选定的边框为双线型。

2. 修改

对当前表格样式进行修改，方式与新建表格样式相同。

图4-56 "文字"选项卡

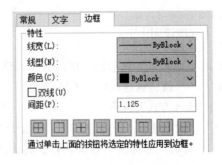

图4-57 "边框"选项卡

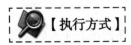4.3.2 创建表格

【执行方式】

命令行：TABLE

菜单栏：绘图→表格

工具栏：绘图→表格 ⊞

功能区：单击"默认"选项卡"注释"面板中的"表格"按钮 ⊞，或者单击"注释"选项卡"表格"面板中的"表格"按钮 ⊞

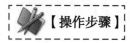

【操作步骤】

执行上述命令，系统打开"插入表格"对话框，如图 4-58 所示。

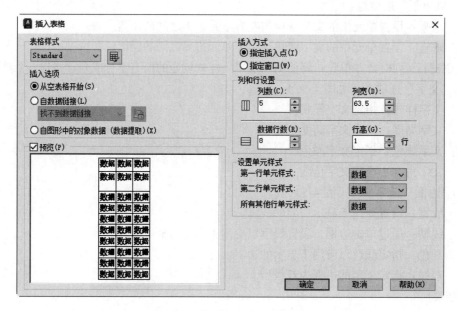

图 4-58 "插入表格"对话框

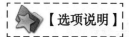

【选项说明】

1）"表格样式"选项组：可以在"表格样式"下拉列表中选择一种表格样式，也可以单击右侧的"…"按钮新建或修改表格样式。

2）"插入方式"选项组：

● "指定插入点"单选按钮：指定表左上角的位置。可以使用定点设备，也可以在命令行输入坐标值。如果表样式将表的方向设置为由下而上读取，则插入点位于表的左下角。

● "指定窗口"单选按钮：指定表的大小和位置。可以使用定点设备，也可以在命令行输入坐标值。选定此选项时，行数、列数、列宽和行高取决于窗口的大小以及列和行的设置。

3）"列和行设置"选项组：指定列和行的数目以及列宽与行高。

在"插入表格"对话框中进行相应设置后，单击"确定"按钮，系统在指定的插入点或窗口自动插入一个空表格，并显示多行文字编辑器，用户可以逐行逐列输入相应的文字或数据，如图 4-59 所示。

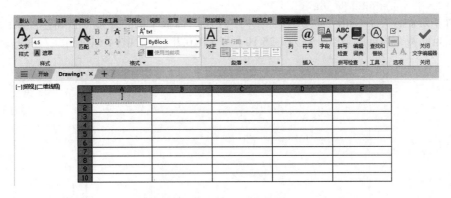

图 4-59　多行文字编辑器

4.3.3　编辑表格文字

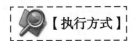【执行方式】

命令行：TABLEDIT
定点设备：表格内双击
快捷菜单：编辑单元文字

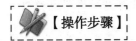【操作步骤】

执行上述命令，系统打开多行文字编辑器，用户可以对指定表格单元的文字进行编辑。

4.4　综合演练——绘制电气 A3 样板图

在创建前应先设置图幅，然后利用"矩形"命令绘制图框，再利用表格命令绘制标题栏，最后利用"多行文字"命令输入文字并调整，结果如图 4-60 所示。

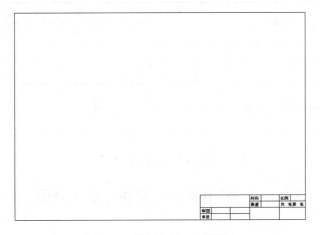

图 4-60　绘制电气 A3 样板图

01 绘制图框。单击"默认"选项卡"绘图"面板中的"矩形"按钮□，绘制一个矩形，指定矩形两个角点的坐标分别为（25,10）和（410,287），如图 4-61 所示。

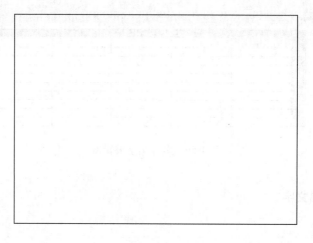

图 4-61　绘制矩形

 注意

国家标准规定 A3 图纸的幅面大小是 420mm×297mm，这里留出了带装订边的图框到纸面边界的距离。

02 绘制标题栏。标题栏结构如图 4-62 所示，由于分隔线并不整齐，所以可以先绘制一个 28mm×4mm（每个单元格的尺寸是 5mm×8mm）的标准表格，然后在此基础上编辑合并单元格形成图 4-62 所示形式。

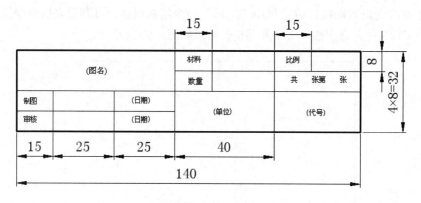

图 4-62　标题栏结构

❶ 单击"默认"选项卡"注释"面板中的"表格样式"按钮▦，打开"表格样式"对话框，如图 4-63 所示。

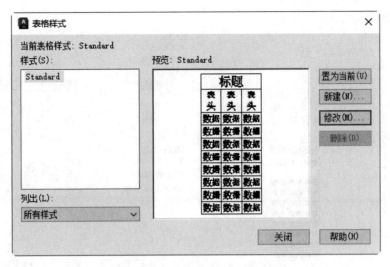

图 4-63 "表格样式"对话框

❷ 单击"修改"按钮，系统打开"修改表格样式"对话框。在"单元样式"下拉列表中选择"数据"选项，在"文字"选项卡中将"文字高度"设置为 3，如图 4-64 所示。选择"常规"选项卡，将"页边距"选项组中的"水平"和"垂直"都设置成 1，如图 4-65 所示。

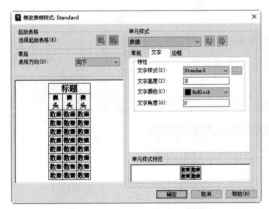

图 4-64 设置"文字"选项卡

图 4-65 设置"常规"选项卡

注意

表格的行高 = 文字高度 +2× 垂直页边距，此处设置为 3+2×1=5。

❸ 系统回到"表格样式"对话框，单击"关闭"按钮退出。

❹ 单击"默认"选项卡"注释"面板中的"表格"按钮▦，系统打开"插入表格"对话框。在"列和行设置"选项组中将"列数"设置为 28，将"列宽"设置为 5，将"数据行数"设置为 2（加上标题行和表头行共 4 行），将"行高"设置为 1 行（即为 10）；在"设置单元样式"选项组中将"第一行单元样式"与"第二行单元样式"和"所有其他行单元样式"都设置为"数据"，如图 4-66 所示。

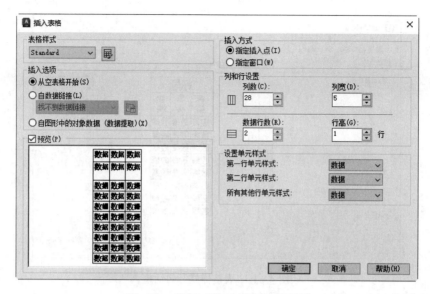

图 4-66　设置"插入表格"对话框

❺ 在图框线右下角附近指定表格位置，系统生成表格，同时打开多行文字编辑器，如图 4-67 所示，直接按 Enter 键，不输入文字，生成的表格如图 4-68 所示。

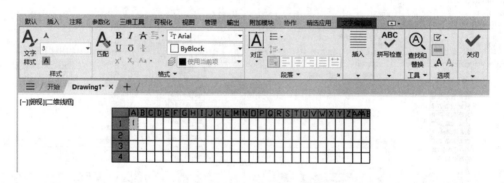

图 4-67　表格和多行文字编辑器

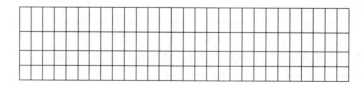

图 4-68　生成表格

❻ 单击表格一个单元格，系统显示其编辑夹点；右击，在弹出的快捷菜单中选择"特性"命令，如图 4-69 所示。系统打开"特性"选项板，将"单元高度"参数改为 8，如图 4-70 所示，这样该单元格所在行的高度就统一改为 8。使用同样方法将其他行的高度改为 8，结果如图 4-71 所示。

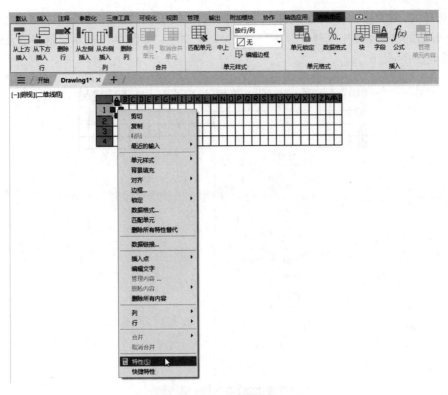

图 4-69　快捷菜单

图 4-70　"特性"选项板

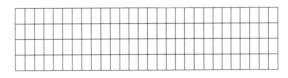

图 4-71　修改表格高度

❼ 选择 A1 单元格，按住 Shift 键，同时选择右边的 12 个单元格以及下方的 13 个单元格，右击，在弹出的快捷菜单中选择"合并"→"全部"命令，如图 4-72 所示，这些单元格完成合并，如图 4-73 所示。

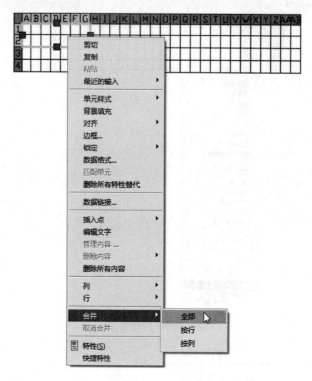

图 4-72　快捷菜单

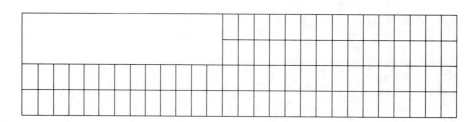

图 4-73　合并单元格

使用同样方法合并其他单元格，结果如图 4-74 所示。

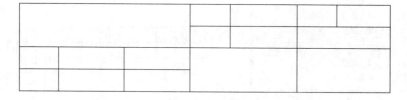

图 4-74　完成表格绘制

❽ 在单元格三击，打开"多行文字编辑器"，在单元格中输入文字，将文字大小改为 4，如图 4-75 所示。

图 4-75　输入文字

使用同样方法，输入其他单元格文字，结果如图 4-76 所示。

		材料		比例	
		数量		共　张第　张	
制图					
审核					

图 4-76　完成标题栏文字输入

03 移动标题栏。无法准确确定刚绘制完的标题栏与图框的相对位置，需要移动。命令行中的提示和操作如下：

```
命令：move ↙
选择对象：( 选择刚绘制的表格 )
选择对象：↙
指定基点或 [ 位移 (D)] < 位移 >：( 捕捉表格的右下角点 )
指定第二个点或 < 使用第一个点作为位移 >：( 捕捉图框的右下角点 )
```

这样，就将表格准确放置在图框的右下角，如图 4-77 所示。

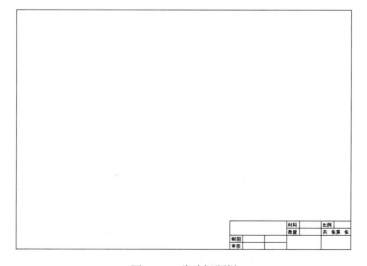

图 4-77　移动标题栏

04 保存样板图。单击快速访问工具栏中的"另存为"按钮 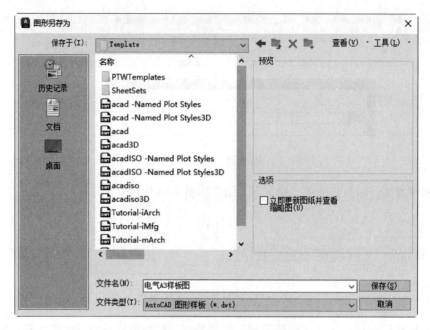，打开"图形另存为"
对话框，将图形保存为 .Dwt 格式文件即可，如图 4-78 所示。

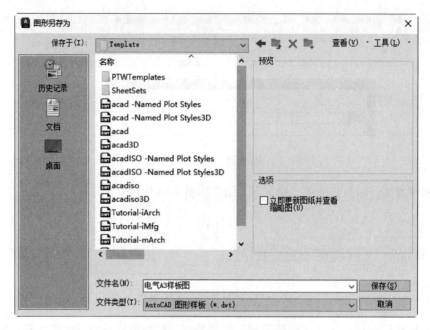

图 4-78 "图形另存为"对话框

第 5 章

快速绘图工具

　　为了方便绘图，提高绘图效率，AutoCAD 提供了一些快速绘图工具，包括图块及其属性、设计中心、工具选项板等。这些工具的一个共同特点是可以将分散的图形通过一定的方式组织成一个单元，在绘图时将这些单元插入到图形中，达到提高绘图速度和图形标准化的目的。

学 习 要 点

◎ 图块及其属性
◎ 设计中心与工具选项板

5.1 图块及其属性

把一组图形对象组合成图块加以保存，需要时可以把图块作为一个整体以任意比例和旋转角度插入到图中任意位置，这样不仅避免了大量的重复工作，提高了绘图速度和工作效率，而且大大节省了磁盘空间。

5.1.1 图块定义

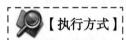
【执行方式】

命令行：BLOCK

菜单栏：绘图→块→创建

工具栏：绘图→创建块 ⊏₀

功能区：单击"默认"选项卡"块"面板中的"创建"按钮⊏₀，或者单击"插入"选项卡"块定义"面板中的"创建块"按钮⊏₀

【操作步骤】

执行上述命令，系统打开"块定义"对话框，如图 5-1 所示，利用该对话框指定定义对象和基点以及其他参数，可定义图块并命名。

图 5-1 "块定义"对话框

5.1.2 图块保存

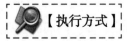
【执行方式】

命令行：WBLOCK

功能区：单击"插入"选项卡"块定义"面板中的"写块"按钮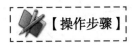

【操作步骤】

执行上述命令，系统打开"写块"对话框，如图 5-2 所示。利用此对话框可把图形对象保存为图块，也可把图块转换成图形文件。

图 5-2 "写块"对话框

 注意

以 BLOCK 命令定义的图块只能插入到当前图形。以 WBLOCK 保存的图块则既可以插入到当前图形，也可以插入到其他图形。

5.1.3 实例——绘制 PNP 型晶体管图形符号

绘制如图 5-3 所示 PNP 型晶体管图形符号。

01 绘制等腰三角形。

❶ 绘制直线 1。单击"默认"选项卡"绘图"面板中的"直线"按钮 ╱，在"正交"绘图方式下，绘制长度为 6mm 的直线 1，如图 5-4a 所示。

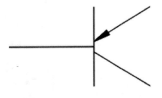

图 5-3 PNP 型晶体管图形符号

❷ 绘制直线 2。单击"默认"选项卡"绘图"面板中的"直线"按钮 ╱，激活"对象捕捉"功能，用光标捕捉直线 1 的下端点，以其为起点，向右绘制长度为 35.4mm 的直线 2，如图 5-4b 所示。

❸ 绘制直线 3。单击"默认"选项卡"绘图"面板中的"直线"按钮 ╱，用光标捕捉直线 1 的上端点和直线 2 的右端点，分别作为直线的起点和终点，绘制直线 3，如图 5-4c 所示。

图 5-4 绘制直线

❹ 镜像直线。单击"默认"选项卡"修改"面板中的"镜像"按钮 ⚠，以直线 2 为镜像线，对直线 1 和直线 3 做镜像操作，镜像后的结果如图 5-5a 所示。

❺ 填充三角形。单击"默认"选项卡"修改"面板中的"删除"按钮，将直线 2 删除，然后单击"默认"选项卡"绘图"面板中的"图案填充"按钮，并填充三角形，结果如图 5-5b 所示。

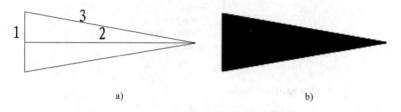

图 5-5 完成箭头绘制

02 存储为块。

❶ 在命令行窗口中输入 WBLOCK，打开"写块"对话框，如图 5-6 所示。

图 5-6 "写块"对话框

❷ 单击"拾取点"按钮，暂时回到绘图屏幕，利用"对象捕捉"功能，用光标捕捉等腰三角形的顶点作为插入点，按 Enter 键回到"写块"对话框。

❸ 单击"选择对象"按钮，暂时回到绘图屏幕，用光标框选等腰三角形按 Enter 键，回到"写块"对话框。

❹ 选择图块保存的路径，并在后面输入文件名为"箭头"。

❺ 在"插入单位"下拉列表中选择"毫米"。

❻ 单击"确定"按钮，前面绘制完成的等腰三角形就被保存为"箭头"块，可随时调用。

03 旋转图形。单击"默认"选项卡"绘图"面板中的"多边形"按钮⬠，绘制边长为 8mm 的等边三角形，如图 5-7a 所示。单击"默认"选项卡"修改"面板中的"旋转"按钮↻，选择等边三角形为旋转对象，绕其几何中心点旋转 −30°，如图 5-7b 所示。

04 绘制直线 4。单击"默认"选项卡"绘图"面板中的"直线"按钮╱，在"对象捕捉"和"正交"绘图方式下，用光标捕捉等边三角形的顶点 A，以其为起点，向左绘制长度为 8mm 的直线 4，如图 5-7c 所示。

05 拉长直线 4。单击"默认"选项卡"修改"面板中的"拉长"按钮╱，将直线 4 向右拉长 10mm，拉长后的直线如图 5-8a 所示。

06 修剪直线。单击"默认"选项卡"修改"面板中的"修剪"按钮✂，以直线 5 为剪切边，对直线 4 进行修剪，修剪后的结果如图 5-8b 所示。分解多边形，单击"默认"选项卡"修改"面板中的"分解"按钮🗂，将多边形进行分解。

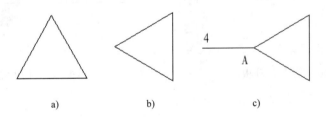

图 5-7　绘制等边三角形和直线

07 删除图形。单击"默认"选项卡"修改"面板中的"删除"按钮🖉，将多边形右侧边删除掉，如图 5-9 所示。

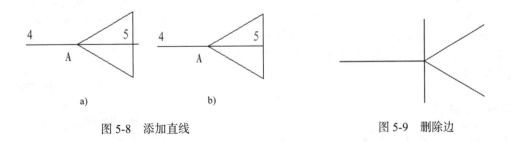

图 5-8　添加直线

图 5-9　删除边

08 插入"箭头"块。

❶ 单击"默认"选项卡"块"面板中的"插入"按钮🗐，在下拉菜单中选择"库中的块"，打开"块"选项板，如图 5-10 所示（下面将会讲到"插入块"命令的使用）。

❷ 单击选项板右上侧的"浏览块库"按钮![icon]，打开"为块库选择文件夹或文件"对话框，选择已创建好的"箭头"块，单击"打开"按钮，将返回"块"选项板。

❸ 路径：勾选"插入点"复选框；"缩放比例"选择"统一比例"；在后面的文本框输入0.05；在"旋转"的"角度"文本框输入旋转角度为210°。选择"箭头"块回到绘图屏幕。

(09) 在图形上捕捉一直线的端点为插入点，如图5-11所示。插入"箭头"后的结果如图5-3所示，这就是绘制完成的半导体管的图形符号。

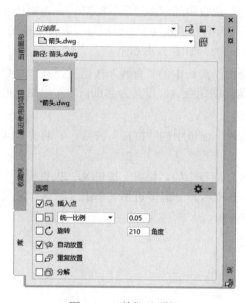

图5-10 "块"选项板

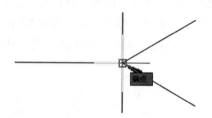

图5-11 插入箭头

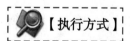 5.1.4 图块插入

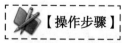【执行方式】

命令行：INSERT

菜单栏：插入→块

工具栏：插入→插入![icon] 或 绘图→插入块![icon]

功能区：单击"插入"选项卡"块"面板中的"插入"下拉菜单，如图5-12所示。

![icon]【操作步骤】

执行上述命令，在下拉菜单中选择"最近使用的块"，打开"块"选项板，如图5-13所示。利用此选项板设置插入点位置、插入比例以及旋转角度，可以指定要插入的图块及插入位置。

图5-14～图5-16所示为选择不同参数插入图块的结果。

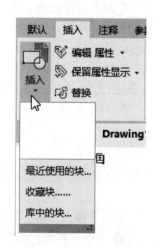

图5-12 "插入"下拉菜单

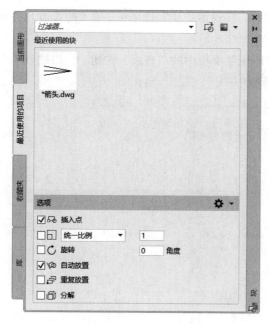

图 5-13　"块"选项板

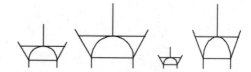

图 5-14　选择不同比例系数插入图块的结果

x 比例 =1，y 比例 =1　　x 比例 = −1，y 比例 =1　　x 比例 =1，y 比例 = −1　　x 比例 = −1，y 比例 = −1

图 5-15　选择比例系数为负值插入图块的结果

图 5-16　以不同旋转角度插入图块的结果

5.1.5　实例——绘制隔离开关图形符号

绘制如图 5-17 所示隔离开关图形符号。

01 单击"默认"选项卡"块"面板中的"插入"按钮，在下拉菜单中选择"库中的块"，打开"块"选项板，如图 5-18a 所示。继续单击选项板右上侧的"浏览块库"按钮，打开"为块库选择文件夹或文件"对话框，选择

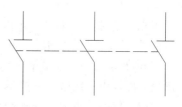

图 5-17　隔离开关图形符号

139

"普通开关"图块为插入对象,单击"打开"按钮,将返回"块"选项板.插入的普通开关如图 5-18b 所示。

02 绘制直线 2。单击"默认"选项卡"绘图"面板中的"直线"按钮 ╱,以端点 1 为起始点向右绘制长度为 3mm 的直线 2,如图 5-19a 所示。

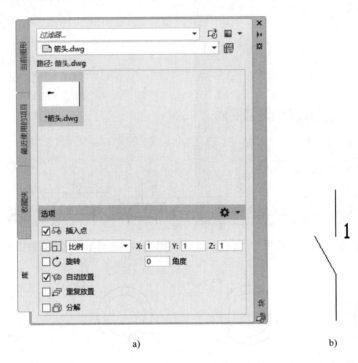

a)   b)

图 5-18 打开"块"选项板

03 镜像直线 2。单击"默认"选项卡"修改"面板中的"镜像"按钮 ◭,镜像直线 2。命令行中的提示与操作如下:

> 命令: _mirror ✓
> 选择对象: 找到 1 个 ✓ (选择直线 2)
> 选择对象: ✓ (右击或者按 Enter 键)
> 指定镜像线的第一点: 指定镜像线的第二点: (分别选择直线 1 的两个端点作为轴线)
> 要删除源对象吗? [是 (Y)/ 否 (N)] <否>: ✓ (N: 不删除原有直线; Y 删除原有直线)

镜像后的结果如图 5-19b 所示。

04 阵列图形。单击"默认"选项卡"修改"面板中的"矩形阵列"按钮 ▦,选择图 5-19b 所示的图形为阵列对象,在命令行中设置"行数"为 1,"列数"为 3,"列偏移"为 24,结果如图 5-20 所示。

05 绘制水平直线。单击"默认"选项卡"绘图"面板中的"直线"按钮 ╱,以图 5-20 中的右侧斜线中点为起点,水平向左绘制长度为 48mm 的水平直线,如图 5-21 所示。

06 更改图形对象的图层属性。选择步骤 **05** 绘制的水平直线,选择"默认"选项卡"特性"面板中"线型"下拉菜单的"其他"命令,打开"线型管理器"对话框。选择虚线线型,单击"确定"按钮,更改线型后的结果如图 5-17 所示。

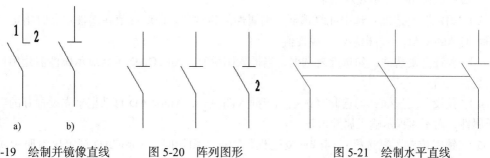

图 5-19　绘制并镜像直线　　　　图 5-20　阵列图形　　　　图 5-21　绘制水平直线

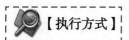

5.1.6　属性定义

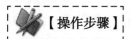

【执行方式】

命令行：ATTDEF

菜单栏：绘图→块→定义属性

功能区：单击"插入"选项卡"块定义"面板中的"定义属性"按钮

【操作步骤】

执行上述命令，系统打开"属性定义"对话框，如图 5-22 所示。

图 5-22　"属性定义"对话框

【选项说明】

1."模式"选项组

1)"不可见"复选框：勾选此复选框，则属性为不可见显示方式，即插入图块并输入属性值后，属性值在图中并不显示出来。

2）"固定"复选框：选中此复选框，则属性值为常量，即属性值在属性定义时给定，在插入图块时 AutoCAD 不再提示输入属性值。

3）"验证"复选框：勾选此复选框，当插入图块时，AutoCAD 重新显示属性值让用户验证该值是否正确。

4）"预设"复选框：勾选此复选框，当插入图块时，AutoCAD 自动把事先设置好的默认值赋予属性，而不再提示输入属性值。

5）"锁定位置"复选框：勾选此复选框，当插入图块时，AutoCAD 锁定块参照中属性的位置。解锁后，属性可以相对于使用夹点编辑的块的其他部分移动，并且可以调整多行属性的大小。

6）"多行"复选框：勾选此复选框，指定属性值可以包含多行文字。

2. "属性"选项组

1）"标记"文本框：输入属性标签。属性标签可由除空格和感叹号以外的所有字符组成。AutoCAD 自动把小写字母改为大写字母。

2）"提示"文本框：输入属性提示。属性提示是插入图块时，AutoCAD 要求输入属性值的提示。如果不在此文本框内输入文本，则以属性标签作为提示。如果在"模式"选项组选择"固定"复选框，即设置属性为常量，则不需设置属性提示。

3）"默认"文本框：设置默认的属性值。可把使用次数较多的属性值作为默认值，也可不设默认值。

5.1.7 修改属性定义

【执行方式】

命令行：TEXTEDIT
菜单栏：修改→对象→文字→编辑

【操作步骤】

命令：TEXTEDIT ✓
当前设置：编辑模式 = Multiple
选择注释对象或 [放弃 (U)/ 模式 (M)]:

在此提示下选择要修改的属性定义，系统打开"编辑属性定义"对话框，如图 5-23 所示。可以在该对话框中修改属性定义。

5.1.8 图块属性编辑

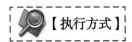
【执行方式】

命令行：EATTEDIT
菜单栏：修改→对象→属性→单个

工具栏：修改 II→编辑属性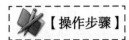
功能区：单击"默认"选项卡"块"面板中的"编辑属性"按钮

【操作步骤】

命令：EATTEDIT ✓
选择块：

选择块后，系统打开"增强属性编辑器"对话框，如图 5-24 所示。该对话框不仅可以编辑属性值，还可以编辑属性的文字选项和图层、线型、颜色等特性值。

图 5-23 "编辑属性定义"对话框

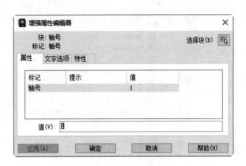

图 5-24 "增强属性编辑器"对话框

5.2 设计中心与工具选项板

使用 AutoCAD 2024 设计中心可以很容易地组织设计内容，并把它们拖动到当前图形中。工具选项板是"工具选项板"窗口中选项卡形式的区域，是提供组织、共享和放置块及填充图案的有效方法。工具选项板还可以包含由第三方开发人员提供的自定义工具，也可以利用设置来组织内容，并将其创建为工具选项板。设计中心与工具选项板的使用大大方便了绘图，加快了绘图的效率。

5.2.1 启动设计中心

【执行方式】

命令行：ADCENTER
菜单栏：工具→选项板→设计中心
工具栏：标准→设计中心
快捷键：Ctrl+2
功能区：单击"视图"选项卡"选项板"面板中的"设计中心"按钮

【操作步骤】

执行上述命令，系统打开"设计中心"。第一次启动"设计中心"时，它默认打开的选项卡为"文件夹"。内容显示区采用大图标显示，左侧的资源管理器采用 tree view 显示方式显示系统的树形结构。当浏览资源时，在内容显示区显示所浏览资源的有关细目或内容，如图 5-25 所示。也可以搜索资源，方法与 Windows 资源管理器类似。

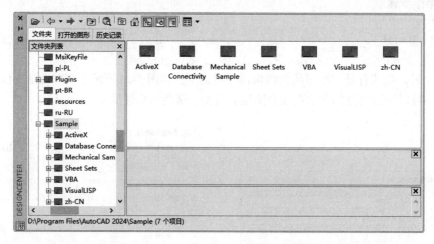

图 5-25　AutoCAD 2024 "设计中心"的资源管理器和内容显示区

5.2.2　利用设计中心插入图形

设计中心最大的优点是可以将系统文件夹中的 .dwg 图形当成图块插入到当前图形中去。

1）从"文件夹列表"或"查找结果"列表框选择要插入的对象。

2）右击，在弹出的快捷菜单选择"插入为块"命令，如图 5-26 所示。

3）在弹出的"插入"对话框中输入"比例"和"旋转"角度等数值，被选择的对象根据指定的参数插入到图形当中。

图 5-26　快捷菜单

5.2.3　打开工具选项板

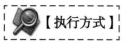【执行方式】

命令行：TOOLPALETTES

菜单栏：工具→选项板→工具选项板

工具栏：标准→工具选项板窗口

快捷键：Ctrl+3

功能区：单击"视图"选项卡"选项板"面板中的"工具选项板"按钮

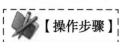【操作步骤】

执行上述命令，系统自动打开"工具选项板"窗口，如图 5-27 所示。该窗口上有系统预设

置的选项卡。可以右击，在弹出的快捷菜单中选择"新建选项板"命令，如图 5-28 所示。系统新建一个空白选项板，可以命名该选项板，如图 5-29 所示。

图 5-27 "工具选项板"窗口

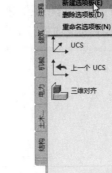
图 5-28 快捷菜单

图 5-29 新建选项卡

5.2.4 将设计中心内容添加到工具选项板

在 Designcenter "文件夹列表"中的文件夹上右击，弹出快捷菜单，从中选择"创建块的工具选项板"命令，如图 5-30 所示。"设计中心"中储存的图元就出现在"工具选项板"中新建的 Designcenter 工具选项板上，如图 5-31 所示。这样就可以将"设计中心"与"工具选项板"结合起来，建立一个快捷方便的工具选项板。

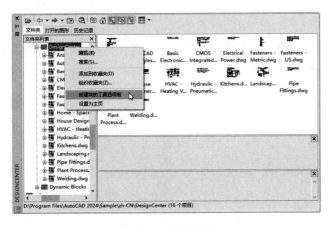
图 5-30 快捷菜单

图 5-31 新建 Designcenter 工具选项板

5.2.5 利用工具选项板绘图

只需要将"工具选项板"中的图形单元拖动到当前图形，该图形单元就以图块的形式插入到当前图形中。

5.3 综合实例——绘制手动串联电阻起动控制电路图

本节主要考虑怎样利用"设计中心"与"工具选项板"来绘制手动串联电阻起动控制电路图（见图 5-32），从中感受"设计中心"与"工具选项板"结合使用的便捷性。

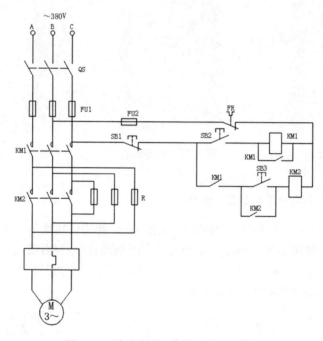

图 5-32　手动串联电阻起动控制电路图

5.3.1 创建电气元件图形符号

01 利用各种绘图和编辑命令绘制如图 5-33 所示的各个电气元件图形符号，并按图 5-32 所示代号分别保存到"电气元件"文件夹中。

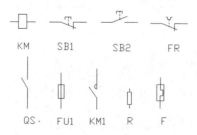

图 5-33　电气元件图形符号

注意

这里绘制的电气元件图形符号只作为 .dwg 图形保存，不必保存成图块。

02 也可利用源文件 / 第 5 章中绘制好的电气元件图形符号。

5.3.2 创建选项板

01 分别单击"视图"选项卡"选项板"面板中的"设计中心"按钮 和"工具选项板"按钮 ，打开"设计中心"和"工具选项板"，如图 5-34 所示。

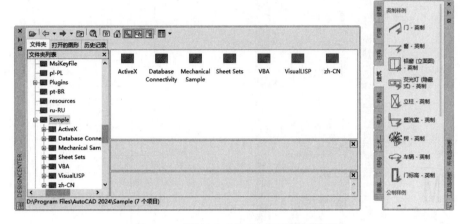

图 5-34 "设计中心"和"工具选项板"

02 在"设计中心"的"文件夹"选项卡中找到刚才创建保存的"电气元件"文件夹，在该文件夹上右击，打开快捷菜单，选择"创建块的工具选项板"命令，如图 5-35 所示。

03 系统自动在"工具选项板"上创建一个名为"电气元件"的工具选项板，如图 5-36 所示。该选项板上列出了"电气元件"文件夹中各个图形符号，并将每一个图形符号自动转换成块。

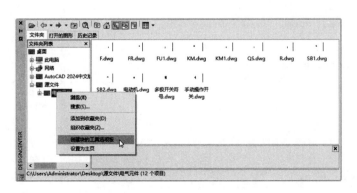

图 5-35 "设计中心"操作

图 5-36 创建"电气元件"工具选项板

5.3.3 绘制图形

01 按住鼠标左键，将"电气元件"工具选项卡中的"电动机"块拖动到绘图区，"交流电动机"块就插入到新的图形文件中了，如图 5-37 所示。

02 从"工具选项板"中插入的图块不能旋转，对需要旋转的图块，可单独利用"旋转"命令结合"移动"命令进行旋转和移动操作，也可以采用直接从"设计中心"拖动图块的方法实现。以图 5-38 所示绘制水平引线后需要插入旋转的图块为例，讲述本方法。

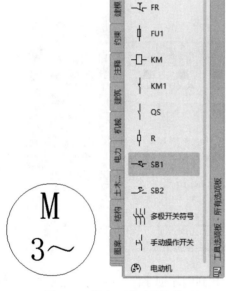

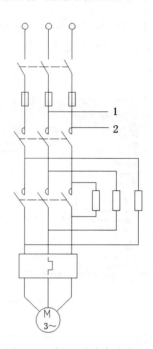

图 5-37　插入"电动机"块　　　　图 5-38　插入手动串连电阻

❶ 打开"设计中心"，找到"电气元件"文件夹。选择该文件夹，"设计中心"右侧的内容显示区将显示该文件夹中的各图形文件，如图 5-39 所示。

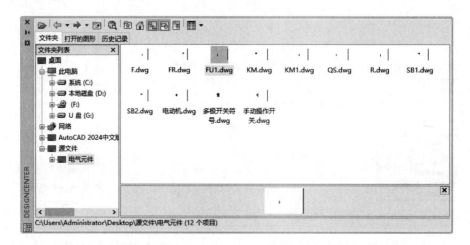

图 5-39　设计中心

❷ 选择其中的 FU1.dwg 文件，按住鼠标左键，拖动到当前绘制图形中，命令行中的提示
与操作如下：

> 命令：_-INSERT
> 输入块名或 [?]: "D:\…\源文件\电气元件\FU1.dwg"
> 单位：毫米　转换：　0.0394
> 指定插入点或 [基点 (B)/ 比例 (S)/X/Y/Z/ 旋转 (R)/ 分解 (E)/ 重复 (RE)]:(捕捉图 5-38 中的点 1)
> 输入 X 比例因子，指定对角点，或 [角点 (C)/XYZ(XYZ)] <1>:1 ✓
> 输入 Y 比例因子或 < 使用 X 比例因子 >: ✓
> 指定旋转角度 <0>:-90 ✓ (也可以通过拖动鼠标动态控制旋转角度，如图 5-40 所示)

插入结果如图 5-41 所示。

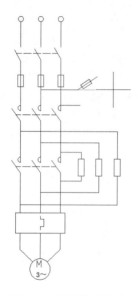 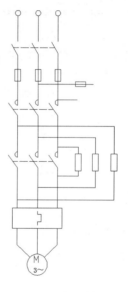

图 5-40　控制旋转角度　　　　　　　图 5-41　插入结果

继续利用"工具选项板"和"设计中心"插入各
图块，利用"直线"命令将电路图补充完成，最终结
果如图 5-32 所示。

03 如果不想保存"电气元件"工具选项板，
可以在"电气元件"工具选项板上右击，在弹出的快
捷菜单中选择"删除选项板"命令，如图 5-42 所示。
系统打开提示框，如图 5-43 所示，选择"确定"按
钮，系统自动将"电气元件"工具选项板删除。

删除后的"工具选项板"如图 5-44 所示。

图 5-42　快捷菜单

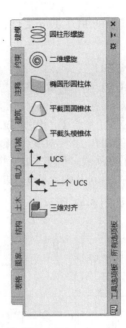

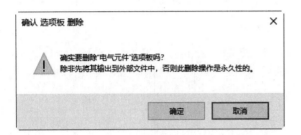

图 5-43　提示框

图 5-44　删除后的"工具选项板"

第 6 章

电气图制图规则和表示方法

AutoCAD 电气设计是计算机辅助设计与电气设计结合的交叉学科。

本章将介绍电气工程制图的有关基础知识，包括电气工程图的种类、特点以及电气工程 CAD 制图的相关规则，并对电气图的基本表示方法和连接线的表示方法加以说明。

◎ 电气图 CAD 制图规则

◎ 电气图基本表示方法

◎ 电气图中连接线的表示方法

◎ 电气图形符号的构成和分类

6.1 电气图分类及特点

对于用电设备来说，电气图主要是主电路图和控制电路图。对于供配电设备来说，电气图主要是指一次回路和二次回路的电路图。要清楚表示一项电气工程或一种电气设备的功能、用途、工作原理、安装和使用方法等，仅有这两种图是不够的。

6.1.1 电气图分类

根据各电气图所表示的电气设备、工程内容及表达形式的不同，电气图通常分为以下几类。

1. 系统图或框图

系统图或框图就是用符号或带注释的框概略表示系统或分系统的基本组成、相互关系及其主要特征的一种简图。例如，电动机的主电路（见图 6-1）就表示了它的供电关系，它的供电过程是由电源 L1、L2、L3 三相→熔断器 FU →接触器 KM →热继电器热元件 FR →电动机。又如，某变电所供电系统图（见图 6-2）表示这个变电所把 10kV 电压通过变压器变换为 0.38kV 电压，经断路器 QF 和母线后通过 FU-QK$_1$、FU-QK$_2$、FU-QK$_3$ 分别供给 3 条支路。系统图或框图常用来表示整个工程或其中某一项目的供电方式和电能输送关系，也可表示某一装置或设备各主要组成部分的关系。

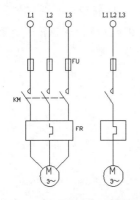 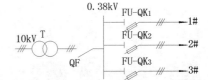

图 6-1　电动机供电系统图　　　　图 6-2　某变电所供电系统图

2. 电路图

电路图就是按工作顺序将图形符号从上而下、从左到右排列，详细表示电路、设备或成套装置的全部组成和连接关系，而不考虑其实际位置的一种简图。其目的是便于详细理解设备工作原理，分析和计算电路特性及参数，所以这种图又称为电气原理或原理接线图。例如，在电磁起动器电路图（见图 6-3）中，当按下起动按钮 SB2 时，接触器 KM 的线圈得电，它的常开主触点闭合，使电动机得电，起动运行；另一个辅助常开触点闭合，进行自锁。当按下停止按钮 SB1 或热继电器 FR 动作时，KM 线圈失电，常开主触点断开，电动机停止。它表示了电动机的操作控制原理。

3. 接线图

接线图主要用于表示电气装置内部元件之间及其外部其他装置之间的连接关系，它是便于制作、安装及维修人员接线和检查的一种简图或表格。图6-4所示为电磁起动器控制电动机的主电路接线图，它清楚地表示了各元件之间的实际位置和连接关系：电源（L1、L2、L3）由BX-3×6的导线接至端子排X的1、2、3号，然后通过熔断器FU1～FU3接至交流接触器KM的主触点，再经过继电器的发热元件接到端子排的4、5、6号，最后用导线接入电动机的U、V、W端子。当一个装置比较复杂时，接线图又可分解为以下几种。

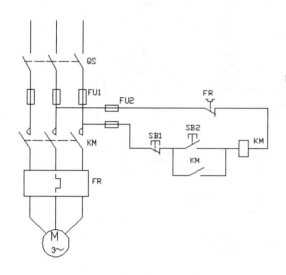

图6-3 电磁起动器电路图

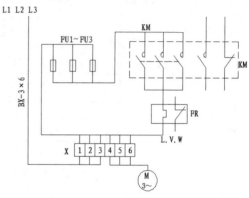

图6-4 电磁起动器接线图

1）单元接线图：它是表示成套装置或设备中一个结构单元内的各元件之间连接关系的一种接线图。这里所指"结构单元"是指在各种情况下可独立运行的组件或某种组合体，如电动机、开关柜等。

2）互连接线图：它是表示成套装置或设备的不同单元之间连接关系的一种接线图。

3）端子接线图：它是表示成套装置或设备的端子以及接在端子上外部接线（必要时包括内部接线）的一种接线图，如图6-5所示。

4）电线电缆配置图：它是表示电线电缆两端位置，必要时还包括电线电缆功能、特性和路径等信息的一种接线图。

4. 电气平面图

电气平面图是表示电气工程项目的电气设备、装置和线路的平面布置图，它一般是在建筑平面图的基础上绘制出来的。常见的电气平面图有供电线路平面图、变配电所平面图、电

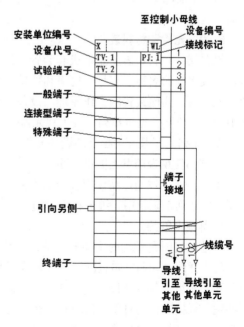

图6-5 端子接线图

力平面图、照明平面图、弱电系统平面图以及防雷与接地平面图等。图 6-6 所示为某车间的动力电气平面图，它表示了各车床的具体平面位置和供电线路。

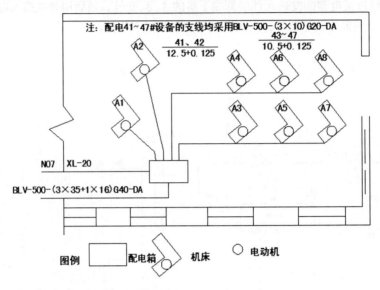

图 6-6　某车间动力电气平面图

5. 设备布置图

设备布置图表示各种设备和装置的布置形式、安装方式以及相互之间的尺寸关系，通常由平面图、主面图、断面图、剖面图等组成。这种图按三视图原理绘制，与一般机械图没有大的区别。

6. 设备元件和材料表

设备元件和材料表就是把成套装置、设备、装置中各组成部分和相应数据列成表格，来表示各组成部分的名称、型号、规格和数量等，便于读图者阅读，了解各元器件在装置中的作用和功能，从而读懂装置的工作原理。设备元件和材料表是电气图中的重要组成部分，它可置于图中的某一位置，也可单列一页（视元器件材料多少而定）。为了方便书写，通常是从下而上排序。表 6-1 列出了某开关柜上的设备元件表。

7. 产品使用说明书上的电气图

生产厂家往往随产品使用说明书附上电气图，供用户了解该产品的组成和工作过程及注意事项，以达到正确使用、维护和检修的目的。

8. 其他电气图

上述电气图是常用的主要电气图，但对于较为复杂的成套装置或设备，为了便于制造，有局部的大样图、印制电路板图等；而若为了装置的技术保密，往往只给出装置或系统的功能图、流程图、逻辑图等。所以，电气图种类很多，但这并不意味着所有的电气设备或装置都应具备这些图。根据表达的对象、目的和用途不同，所需图的种类和数量也不一样，对于简单的装置，可把电路图和接线图二合一，对于复杂装置或设备应分解为几个系统，每个系统也有以上各种类型图。总之，电气图作为一种工程语言，在表达清楚的前提下越简单越好。

表 6-1 设备元件表

符号	名称	型号	数量
ISA-351D	微机保护装置	=220V	1
KS	自动加热除湿控制器	KS-3-2	1
SA	跳、合闸控制开关	LW-Z-1a, 4, 6a, 20/F8	1
QC	指令开关	LS1-2	1
QF	自动空气开关	GM31-2PR3, 0A	1
FU1-2	熔断器	AM1 16/6A	2
FU3	熔断器	AM1 16/2A	1
1-2DJR	加热器	DJR-76-220V	2
HLT	手车开关状态指示器	MGZ-96-1-220V	1
HLQ	断路器状态指示器	MGZ-96-1-220V	1
HL	信号灯	AD11-25/41-5G-220V	1
M	储能电动机		1

6.1.2 电气图特点

电气图与其他工程图有着本质的区别，它表示系统或装置中的电气关系，所以具有其独特的一面。

1. 清楚

电气图是用图形符号、连线或简化外形来表示系统或设备中各组成部分之间的相互电气关系及其连接关系的一种图。如某变电所电气图（见图 6-7），10kV 电压变换为 0.38kV 低压，分配给 4 条支路，用文字符号表示，并给出了变电所各设备的名称、功能和电流方向及各设备连接关系和相互位置关系，但没有给出具体位置和尺寸。

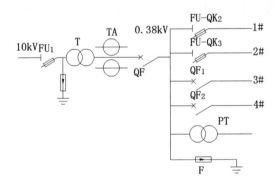

图 6-7 某变电所电气图

2. 简洁

电气图是采用电气元器件或设备的图形符号、文字符号和连线来表示的，没有必要画出电气元器件的外形结构，所以对于系统构成、功能及电气接线等，通常都采用图形符号、文字符号来表示。

3. 独特性

电气图主要是表示成套装置或设备中各元器件之间的电气连接关系，不论是说明电气设备工作原理的电路图、供电关系的电气系统图，还是表明安装位置和接线关系的平面图和连线图等，都表达了各元器件之间的连接关系，如图 6-1 ～ 图 6-4 所示。

4. 布局

电气图的布局依据图所表达的内容而定。电路图、系统图是按功能布局，只考虑便于看出元器件之间的功能关系，而不考虑元器件的实际位置，要突出设备的工作原理和操作过程，按照元器件动作顺序和功能作用，从上而下，从左到右布局。而对于接线图、平面布置图，则要考虑元器件的实际位置，所以应按位置布局，如图 6-4 和图 6-6 所示。

5. 多样性

对系统的元件和连接线描述方法不同，构成了电气图的多样性，如元件可采用集中表示法、半集中表示法、分散表示法，连线可采用多线表示、单线表示和混合表示。同时，对于一个电气系统中各种电气设备和装置之间，从不同角度、不同侧面去考虑，存在不同关系。例如，在图 6-1 所示的电动机供电系统图中，就存在着不同关系：

1）电能是通过 FU、KM、FR 送到电动机 M，它们之间存在能量传递关系，如图 6-8 所示。

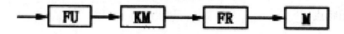

图 6-8　能量传递关系

2）从逻辑关系上，只有当 FU、KM、FR 都正常时，M 才能得到电能，所以它们之间存在"与"的关系：M=FU·KM·FR。即只有 FU 正常为"1"、KM 合上为"1"、FR 没有烧断为"1"时，M 才能为"1"，表示可得到电能。其逻辑图如图 6-9 所示。

3）从保护角度表示，FU 进行短路保护。当电路电流突然增大发生短路时，FU 烧断，使电动机失电。它们就存在信息传递关系，即"电流"输入 FU，FU 输出"烧断"或"不烧断"，取决于电流的大小，可用图 6-10 表示。

图 6-9　逻辑图　　　　　　　　　　　　　图 6-10　FU 的信息传递图

6.2　电气图 CAD 制图规则

电气图是一种特殊的专业技术图，它除了必须遵守国家颁布的相关标准外，还要遵守"机械制图""建筑制图"的有关规定，制图和读图人员有必要了解这些规则或标准。由于国家所颁布的标准很多，这里只能简单介绍与电气图制图相关的规则和标准。

6.2.1 图纸格式和幅面尺寸

1. 图纸格式

电气图的格式和机械图、建筑图的格式基本相同，通常由边框线、图框线、标题栏、会签栏组成，其格式如图 6-11 所示。

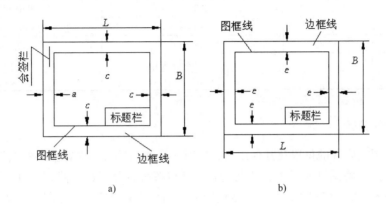

a)   b)

图 6-11   电气图图纸格式

图 6-11 所示的标题栏相当于一个设备的铭牌，标示着这张图的名称、图号张次、制图者、审核者等有关人员的签名，其一般格式见表 6-2。标题栏通常放在右下方位置，也可放在其他位置，但必须在本张图纸上，而且标题栏中的文字方向与看图方向一致。会签栏是留给相关的水、暖、建筑和工艺等专业设计人员会审图时签名用的。

表 6-2   标题栏一般格式

××电力勘察设计院			××区域 10kV 开闭及出线电缆工程		施工图
所长		校核			
主任工程师		设计			
专业组长		CAD 制图	10kV 配电装备电缆联系及屏顶小母线布置图		
项目负责人		会签			
日期	年　月　日	比例		图号	B812S-D01-14

2. 幅面尺寸

由边框线围成的图画称为图纸的幅面。幅面大小共分 5 类：A0 ~ A4，其尺寸见表 6-3，根据需要可对 A3、A4 号图加长，加长幅面尺寸见表 6-4。

表 6-3   基本幅面尺寸　　　　　　　　　　　　　　　　　（单位：mm）

幅面代号	A0	A1	A2	A3	A4
宽×长（$B×L$）	841×1189	594×841	420×594	297×420	210×297
留装订边边宽（c）	10	10	10	5	5
不留装订边边宽（e）	20	20	10	10	10
装订侧边宽（a）	25				

当表 6-3 和表 6-4 所列幅面系列不能满足需要时，可按相应规定选用其他加长幅面的图纸。

表 6-4　加长幅面尺寸 （单位：mm）

序号	代号	尺寸
1	A3×3	420×891
2	A3×4	420×1189
3	A4×3	297×630
4	A4×4	297×841
5	A4×5	297×1051

6.2.2　图幅分区

为了确定图上内容的位置及其他用途，应对一些幅面较大、内容复杂的电气图进行分区。图幅分区的方法是将图纸相互垂直的两边各自加以等分，分区数为偶数。每一分区的长度为 25～75mm。分区线用细实线，每个分区内竖边方向用大写英文字母编号，横边方向用阿拉伯数字编号，编号顺序应以标题栏相对的左上角开始。

图幅分区后，相当于建立了一个坐标，分区代号用该区域的字母和数字表示，字母在前，数字在后，如 B3、C4，也可用行（如 A、B）或列（如 1、2）表示。这样，在说明设备工作元件时，就可让读者很方便地找出所指元件。

图 6-12 中将图幅分成 4 行（A～D）和 6 列（1～6）。图幅内所绘制的元件 KM、SB、R 在图上的位置被唯一地确定下来了，其位置代号见表 6-5。

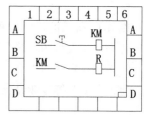

图 6-12　图幅分区示例

表 6-5　图幅内元件的位置代号

序号	元件名称	符号	行号	列号	区号
1	继电器线圈	KM	B	4	B4
2	继电器触点	KM	C	2	C2
3	开关（按钮）	SB	B	2	B2
4	电阻器	R	C	4	C4

6.2.3　图线、字体及其他图

1. 图线

图中所用的各种线条称为图线。机械制图规定了 8 种基本图线，即粗实线、细实线、波浪线、双折线、虚线、细点画线、粗点画线和双点画线，并分别用代号 A、B、C、D、F、G、J 和 K 表示，见表 6-6。

2. 字体

图中的文字，如汉字，字母和数字，是图的重要组成部分，是读图的重要内容。按《技术制图　字体》（GB/T 14691—1993）的规定，汉字采用长仿宋体，字母、数字可用直体、斜体；

字体号数，即字体高度（单位为 mm），分为 20、14、10、7、5、3.5、2.5 七种，字体的宽度约等于字体高度的 2/3，而数字和字母的笔画宽度约为字体高度的 1/10。因汉字笔画较多，所以不宜用 2.5 号字。

表 6-6　图线及应用

序号	图线名称	图线型式	代号	图线宽度 /mm	一般应用
1	粗实线	——————	A	$b = 0.5 \sim 2$	可见轮廓线，可见过渡线
2	细实线	————	B	约 $b/3$	尺寸线和尺寸界线，剖面线，重合剖面轮廓线，螺纹的牙底线及齿轮的齿根线，引出线，分界线及范围线，弯折线，辅助线，不连续的同一表面的连线，成规律分布的相同要素的连线
3	波浪线	∿∿∿	C	约 $b/3$	断裂处的边界线，视图与剖视的分线
4	双折线	⌇⌇	D	约 $b/3$	断裂处的边界线
5	虚线	- - - - -	F	约 $b/3$	不可见轮廓线，不可见过渡线
6	细点画线	—·—·—	G	约 $b/3$	轴线，对称中心线，轨迹线，节圆及节线
7	粗点画线	▬ ▬ ▬	J	b	有特殊要求的线或表面的表示线
8	双点画线	—··—··—	K	约 $b/3$	相邻辅助零件的轮廓线，极限位置的轮廓线，坯料轮廓线或毛坯图中制成品的轮廓线，假想投影轮廓线，试验或工艺用结构（成品上不存在）的轮廓线，中断线

3. 箭头和指引线

电气图中有两种形式的箭头：开口箭头（见图 6-13a）表示电气连接上能量或信号的流向，而实心箭头（见图 6-13b）表示力、运动、可变性方向。

指引线用于指示注释的对象，其末端指向被注释处，并在某末端加注以下标记，如图 6-14 所示。若指在轮廓线内，用一黑点表示（见图 6-14a）；若指在轮廓线上，用一箭头表示（见图 6-14b）；若指在电气线路上，用一短线表示（见图 6-14c），图中指明导线分别为 $3 \times 10\text{mm}^2$ 和 $2 \times 2.5\text{mm}^2$。

4. 围框

当需要在图上显示其中的一部分所表示的是功能单元、结构单元或项目组（电器组、继电器装置）时，可以用点画线围框表示。为了图面清楚，围框的形状可以是不规则的，如图 6-15 所示。围框内有两个继电器，每个继电器分别有 3 对触点，用一个围框表示这两个继电器 KM1、KM2 的作用关系会更加清楚，而且具有互锁和自锁功能。

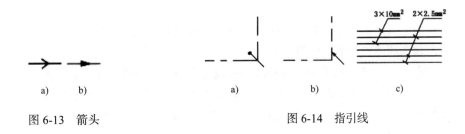

a)　　b)　　　　　　　a)　　　　　b)　　　　c)

图 6-13　箭头　　　　　　　　　图 6-14　指引线

当用围框表示一个单元时，若在围框内给出了可在其他图样或文件上查阅更详细资料的标记，则其内的电路等可用简化形式表示或省略。如果在表示一个单元的围框内的图上含有不属于该单元的元件图形符号，则必须对这些符号加双点画线的围框并加代号或注解。例如，图 6-16 所示的—A 单元内包含有熔断器 FU、按钮 SB、接触器 KM 和功能单元—B 等，它们在一个框内。而—B 单元在功能上与—A 单元有关，但不装在—A 单元内，所以用双点画线围起来，并且加了注释，表明—B 单元在图 6-16 左侧中给出了详细资料，这里将其内部连接线省略。但应注意，在采用围框表示时，围框线不应与元件图形符号相交。

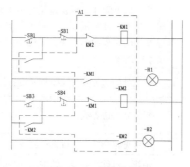

图 6-15　围框例图

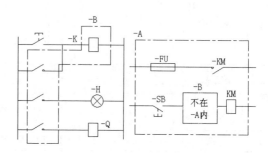

图 6-16　含双点画线围框

5. 比例

图上所画图形符号的大小与物体实际大小的比值，称为比例。大部分的电气线路图都是不按比例绘制的，但位置平面图等则按比例绘制或部分按比例绘制，这样在平面图上测出两点距离就可按比例值计算出两者间的实际距离（如线长度、设备间距等），这对导线的放线、设备机座和控制设备等安装都有利。

电气图采用的比例一般为 1:10、1:20、1:50、1:100、1:200、1:500。

6. 尺寸标注

在一些电气图上标注了尺寸。尺寸数据是有关电气工程施工和构件加工的重要依据。

尺寸由尺寸线、尺寸界线、尺寸起点（实心箭头和 45° 斜短画线）和尺寸数字 4 个要素组成，如图 6-17 所示。

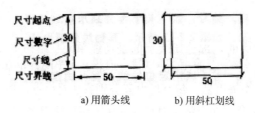

a) 用箭头线　　　b) 用斜杠划线

图 6-17　尺寸标注示例

图纸上的尺寸通常以毫米（mm）为单位，除特殊情况外，图上一般不另标注单位。

7. 建筑物电气平面图专用标志

在电力、电气照明平面布置和线路敷设等建筑电气平面图上，往往画有一些专用的标志，以提示建筑物的位置、方向、风向、标高、高程和结构等。这些标志对电气设备安装、线路敷设有着密切关系，了解了这些标志的含义，对阅读电气图十分有用。

1）方位：建筑电气平面图一般按"上北下南，左西右东"表示建筑物的方位，但在许多情况下，都是用方位标记表示其朝向。方位标记如图 6-18 所示，其箭头方向表示正北方向（N）。

2）风向频率标记：它是根据这一地区多年统计出的各方向刮风次数的平均百分值，并按一定比例绘制而成的，如图 6-19 所示。它像一朵玫瑰花，故又称风向玫瑰图，其中实线表示全年的风向频率，虚线表示夏季（6～8月）的风向频率。由图 6-19 可见，该地区常年以西北风为主，夏季以西北风和东南风为主。

3）标高：分为绝对标高和相对标高。绝对标高又称海拔高度，我国是以青岛市外黄海平面作为零点来确定标高尺寸的。相对标高是选定某一参考面或参考点为零点而确定的高度尺寸。建筑电气平面图均采用相对标高，它一般采用室外某一平面或某层楼平面作为零点而确定标高。这一标高又称安装标高或敷设标高，其符号及标高尺寸示例如图 6-20 所示。其中图 6-20a 用于室内平面图和剖面图上，标注的数字表示高出室内平面某一确定的参考点 2.50m；图 6-20b 用于总平面图上的室外地面，其数字表示高出地面 6.10m。

图 6-18　方位标记

图 6-19　风向频率标记

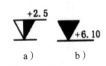

图 6-20　安装标高例图

4）建筑物定位轴线：定位轴线一般都是根据载重墙、柱、梁等主要载重构件的位置所画的轴线。定位轴线编号的方法是：水平方向，从左到右，用数字编号；垂直方向，由下而上用字母（易造成混淆的 I、O、Z 不用）编号，数字和字母分别用点画线引出，如图 6-21 所示。其轴线分别为 A、B、C 和 1、2、3、4、5。

有了这个定位轴线，就可确定图上所画的设备位置，计算出电气管线长度，便于下料和施工。

8. 注释、详图

1）注释：用图形符号表达不清楚或不便表达的地方，可在图上加注释。注释可采用两种方式：一是直接放在所要说明的对象附近，二是加标记，将注释放在另外位置或另一页。当图中出现多个注释时，应把这些注释按编号顺序放在图样边框附近。如果是多张图样，一般性注释放在第一张图上，其他注释则放在与其内容相关的图上。注释方法采用文字、图形或表格等形式，其目的就是把对象表达清楚。

2）详图：实质上是用图形来注释。这相当于机械制图的剖面图，就是把电气装置中某些零部件和连接点等结构、做法及安装工艺要求放大并详细表示出来。详图位置可放在要详细表示对象的图上，也可放在另一张图上，但必须要用一标志将它们联系起来。标注在总图上的标

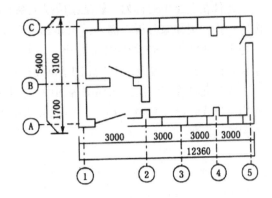

图 6-21　定位轴线标注方法示例

志称为详图索引标志，标注在详图位置上的标志称为详图标志。例如，11 号图上 1 号详图在 18 号图上，则在 11 号图上的索引标志为"1/18"，在 18 号图同上的标注为"1/11"，即采用相对标注法。

6.2.4 电气图布局方法

电气图的布局应从有利于对图的理解出发，做到布局突出图的本意、结构合理、排列均匀、图面清晰和便于读图。

1. 图线布局

电气图的图线一般用于表示导线、信号通路、连接线等，要求用直线，即横平竖直，尽可能减少交叉和弯折，图线的布局方法有两种：

1）水平布局：是将元件和设备按行布置，使其连接线处于水平布置，如图 6-22 所示。

2）垂直布局：是将元件和设备按列布置，使其连接线处于竖直布置，如图 6-23 所示。

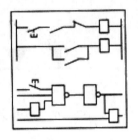

图 6-22　图线水平布局

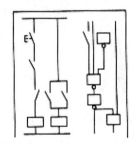

图 6-23　图线垂直布局

2. 元件布局

元件在电路中的排列一般是按因果关系和动作顺序从左到右，自上而下布置，看图时也要按这一排列规律来分析。例如，图 6-24 所示为元件水平布局，从左向右分析，SB1、FR、KM 都处于常闭状态，KT 线圈才能得电。经延时后，KT 的常开触点闭合，KM 得电。不按这一规律来分析，就不易看懂这个电路图的动作过程。

如果元件在接线图或布局图等图中，它是按实际元件位置来布局，这样便于看出各元件间的相对位置和导线走向。例如，图 6-25 所示为两个单元的接线图，它表示了两个单元的相对位置和导线走向。

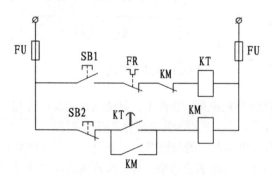

图 6-24　元件水平布局

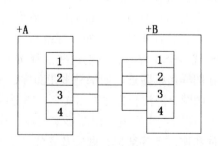

图 6-25　两个单元按位置布局

6.3 电气图基本表示方法

6.3.1 线路表示方法

线路的表示方法通常有多线表示法、单线表示法和混合表示法3种。

1. 多线表示法

在图中，电气设备的每根连接线或导线各用一条图线表示的方法，称为多线表示法。图6-26所示为一个具有正、反转的电动机主电路的多线表示法。多线表示法能比较清楚地表达电路工作原理，但图线太多，对于比较复杂的设备，交叉就多，反而不易看懂图。多线表示法一般用于表示各相或各线内容的不对称和要详细表示各相和各线的具体连接方法的场合。

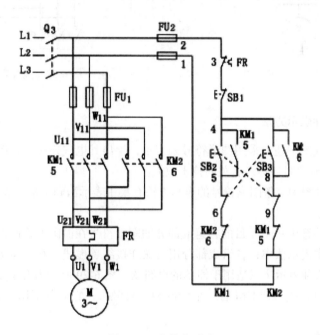

图6-26　多线表示法

2. 单线表示法

在图中，电气设备的两根或两根以上的连接线或导线只用一根线表示的方法，称为单线表示法，图6-27所示为用单线表示的具有正、反转的电动机主电路图。这种表示法主要适用于三相电路或各线基本对称的电路图中。对于不对称的部分在图中注释，如图6-27中热继电器是两相的，图中标注了"2"。

3. 混合表示法

在一个图中，一部分采用单线表示法，一部分采用多线表示法，称为混合表示法，如图6-28所示。为了表示三相绕组的连接情况，该图用了多线表示法；为了说明两相热继电器，也用了多线表示法；其余的断路器QF、熔断器FU、接触器KM_1都是三相对称，采用单线表示。这种表示法具有单线表示法简洁精练的优点，又有多线表示法描述精确、充分的优点。

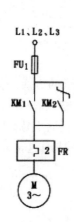

图 6-27　单线表示法

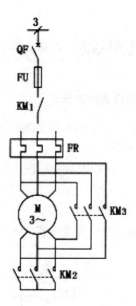

图 6-28　混合表示法

6.3.2　电气元件表示方法

电气元件在电气图中通常采用图形符号来表示，绘出其电气连接，在图形符号旁标注项目代号（文字符号），必要时还标注有关的技术数据。

一个元件在电气图中完整图形符号的表示方法有集中表示法和半集中表示法。

1. 集中表示法

把设备或成套装置中一个项目的各组成部分的图形符号在简图上绘制在一起的方法，称为集中表示法。在集中表示法中，各组成部分用机械连接线（虚线）互相连接起来，连接线必须是一条直线。可见这种表示法只适用于简单的电路图。图 6-29 所示为两个项目，继电器 KA 有一个线圈和一对触点，接触器 KM 有一个线圈和三对触头，它们分别用机械连接线联系起来，各自构成一体。

2. 半集中表示法

把一个项目中某些部分的图形符号在简图中分开布置，并用机械连接符号把它们连接起来，称为半集中表示法。例如，在图 6-30 中，KM 具有一个线圈、3 对主触头和一对辅助触头，表达清楚。在半集中表示中，机械连接线可以弯折、分支和交叉。

3. 分开表示法

把一个项目中某些部分的图形符号在简图中分开布置，并使用项目代号（文字符号）表示它们之间关系的方法，称为分开表示法，分开表示法也称为展开法。若图 6-30 采用分开表示法，就成为图 6-31，由图可见分开表示法只要把半集中表示法中的机械连接线去掉，在同一个项目图形符号上标注同样的项目代号就行了。这样图中的虚线就少，图面更简洁，但是在看图中，要寻找各组成部分比较困难，必须综观全局图。把同一项目的图形符号在图中全部找出，否则在看图时就可能会遗漏。为了看清元件、器件和设备各组成部分，便于寻找其在图中的位置，分开表示法可与半集中表示法结合起来，或者采用插图、表格表示各部分的位置。

4．项目代号的标注方法

采用集中表示法和半集中表示法绘制元件，其项目代号只在图形符号旁标出并与机械连接线对齐，如图6-29和图6-30所示的KM。

采用分开表示法绘制的元件，其项目代号应在项目的每一部分自身符号旁标注，如图6-31所示。必要时，对同一项目的同类部件（如各辅助开关、各触点）可加注序号。

标注项目代号时应注意：

1）项目代号的标注位置尽量靠近图形符号。

2）对图线水平布局的图，项目代号应标注在图形符号上方。对图线垂直布局的图，项目代号标注在图形符号的左方。

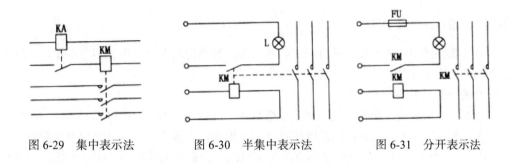

图6-29　集中表示法　　　　图6-30　半集中表示法　　　　图6-31　分开表示法

3）项目代号中的端子代号应标注在端子或端子位置的旁边。

4）对围框的项目代号应标注在其上方或右方。

📖 6.3.3　元器件触头和工作状态表示方法

1．电器触头位置

电器触头的位置在同一电路中，当它们加电和受力作用后，各触点符号的动作方向应取向一致，对于分开表示法绘制的图，触头位置可以灵活运用，没有严格规定。

2．元器件工作状态的表示方法

在电气图中，对元器件和设备可动部分，通常应表示在非激励或不工作的状态或位置，例如：

1）继电器和接触器在非激励的状态，图中的触头状态是非受电下的状态。

2）断路器、负荷开关和隔离开关在断开位置。

3）带零位的手动控制开关在零位置，不带零位的手动控制开关在图中规定位置。

4）机械操作开关（如行程开关）在非工作的状态或位置（即搁置）时的情况，以及机械操作开关在工作位置的对应关系，一般表示在触点符号的附近或另附说明。

5）温度继电器、压力继电器都处于常温和常压（一个大气压）状态。

6）事故、备用、报警等开关或继电器的触点应该表示在设备正常使用的位置，如有特定位置，应在图中另加说明。

7）多重开、闭器件的各组成部分必须表示在相互一致位置上。而不管电路的工作状态。

3. 元器件技术数据的标志

电路中的元器件的技术数据（如型号、规格、整定值、额定值等）一般标在图形符号的近旁，对于图线水平布局图，尽可能标在图形符号下方；对于图线垂直布局图，则标在项目代号的右方；对于像继电器、仪表、集成块等方框符号或简化外形符号，则可标在方框内，如图 6-32 所示。

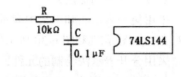

图 6-32　元器件技术数据的标志

6.4　电气图中连接线的表示方法

6.4.1　连接线一般表示法

在电气线路图中，各元件之间都采用导线连接，起到传输电能、传递信息的作用，所以看图者应了解它的表示方法。

1. 导线一般表示法

一般的图线就可表示单根导线。对于多根导线，可以分别画出，也可以只画一根图线，但需加标志。若导线少于 4 根，可用短画线数量代表根数；若多于 4 根，可在短画线旁加数字表示，如图 6-33a 所示。表示导线特征的方法是在横线上面标出电流种类、配电系统、频率和电压等；在横线下面标出电路的导线数乘以每根导线截面积（mm^2），当导线的截面不同时，可用"+"将其分开，如图 6-33b 所示。要表示导线的型号、截面、安装方法等，可采用短画指引线，加标导线属性和敷设方法，如图 6-33c 所示。图 6-33c 表示导线的型号为 BLV（铝芯塑料绝缘线）；其中 3 根截面为 $25mm^2$，1 根截面积为 $16mm^2$；敷设方法为穿入塑料管（VG），塑料管管径为 40mm，沿地板暗敷。要表示电路相序的变换、极性的反向、导线的交换等，可采用交换号表示，如图 6-33d 所示。

2. 图线的粗细

一般而言，电源主电路、一次电路、主信号通路等采用粗线，控制回路，二次回路等采用细线表示。

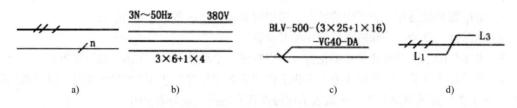

图 6-33　导线的表示方法

3. 连接线分组和标记

为了方便看图，对多根平行连接线，应按功能分组。若不能按功能分组，可任意分组，但每组不多于 3 条，组间距应大于线间距。

　　为了便于看出连接线的功能或去向，可在连接线上方或连接线中断处做信号名标记或其他标记，如图6-34所示。

4. 导线连接点的表示

　　导线的连接点有T形连接点和多线的"+"形连接点。对于T形连接点可加实心圆点，也可不加实心圆点，如图6-35a所示。对于"+"形连接点，必须加实心圆点，如图6-35b所示。而交叉不连接的，不能加实心圆点，如图6-35c所示。

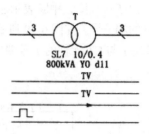

图 6-34　连接线标志示例

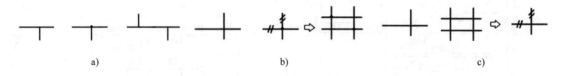

图 6-35　导线连接点表示例图

6.4.2　连接线连续表示法和中断表示法

1. 连续表示法及其标志

　　连接线可用多线或单线表示，为了避免线条太多，以保持图面的清晰。对于多条去向相同的连接线，常采用单线表示法，如图6-36所示。

　　当导线汇入用单线表示的一组平行连接线时，在汇入处应折向导线走向，而且每根导线两端应采用相同的标记号，如图6-37所示。

　　连续表示法中导线的两端应采用相同的标记号。

2. 中断表示法及其标志

　　为了简化线路图或使多张图采用相同的连接表示，连接线一般采用中断表示法。

　　在同一张图中断处的两端给出相同的标记号，并给出导线连接线去向的箭号，如图6-38中的G标记号。对于不同张的图，应在中断处采用相对标记法，即中断处标记名相同，并标注"图序号/图区位置"，如图6-38所示。图中断点L标记名，在第20号图样上标有"L3/C4"，它表示L中断处与第3号图样的C行4列处的L断点连接；而在第3号图样标有"L20/A4"，它表示L中断处与第20号图样的A行4列处的L断点相连。

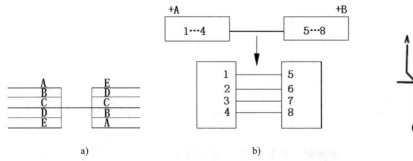

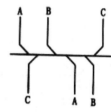

図 6-36　单线表示法　　　　図 6-37　汇入导线表示法

对于接线图，中断表示法的标注采用相对标注法，即在本元件的出线端标注去连接的对方元件的端子号。如图 6-39 所示，PJ 元件的 1 号端子与 CT 元件的 2 号端子相连接，而 PJ 元件的 2 号端子与 CT 元件的 1 号端子相连接。

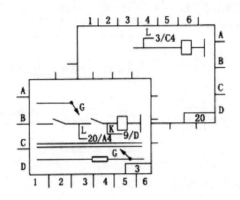

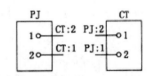

图 6-38　中断面表示法及其标志　　　　图 6-39　中断表示法的相对标注法

6.5　电气图形符号的构成和分类

在按简图形式绘制的电气工程图中，元件、设备、线路及其安装方法等都是借用图形符号、文字符号和项目代号来表达的。分析电气工程图，首先要明了这些符号的形式、内容、含义以及它们之间的相互关系。

6.5.1　电气图形符号的构成

电气图形符号包括一般符号、符号要素、限定符号和方框符号。

1. 一般符号

一般符号是用来表示一类产品或此类产品特征的简单符号，如电阻、电容、电感等，如图 6-40 所示。

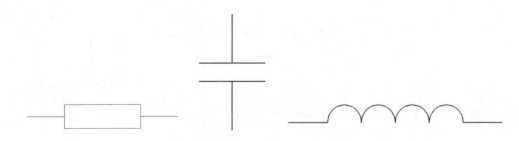

图 6-40　电阻、电容、电感符号

2. 符号要素

符号要素是一种具有确定意义的简单图形，必须同其他图形组成组合构成一个设备或概念的完成符号。例如，真空二极管是由外壳、阴极、阳极和灯丝4个符号要素组成的。符号要素一般不能单独使用，只有按照一定方式组合起来才能构成完整的符号。符号要素的不同组合可以构成不同的符号。

3. 限定符号

一种用以提供附加信息的加在其他符号上的符号，称为限定符号。限定符号一般不代表独立的设备、器件和元件，仅用来说明某些特征、功能和作用等。限定符号一般不单独使用，当一般符号加上不同的限定符号，可得到不同的专用符号。例如，在开关的一般符号上加不同的限定符号可分别得到隔离开关、断路器、接触器、按钮开关、转换开关。

4. 方框符号

用以表示元件、设备等的组合及其功能，既不给出元件、设备的细节，也不考虑所有这些连接的一种简单图形符号。方框符号在系统图和框图中使用最多，电路图中的外购件、不可修理件也可用方框符号表示。

📖 6.5.2 电气图形符号的分类

现行的《电气简图用图形符号 第1部分：一般要求》（GB/T 4728.1—2018），采用国际电工委员会（IEC）标准，在国际上具有通用性。GB/T 4728《电气简图用图形符号》共分13部分。

1. 一般要求

本部分内容按数据库标准介绍，包括数据查询、库结构说明、如何使用库中数据、新数据如何申请入库等。

2. 符号要素、限定符号和其他常用符号

内容包括轮廓和外壳、电流和电压的种类、可变性、力或运动的方向、流动方向、材料的类型、效应或相关性、辐射、信号波形、机械控制、操作件和操作方法、非电量控制、接地、接机壳和等电位、理想电路元件等。

3. 导体和连接件

内容包括电线、屏蔽或绞合导线、同轴电缆、端子与导线连接、插头和插座、电缆终端头等。

4. 基本无源件

内容包括电阻器、电容器、铁氧体磁珠、压电晶体、驻极体等。

5. 半导体管和电子管

如二极管、三极管、晶体闸流管、半导体管、电子管等。

6. 电能的发生与转换

内容包括绕组、发电机、变压器等。

7. 开关、控制和保护器件

内容包括触点、开关、控制装置、起动器、继电器、接触器和保护器件等。

8. 测量仪表、灯和信号器件

内容包括指示仪表、记录仪表、热电偶、电压表、电度表、灯、陀螺仪、信号变换器、电喇叭等。

9. 电信：交换和外围设备

内容包括交换机、选线器、电话机、电报、传声器、传真机等。

10. 电信：传输

内容包括通信电路、天线、波导、滤波器、微波器件、激光器、调制器、解调器、光纤传输线路等。

11. 建筑安装平面布置图

内容包括发电站、变电所、网络、音响和电视的分配系统、建筑用设备、露天设备。

12. 二进制逻辑元件

内容包括计算器、存储器等。

13. 模拟元件

内容包括放大器、函数器、电子开关等。

第2篇

设计实例篇

本篇主要结合实例讲解利用 AutoCAD 2024 进行各种电气设计的操作步骤和方法技巧等，包括机械电气设计、通信工程图设计、电力电气工程图设计、电子电路图设计、控制电气工程图设计和建筑电气工程图设计。

第 7 章

机械电气设计

机械电气是电气工程的重要组成部分。随着相关技术的发展，机械电气的使用日益广泛。本章通过几个具体的实例，由浅到深地介绍了在 AutoCAD 2024 环境下进行机械电气设计的过程。

KE-Jetronic 的电路图

三相异步电动机控制电气设计

铣床电气设计

7.1 机械电气简介

机械电气是一类比较特殊的电气，主要指应用在机床上的电气系统，故也可以称为机床电气，包括应用在车床、磨床、钻床、铣床、刨床和镗床等中的电气，也包括机床的电气控制系统、伺服驱动系统和计算机控制系统等。

随着数控系统的发展，机床电气也成为了电气工程的一个重要组成部分。机床电气系统的组成如下：

1. 电力拖动系统

以电动机为动力驱动控制对象（工作机构）做机械运动。

（1）直流拖动与交流拖动。

1）直流电动机：具有良好的起动、制动和调速性能，可以方便地在很宽的范围内平滑调速，但其尺寸大、价格高、运行可靠性差。

2）交流电动机：具有单机容量大、转速高、体积小、价钱便宜、工作可靠和维修方便等优点，但调速困难。

（2）单电动机拖动和多电动机拖动。

1）单电动机拖动：每台机床上安装一台电动机，再通过机械传动机构装置将机械能传递到机床的各运动部件。

2）多电动机拖动：一台机床上安装多台电动机，分别拖动各运动部件。

2. 电气控制系统

对各拖动电动机进行控制，使它们按规定的状态、程序运动，并使机床各运动部件的运动得到符合要求的静、动态特性。

1）继电器 - 接触器控制系统：这种控制系统由按钮开关、行程开关、继电器、接触器等电气元件组成，控制方法简单直接，价格低。

2）计算机控制系统：由计算机控制，具有高柔性、高精度、高效率、高成本。

3）可编程控制器控制系统：克服了继电器 - 接触器控制系统的缺点，又具有计算机控制的优点，并且编程方便、可靠性高、价格便宜。

7.2 KE-Jetronic 的电路图

👉 **绘制思路**

图 7-1 所示为 KE-Jetronic 的电路图，其绘制思路为：首先设置绘图环境，然后再利用绘图命令绘制主要连接导线和主要电气元件并将它们组合在一起，最后对图形添加文字注释。

📖 **7.2.1 设置绘图环境**

01 建立新文件。打开 AutoCAD 2024 应用程序，单击快速访问工具栏中的"新建"按钮，以"无样板打开 - 公制"建立新文件，将新文件命名为"KE-Jetronic.dwg"并保存。

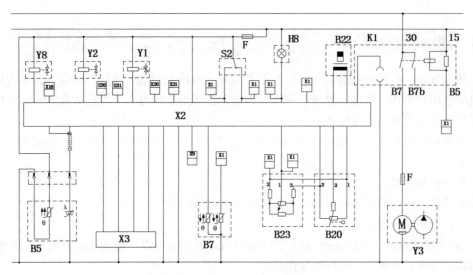

图 7-1　KE-Jetronic 的电路图

02 设置图层。单击"默认"选项卡"图层"面板中的"图层特性"按钮，设置"连接线层""实体符号层"和"虚线层"3 个图层，各图层的"颜色""线型"及"线宽"设置如图 7-2 所示。将"连接线层"图层设置为当前图层。

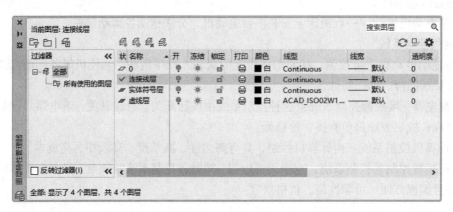

图 7-2　设置图层

7.2.2　绘制图样结构图

01 绘制主导线和接线模块。

❶ 单击"默认"选项卡"绘图"面板中的"直线"按钮，绘制长度为 300mm 的直线 1。

❷ 单击"默认"选项卡"修改"面板中的"偏移"按钮，将直线 1 向下偏移 10mm 得到直线 2，再将直线 2 向下偏移 150mm 得到直线 3。

❸ 单击"默认"选项卡"绘图"面板中的"直线"按钮，绘制长度为 160mm 的直线 4，如图 7-3 所示。

❹ 单击"默认"选项卡"绘图"面板中的"矩形"按钮，在图 7-3 中适当位置绘制结构图中的主导线和接线模块，长度分别为 230mm 和 40mm，宽度分别为 15mm 和 10mm。

02 添加主要连接导线。在上步绘制好的图中添加主要连接导线。由于本图对各导线之间的尺寸关系并不十分严格,只要能大体表达各电气元件之间的位置关系即可,可以根据具体情况调整,只要能大致体现相对关系即可,如图7-4所示。

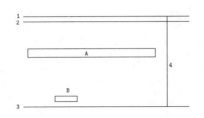

图 7-3 绘制主导线和接线模块

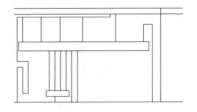

图 7-4 添加主要连接导线

7.2.3 绘制各主要电气元件图形符号

01 绘制 λ 探测器图形符号。

❶ 绘制直线1。将"实体符号层"设为当前图层,单击"默认"选项卡"绘图"面板中的"直线"按钮 ╱,绘制直线1{(100,30),(100,57)},如图7-5a所示。

❷ 绘制直线2。单击"默认"选项卡"绘图"面板中的"直线"按钮 ╱,绘制直线2{(100,42),(105,42)},如图7-5b所示。

❸ 偏移直线2。单击"默认"选项卡"修改"面板中的"偏移"按钮 ⊆,以直线2为起始,向上依次绘制直线3和直线4,偏移量依次为2mm和2mm,如图7-5c所示。

❹ 拉长直线。单击"默认"选项卡"修改"面板中的"拉长"按钮 ╱,将直线3和直线4分别向右拉长1mm和2mm,如图7-5d所示。

❺ 更改图形对象的图层属性。选择直线3,单击"默认"选项卡"图层"面板中的"图层特性"下拉菜单中的"虚线层",将其图层属性设置为"虚线层"。更改后的结果如图7-6a所示。

❻ 镜像直线。单击"默认"选项卡"修改"面板中的"镜像"按钮 ⚠,选择直线2、直线3和直线4为镜像对象,直线1为镜像线,进行镜像操作,得到的结果如图7-6b所示。

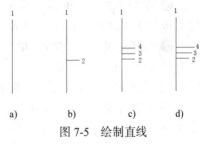

图 7-5 绘制直线

❼ 绘制直线5。单击"默认"选项卡"绘图"面板中的"直线"按钮 ╱,在"对象捕捉"与"极轴"绘图方式下,用光标捕捉O点,以其为起点,绘制一条与水平方向成60°角,长度为6mm的直线5,如图7-6c所示。

❽ 拉长直线5。单击"默认"选项卡"修改"面板中的"拉长"按钮 ╱,将直线5向下拉长6mm,如图7-6d所示。

❾ 绘制直线6。关闭"极轴"功能,打开"正交"绘图方式。单击"默认"选项卡"绘图"面板中的"直线"按钮 ╱,用光标捕捉直线5的下端点,以其为起点,向左绘制长度为2mm的直线6,如图7-7a所示。

❿ 修剪图形。单击"默认"选项卡"修改"面板中的"修剪"按钮 ✂,选择水平直线2、

直线 4 为剪切边，对直线 1 进行修剪，得到如图 7-7b 所示的结果。

⑩ 添加文字。单击"默认"选项卡"注释"面板中的"多行文字"按钮 **A**，在图形的左上方和右下方分别添加文字"λ"和"t°"，绘制完成的 λ 探测器图形符号如图 7-7c 所示。

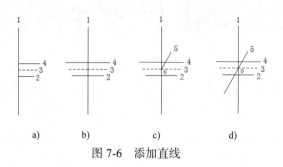

图 7-6 添加直线

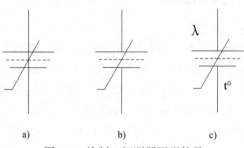

图 7-7 绘制 λ 探测器图形符号

02 绘制双极开关图形符号。

❶ 绘制直线 1。单击"默认"选项卡"绘图"面板中的"直线"按钮 ∕，绘制直线 1{（50,50），（58,50）}，如图 7-8a 所示。

❷ 绘制直线 2 ~ 直线 4。单击"默认"选项卡"绘图"面板中的"直线"按钮 ∕，在"对象追踪"和"正交"绘图方式下，用光标捕捉直线 1 的左端点，以其为起点，向下依次绘制直线 2、直线 3 和直线 4，长度分别为 2 mm、8 mm 和 6mm，如图 7-8b 所示。

❸ 偏移直线。单击"默认"选项卡"修改"面板中的"偏移"按钮 ⊂，分别将直线 2、直线 3 和直线 4 向右偏移 8mm，得到直线 5、直线 6 和直线 7，如图 7-8c 所示。

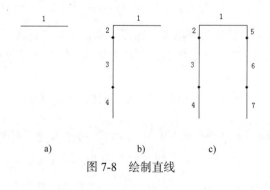

图 7-8 绘制直线

❹ 旋转直线。单击"默认"选项卡"修改"面板中的"旋转"按钮 ↻，选择直线 3，用光

标捕捉点 A 为基点，将直线 3 绕点 A 顺时针旋转 20º。用同样的方法将直线 6 绕点 B 顺时针旋转 20º，如图 7-9a 所示。

❺ 绘制直线 8。单击"默认"选项卡"绘图"面板中的"直线"按钮╱，在"对象追踪"和"正交"绘图方式下，用光标捕捉点 A，并以其为起点，绘制一条长度为 10.5mm 的直线 8，如图 7-9b 所示。

❻ 移动直线 8。单击"默认"选项卡"修改"面板中的"移动"按钮✛，在"正交"绘图方式下，将直线 8 先向下移动 3mm，再向左移动 1mm，如图 7-10a 所示。

❼ 更改图形对象的图层属性。选择直线 8，单击"默认"选项卡"图层"面板中的"图层特性"下拉菜单的"虚线层"，将其图层属性设置为"虚线层"。绘制完成的双极开关图形符号如图 7-10b 所示。

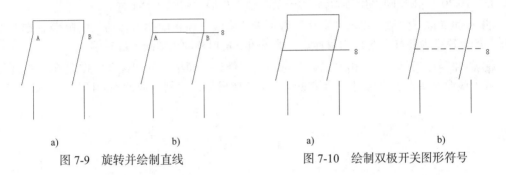

a)　　　　　　　　b)　　　　　　　　　a)　　　　　　　　b)

图 7-9　旋转并绘制直线　　　　　　　图 7-10　绘制双极开关图形符号

（03） 绘制磁阀图形符号。

❶ 绘制矩形。单击"默认"选项卡"绘图"面板中的"矩形"按钮▭，绘制一个长为 12mm、宽为 4mm 的矩形，如图 7-11a 所示。

❷ 分解矩形。单击"默认"选项卡"修改"面板中的"分解"按钮▱，将绘制的矩形分解为直线 1、直线 2、直线 3、直线 4。

❸ 偏移直线。单击"默认"选项卡"修改"面板中的"偏移"按钮 ⊑ ，将直线 1 向下偏移 2mm，得到直线 5；将直线 2 向右偏移 6mm，得到直线 6，如图 7-11b 所示。

❹ 旋转直线。单击"默认"选项卡"修改"面板中的"旋转"按钮 ↺ ，选择 O 为基点，将直线 6 绕 O 点旋转 −30°（顺时针），得到如图 7-12a 所示的图形。

❺ 修剪图形。单击"默认"选项卡"修改"面板中的"拉长"按钮╱，将直线 6 分别向两端拉长 3mm；单击"默认"选项卡"修改"面板中的"修剪"按钮✂，以直线 1 和直线 3 为剪切边，对直线 6 进行修剪，得到如图 7-12b 所示图形。

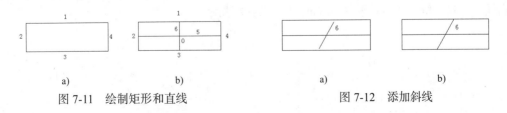

a)　　　　　　　　b)　　　　　　　　　a)　　　　　　　　b)

图 7-11　绘制矩形和直线　　　　　　　图 7-12　添加斜线

❻ 更改图形对象的图层属性。选择直线 5，单击"默认"选项卡"图层"面板中的"图层特性"下拉菜单中的"虚线层"，将其图层属性设置为"虚线层"，单击结束。更改后的结果如

图 7-13a 所示。

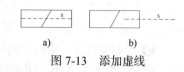
图 7-13　添加虚线

❼ 移动直线。单击"默认"选项卡"修改"面板中的"移动"按钮 ✛，将直线 5 向右移动 8mm，得到如图 7-13b 所示的图形。

❽ 修剪图形。单击"默认"选项卡"修改"面板中的"修剪"按钮，以直线 4 为剪切边，对直线 5 进行修剪，得到图 7-14a 所示结果。

❾ 绘制直线。单击"默认"选项卡"绘图"面板中的"直线"按钮／，在"对象捕捉"和"正交"绘图方式下，用光标捕捉直线 5 的右端点，分别向上绘制长度为 6mm 的竖直直线 7，向下绘制长度也为 6mm 的直线 8，如图 7-14b 所示。

❿ 绘制等边三角形：单击"默认"选项卡"绘图"面板中的"多边形"按钮⬠，绘制中心点为（70,70），内接圆半径为 2mm 的一个等边三角形，如图 7-15a 所示。

⓫ 移动等边三角形。单击"默认"选项卡"修改"面板中的"移动"按钮 ✛，选择等边三角形的上顶点为基点，点 N 为目标点，将等边三角形移动到虚线 5 的右端。

⓬ 镜像等边三角形。单击"默认"选项卡"修改"面板中的"镜像"按钮 ◮，选择等边三角形为镜像对象，水平虚直线为镜像线，做镜像操作，绘制完成的磁阀图形符号如图 7-15b 所示。

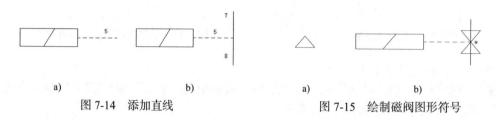

图 7-14　添加直线　　　　　　　　　　　　　　图 7-15　绘制磁阀图形符号

04 绘制电动机（带燃油泵）图形符号。

❶ 绘制圆。单击"默认"选项卡"绘图"面板中的"圆"按钮◷，绘制一个圆心坐标为（200,50）、半径为 6mm 的圆，如图 7-16a 所示。

❷ 绘制直线 1。单击"默认"选项卡"绘图"面板中的"直线"按钮／，在"对象捕捉"和"正交"绘图方式下，用光标捕捉点 O，以其为起点，向上绘制一条长度为 9mm 的直线 1，如图 7-16b 所示。

❸ 拉长直线。单击"默认"选项卡"修改"面板中的"拉长"按钮／，将直线 1 向下拉长 9mm，如图 7-16c 所示。

❹ 复制图形。单击"默认"选项卡"修改"面板中的"复制"按钮⧉，将前面绘制的圆与直线 1 复制一份，并向右平移 14mm，如图 7-17a 所示。

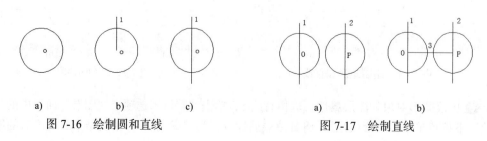

图 7-16　绘制圆和直线　　　　　　　　　　　　图 7-17　绘制直线

❺ 绘制直线 3。单击"默认"选项卡"绘图"面板中的"直线"按钮╱，在"对象捕捉"绘图方式下，用光标分别捕捉圆心 O 和圆心 P，绘制水平直线 3，如图 7-17b 所示。

❻ 偏移直线。单击"默认"选项卡"修改"面板中的"偏移"按钮⊑，以直线 3 为起始，分别向上和向下绘制直线 4 和直线 5，偏移量都为 1.5mm，如图 7-18a 所示。

❼ 删除直线。单击"默认"选项卡"修改"面板中的"删除"按钮🖌，删除直线 3。或者选择直线 3，按 Delete 键将其删除。

❽ 修剪图形。单击"默认"选项卡"修改"面板中的"修剪"按钮✄，以圆弧为剪切边，对直线 1、直线 2、直线 4 和直线 5 进行修剪，如图 7-18b 所示。

❾ 绘制等边三角形。单击"默认"选项卡"绘图"面板中的"多边形"按钮⬠，以直线 2 的下端点为上顶点，绘制一个边长为 3.6mm 的等边三角形，如图 7-19a 所示。

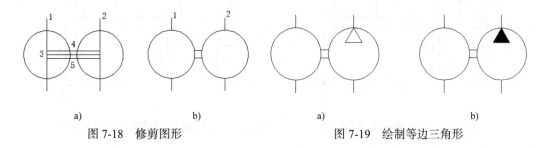

图 7-18　修剪图形　　　　　　　　　　　图 7-19　绘制等边三角形

❿ 填充等边三角形。单击"默认"选项卡"绘图"面板中的"图案填充"按钮▦，打开"图案填充创建"选项卡，如图 7-20 所示。设置"图案填充图案"为 SOLID，将"角度"设置为 0，"比例"设置为 1，其他为默认值。拾取三角形内一点，按 Enter 键，完成三角形的填充，如图 7-19b 所示。

图 7-20　"图案填充创建"选项卡

⓫ 添加文字。单击"默认"选项卡"注释"面板中的"多行文字"按钮🅰，在左侧圆的中心输入文字 M，并在"文字编辑器"选项卡中选择🆄，使文字带下划线。文字高度为 6。单击"默认"选项卡"绘图"面板中的"直线"按钮╱，在文字下划线下方绘制水平直线，并设置线型为虚线"ACAD_ISO02W100"，绘制完成的带燃油泵的电动机图形符号如图 7-21 所示。

📖 7.2.4　组合图形

各主要电气元件图形符号的绘制方法前面已经介绍过，本小节将介绍怎样将如此繁多的电气元件插入到已经绘制完成的线路连接图中。

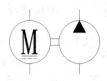

图 7-21　添加文字

将各电气元器件插入到线路图中的方法大同小异，以电动机为例介绍其操作方法。

01 单击"默认"选项卡"修改"面板中的"移动"按钮➕，选择如图 7-21 所示电动机图形符号为移动对象，用光标捕捉点 P 为移动基点，移动光标，用光标捕捉如图 7-22 所示图形中的点 Q 为目标点，将电动机图形符号插入到连接线图中。

02 单击"默认"选项卡"修改"面板中的"移动"按钮➕，将电动机图形符号沿竖直方向向上移动 15mm，这样电动机图形符号就被移动到了合适的位置。

03 单击"默认"选项卡"修改"面板中的"修剪"按钮✂，以电动机图形符号左侧的圆为剪切边，对竖直导线做修剪操作，如图 7-23 所示。

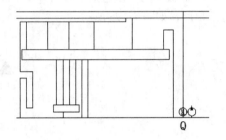

图 7-22　插入电动机图形符号

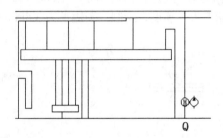

图 7-23　移动电动机图形符号

至此，就完成了电动机图形符号的插入工作。用同样的方法将其他的各电气元件图形符号插入到连接线路图中，如图 7-24 所示。

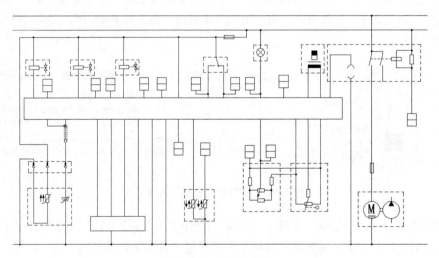

图 7-24　连接线路图

📖 7.2.5　添加注释

01 创建文字样式。单击"默认"选项卡"注释"面板中的"文字样式"按钮 **A**，打开"文字样式"对话框，如图 7-25 所示。设置"字体名"为"仿宋 _GB2312"、"字体样式"为"常规"、"高度"为 5、"宽度因子"为 0.7，然后单击"确定"按钮。

02 添加注释文字。单击"默认"选项卡"注释"面板中的"多行文字"按钮**A**，输入几行文字，然后再调整其位置，以对齐文字。调整位置时，结合使用"正交"命令。

添加注释文字后，即完成整张图的绘制，如图 7-1 所示。

📖 7.2.6 小结与引申

通过绘制 KE-Jetronic 的电路图，学习了 Auto-CAD 2024 的以下操作：掌握"直线 LINE""偏移 OFFSET""修剪 TRIM""旋转 ROTATE""移动 MOVE""复制 COPY""拉长 LENGTHEN""填充 BHATCH""矩形 RECTANG"命令的使用方法。

图 7-25 "文字样式"对话框

本节主要详细讲述了 KE-Jetronic 的电路图的设计过程。首先绘制图样结构图，然后绘制各主要电气元件，再组合图形，最后为线路图添加文字说明，便于阅读和交流图样。

7.3 三相异步电动机控制电气设计

👉 绘制思路

三相异步电动机是工业环境中最常用的电动驱动器，具有体积小、驱动转矩大的特点，因此设计其控制电路，保证电动机可靠地实现正反转起动、停止和过载保护在工业领域具有重要意义。三相异步电动机直接输入三相工频交流电，将电能转化为电动机主轴旋转动能。其控制电路主要采用交流接触器，实现异地控制。只要交换三相异步电动机的两相电源接线位置，就可以实现电动机的正反转起动。当电动机过载时，相电流会显著增加，熔断器熔丝断开，对电动机实现过载保护。本节以供电简图、供电系统图和控制电路图 3 个逐步深入的步骤，完成三相异步电动机正反转控制电气的设计，如图 7-26 所示。

📖 7.3.1 三相异步电动机供电简图

三相异步电动机供电简图旨在说明电动机的电流走向，示意性地表示电动机的起动和停止，表达电动机的基本功能。供电简图的价值在于它忽略其他复杂的电气元件和电气规则，以十分简单而且直观的方式传递一定的电气工程信息。

01 双击桌面的 AutoCAD 2024 快捷方式，进入 AutoCAD 2024 绘图环境。单击快速访问工具栏中的"新建"按钮 ，以"无样板打开 - 公制"创建一个新的文件，将其另存为"电动机简图 .dwg"，并保存。

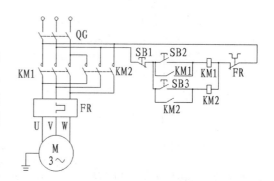

图 7-26 三相异步电动机正反转控制电气设计

02 单击"默认"选项卡"块"面板中的"插入"下拉菜单，在当前绘图区中依次插入"三相交流电动机"块和"单极开关"块，如图 7-27 所示。在当前绘图区中捕捉圆心作为图块放置点，如图7-28所示。调用已有的图块，能够大大节省绘图的工作量，提高绘图效率，专业的电气设计人员都有一个自己的常用图块库。

03 单击"默认"选项卡"修改"面板中的"移动"按钮✛，选择"单极开关"块，以其端点为基点，调整"单极开关"块的位置，使其在"三相异步电动机"块的正上方。单击绘图区下方的"捕捉模式"按钮，选择"对象捕捉"和"对象追踪"。按图7-29所示，把光标放在三相异步电动机图形符号的圆心附近，系统提示捕捉到圆心；向上拖动光标，将"单极开关"块移动到圆心的正上方，单击"确认"按钮，如图7-29所示。

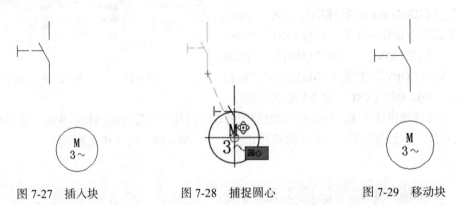

图 7-27　插入块　　　　　　图 7-28　捕捉圆心　　　　　　图 7-29　移动块

04 单击"默认"选项卡"绘图"面板中的"圆"按钮⊙，以单极开关图形符号的端点为圆心，绘制半径为2mm的圆，作为电源端子图形符号，如图7-30所示。

05 单击"默认"选项卡"修改"面板中的"分解"按钮，分解单极开关图形符号和三相异步电动机图形符号。单击"默认"选项卡"修改"面板中的"延伸"按钮→，以三相异步电动机图形符号的圆为延伸边界，单极开关图形符号的一端引线为延伸对象，将单极开关的一端引线延伸至三相异步电动机图形符号的圆周，如图7-31所示。

06 单击"默认"选项卡"绘图"面板中的"直线"按钮╱，捕捉延伸线的中点，绘制与x轴成60°、长度5mm的直线段，如图7-32所示。

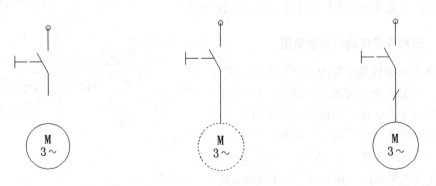

图 7-30　绘制电源端子图形符号　　　　图 7-31　延伸引线　　　　图 7-32　绘制直线段

07 单击"默认"选项卡"修改"面板中的"复制"按钮，将直线段分别向上、向下复制5mm，如图7-33所示，表示电动机为三相交流供电。完成以上步骤，就得到了三相异步电动机供电简图。

7.3.2 三相异步电动机供电系统图

供电系统图比简图更加详细，专业性也更强，不仅停留在说明电动机
的电流走向和示意性地表示电动机的起动和停止，还要表达利用热继电器
开关实现过载保护和机壳接地等信息，更加详细地说明电动机的电气接线。

01 单击快速访问工具栏中的"新建"按钮 ▢，以"无样板打开 -
公制"创建一个新的文件，将其另存为"电动机供电系统图 .dwg"，并
保存。

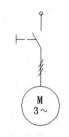

图 7-33 三相异步
电动机供电简图

02 单击"默认"选项卡"块"面板中的"插入"下拉菜单，在绘
图区插入"三相交流电动机"块和"多极开关"块，如图 7-34 所示。

03 单击"默认"选项卡"修改"面板中的"移动"按钮 ✛，调整"多极开关"块与
"三相交流电动机"块的相对位置，使其在"三相交流电动机"块的正上方，打开"对象捕捉"
和"对象追踪"，如图 7-35 所示。

04 绘制热继电器图形符号。

❶ 单击"默认"选项卡"绘图"面板中的"矩形"按钮 ▢，捕捉"多极开关"块最左侧
的端点为矩形的一个对角点，采用相对输入法绘制一个长 50mm，宽 20mm 的矩形，如图 7-36
所示。

❷ 单击"默认"选项卡"修改"面板中的"移动"按钮 ✛，把步骤❶中绘制的矩形向 x
轴负方向移动 10mm，使矩形位于"多极开关"块的正下方，如图 7-37 所示。

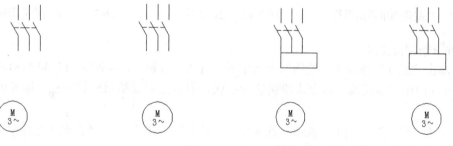

图 7-34　插入块　　　　图 7-35　调整块位置　　　　图 7-36　绘制矩形　　　　图 7-37　移动矩形

❸ 单击"默认"选项卡"绘图"面板中的"矩形"按钮 ▢，以步骤❷中绘制的矩形上边
为中点，绘制长 10mm、宽 6mm 的小矩形，如图 7-38 所示。

❹ 单击"默认"选项卡"修改"面板中的"移动"按钮 ✛，把新绘制的小矩形向 Y 轴负
方向移动 7mm，如图 7-39 所示。

❺ 单击"默认"选项卡"修改"面板中的"分解"按钮 ⬚，分解小矩形，选择小矩形的
左边，按 Delete 键删除左边，如图 7-40 所示。

❻ 单击"默认"选项卡"绘图"面板中的"直线"按钮 ╱，绘制相同长度的两小段直线，
如图 7-41 所示。

05 绘制连接导线。

❶ 单击"默认"选项卡"修改"面板中的"分解"按钮 ⬚，依次分解"三相异步电动机"
块和"多极开关"块。

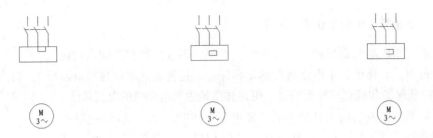

图 7-38　绘制小矩形　　　　图 7-39　移动小矩形　　　　图 7-40　分解并删除边

❷ 单击"默认"选项卡"修改"面板中的"延伸"按钮，以三相异步电动机图形符号的圆为延伸边界，多极开关图形符号的一端引线为延伸对象，将多极开关一端引线延伸至与三相异步电动机图形符号的圆周相交，如图 7-42 所示。

❸ 单击"默认"选项卡"修改"面板中的"修剪"按钮，将图形复制并以大矩形为剪切边，将延伸到矩形内部的部分引线修剪掉，如图 7-43 所示。

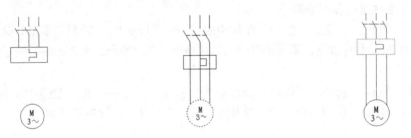

图 7-41　绘制热继电器图形符号　　图 7-42　延伸引线　　　图 7-43　复制修剪图形

06 绘制机壳接地。

❶ 单击"默认"选项卡"绘图"面板中的"直线"按钮，绘制如图 7-44 所示的连续折线，也可以调用"多段线"命令来绘制这段折线，但是过程要稍微麻烦一些，读者可以自行验证。

❷ 单击"默认"选项卡"修改"面板中的"镜像"按钮，以竖直直线为对称轴，对水平线进行镜像操作，绘制地平线图形符号，如图 7-45 所示。

❸ 单击"默认"选项卡"修改"面板中的"偏移"按钮，将水平线向下偏移为 2.5mm，如图 7-46 所示。

❹ 单击"默认"选项卡"绘图"面板中的"直线"按钮，根据图 7-46 偏移的直线的位置，绘制两条长度分别为 6mm 和 3mm 的直线，并调整位置，最后将偏移的直线删除，结果如图 7-47 所示。

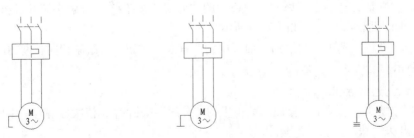

图 7-44　绘制连续折线　　　图 7-45　绘制地平线图形符号　　　图 7-46　偏移直线

07 绘制输入端子。

❶ 单击"默认"选项卡"绘图"面板中的"圆"按钮 ⊙，在多极开关图形符号端点处绘制一个半径为 2mm 的圆，作为电源的输入端子。

❷ 单击"默认"选项卡"修改"面板中的"复制"按钮 ⏣，复制移动生成另外两个端子，如图 7-48 所示。选择步骤❶中绘制的圆的圆心为复制基点，另外两根三相导线的端点为放置点。

08 新建图层，取名为"文字说明"，"颜色"为"蓝色"，其他为默认值。

09 将"文字说明"图层置为当前图层，添加文字说明，为各器件和导线添加文字符号，便于图样的阅读和校核。"字体"选择"仿宋_GB2312"，"字号"选择 10 号字。完成以上步骤后，就得到了三相异步电动机供电系统图，如图 7-49 所示。

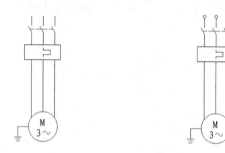
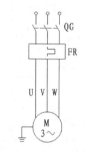

图 7-47　绘制机壳接地　　图 7-48　绘制输入端子　　图 7-49　三相异步电动机供电系统图

7.3.3　三相异步电动机控制电路图

通过 7.3.2 节得到了三相异步电动机供电系统图，没有控制电路，电动机不能实现正反转起动，是不能按人们的控制意图运行的。本节将详细设计三相异步电动机的正反转起动控制电路及自锁电路。

01 设计正向起动控制电路。

❶ 打开源文件 / 第 7 章 / 电动机供电系统图 .dwg 文件，设置保存路径，另存为"电动机控制电路图 .dwg"。

❷ 新建一个图层，取名为"控制电路"。在一个图层上绘制三相交流异步电动机的控制电路，在另一个图层上绘制控制电路的文字标示。分层绘制电气工程图的组成部分，有利于工程图的管理。

❸ 在"控制电路"层中绘制正向起动电路。

1）单击"默认"选项卡"绘图"面板中的"直线"按钮 ╱，从供电线上引出两条直线，为控制系统供电。两条直线的长度分别为 250mm 和 70mm。

2）单击"默认"选项卡"修改"面板中的"移动"按钮 ✛，把 FR 向下移动，使交流接触器位于器件 FR 的上游，为绘制交流接触器主触点留出绘图空间，如图 7-50 所示。

3）单击"默认"选项卡"修改"面板中的"修剪"按钮 ✂，以器件 FR 的矩形为剪切边修裁掉器件 FR 内部及其上方的导线段，如图 7-51 所示。

4）单击"默认"选项卡"绘图"面板中的"直线"按钮 ╱ 和"圆弧"按钮 ⌒，绘制如图 7-52 所示的一段直线和圆弧，为绘制主触点做准备。

5）单击"默认"选项卡"修改"面板中的"旋转"按钮 ↻，把步骤 4）中绘制的直线绕其下方端点旋转 30°，如图 7-53 所示，即得到一对常开主触点。

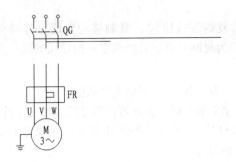

图 7-50　向下移动 FR

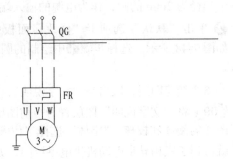

图 7-51　修剪导线段

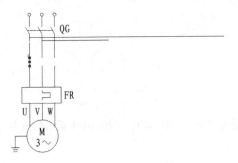

图 7-52　绘制直线和圆弧

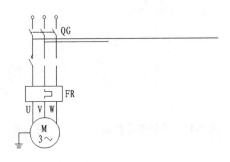

图 7-53　绘制一对常开主触点

6）单击"默认"选项卡"修改"面板中的"复制"按钮 ⅋，复制步骤 5）中绘制的一对常开主触点，并且结合直线命令绘制虚线，如图 7-54 所示，至此完成接触器 3 对常开的主触点。

7）单击"默认"选项卡"绘图"面板中的"直线"按钮 ╱，绘制常闭急停开关图形符号，结果如图 7-55 所示。单击"默认"选项卡"块"面板中的"创建"按钮 ⌗，把常闭急停开关生成图块，供后面设计调用。

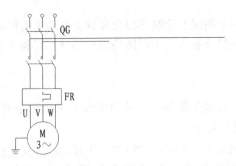

图 7-54　绘制 3 对常开的主触点

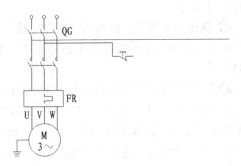

图 7-55　常闭急停开关图形符号

8）单击"默认"选项卡"块"面板中的"插入"下拉菜单，插入"手动单极开关"块作为正向起动按钮。调整比例，保证"手动单极开关"块在本图中的比例合适，如图 7-56 所示。

9）绘制热继电器开关图形符号。

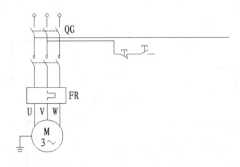

图 7-56　插入"手动单极开关"块

① 单击"默认"选项卡"绘图"面板中的"多段线"按钮，绘制如图 7-57 所示的多段线。

② 单击"默认"选项卡"修改"面板中的"分解"按钮，分解绘制的多段线。

③ 将"线型"选择为"虚线"，单击"默认"选项卡"绘图"面板中的"直线"按钮，按住 Shift 键，单击右键选择捕捉中点。捕捉到斜线的中点，绘制长度 9mm 的虚线段，如图 7-58 所示。

图 7-57　绘制多段线　　　　　　　　　　　　　图 7-58　绘制虚线段

④ 将"线型"选择为"实线"，单击"默认"选项卡"绘图"面板中的"多段线"按钮，绘制如图 7-59 所示的折线。

⑤ 单击"默认"选项卡"修改"面板中的"镜像"按钮，把步骤④中绘制的折线沿步骤③中绘制的虚线镜像复制一份，如图 7-60 所示。

⑥ 关闭"对象捕捉"模式，开启"正交"模式，选择图 7-61 所示的直线。

⑦ 选择其下端点，向下拖拽，如图 7-62 所示。在命令行输入（@0，-2），指定拉伸点，拖拽结果如图 7-63 所示。

图 7-59　绘制折线　　　　图 7-60　镜像折线　　　　图 7-61　选择直线

⑧ 选择如图 7-64 所示的斜线，开启"对象捕捉"模式，选择其左侧端点，拖拽至如图 7-65 所示位置。

⑨ 单击确认后，热继电器开关图形符号绘制完毕，如图 7-66 所示。单击"默认"选项卡"块"面板中的"创建"按钮，创建"热继电器开关"块，以便后面调用。

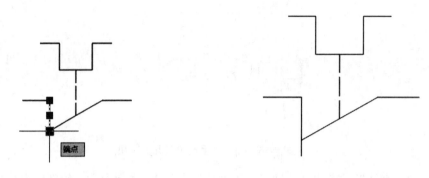

图 7-62　拖拽直线下端点　　　　　　　　图 7-63　拖拽结果

　　将"热继电器开关"块调入当前设计界面，如图 7-67 所示。当主回路电流过大，FR 的常闭触点断开，切断控制电路，使主回路失电，电动机停止运行。

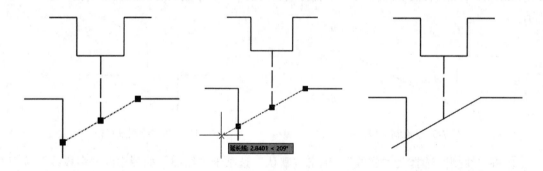

图 7-64　选择斜线　　　图 7-65　拖拽到指定位置　图 7-66　热继电器开关图形符号绘制

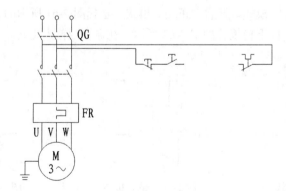

图 7-67　插入"热继电器开关"块

　　⑩ 单击"默认"选项卡"绘图"面板中的"矩形"按钮▢，绘制正向起动熔断器图形符号，如图 7-68 所示。

　　⑪ 绘制正向起动辅助触点，作为自锁开关，如图 7-69 所示。

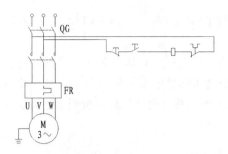

图 7-68　绘制正向起动熔断器图形符号

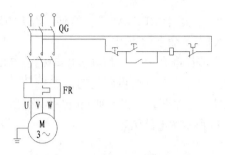

图 7-69　绘制自锁开关图形符号

02 设计反向起动电路。在"控制电路"层中绘制反向起动电路。绘制方法和过程同正向起动电路。注意：反向起动需交换两相电源线，主回路电路应该适当做出修改，只要电动机反转主触点闭合交换了 U、W 相，就可以达到电动机反转的目的，如图 7-70 所示。反向起动电路如图 7-71 所示。

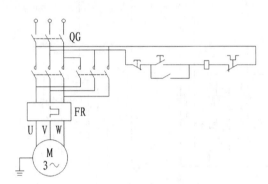

图 7-70　反向供电电路

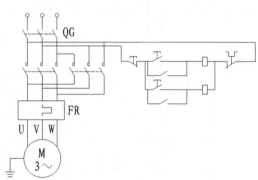

图 7-71　反向起动电路

03 绘制圆。单击"默认"选项卡"绘图"面板中的"圆"按钮⊙，在导线交点处绘制一个圆，并用 solid 填充，单击"默认"选项卡"修改"面板中的"复制"按钮，复制移动到每一个导线导通点，如图 7-72 所示。

在正向起动控制电路中，接触器辅助触点 RKM 是自锁触点。其作用是，当放开起动按钮 RSB 后，仍可保证线圈 RKM 通电，电动机运行。通常将这种用接触器或继电器本身的触点来使其线圈保护通电的环节称为自锁环节，在电气设计中会经常见到。最后整

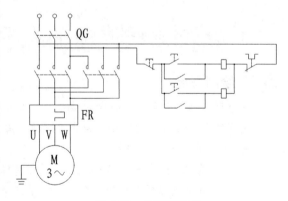

图 7-72　绘制导通点

理图形并标注文字，完成三相异步电动机正反转控制电气设计的绘制，如图 7-26 所示。

7.3.4　小结与引申

通过三相异步电动机控制电气设计的绘制，学习了一些 CAD 绘图和编辑命令，如"直线 LINE、移动 MOVE""剪切 TRIM、旋转 ROTATE""拉长 LENGTHEN、插入块 INSERT""圆

CIRCLE、矩形 RECTANG、延伸 EXTEND""分解 EXPLODE、延伸 EXTEND""多行文字 MTEXT"等命令的使用方法。

本节详细介绍了三相异步电动机控制电气图的设计过程，具体分为 3 个步骤进行：首先设计三相异步电动机供电简图，然后设计三相异步电动机供电系统图；最后设计三相异步电动机控制电路图，由粗到细，由高层次到低层次地完成了整个设计过程。按照上述方法绘制如图 7-73 所示的电路图。

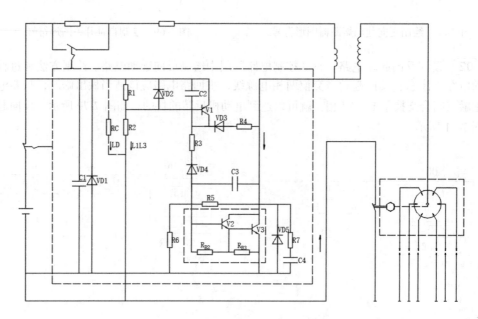

图 7-73　某发动机点火装置电路图

7.4　铣床电气设计

 绘制思路

铣床可以加工平面、斜面和沟槽等。装上分度头，还可以铣切直齿轮和螺旋面。铣床的运动方式可分为主运动、进给运动和辅助运动。由于铣床的工艺范围广，运动形式也很多，因此其控制系统比较复杂，主要特点有：

1）中小型铣床一般采用三相交流异步电动机拖动。

2）铣床工艺有顺铣和逆铣之分，故要求主轴电动机可以正反转。

3）铣床主轴装有飞轮，停车时惯性较大，一般采用制动停车方式。

4）为避免铣刀碰伤工件，要求起动时，先开动主轴电动机，然后才可以开动进给电动机；停车时，最好先停进给电动机，后停主轴电动机。

X62W 型万能铣床在铣床中具有代表性，下面以其为例，讨论铣床电气设计过程，如图 7-74 所示。

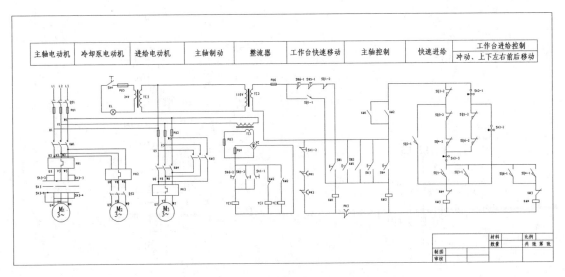

图 7-74   X62W 型铣床电气原理图

7.4.1   主回路设计

主回路包括 3 台三相交流异步电动机，即主轴电动机 M1，进给电动机 M2 和冷却泵电动机 M3。其中 M1 和 M2 要求能够正反向起动，M1 的正反转由手动换向开关实现，M2 的正反转由辅助触点控制电路的接通与断开来实现。只有在 M1 接通时，才有必要打开 M3。M3 的接通由手动开关控制。

01 进入 AutoCAD 2024 绘图环境，单击快速访问工具栏中的"新建"按钮，以"A3 title"样板文件为模板，新建文件"X62W 型铣床电气设计 .dwg"。

02 在文件中新建"主回路层""控制回路层"和"文字说明层"3 个图层。各层属性设置如图 7-75 所示。

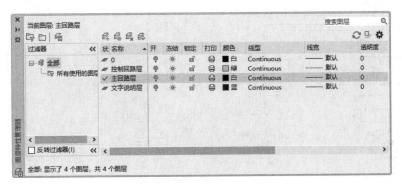

图 7-75   图层设置

03 主回路和控制回路由三相交流总电源供电，通断由总开关控制，各相电流设熔断器，防止短路，保证电路安全，如图 7-76 所示。

04 主轴电动机接通与断开由接触器主触点 KM1 控制，防止主轴过载，在各相电流上装有热继电器 FR1，主轴换向由手动换向开关 SA3 控制，如图 7-77 所示。

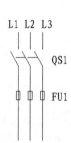

图 7-76　总电源供电线路

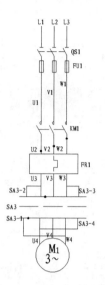

图 7-77　主轴电动机控制

05 进给电动机 M2 要求正反转起动，防止过载，如图 7-78 所示。

06 冷却泵电动机 M3 在 KM1 的下游，只有保证主轴电动机接通，才可以手动打开冷却泵，为防止过载设有熔断器，如图 7-79 所示。

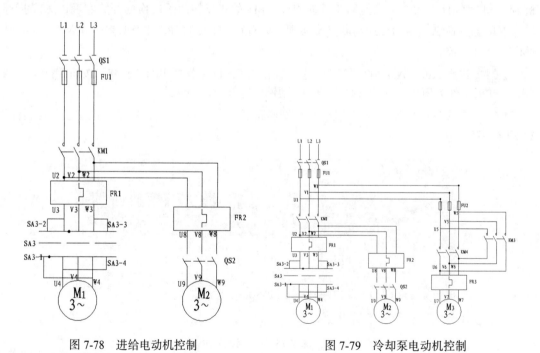

图 7-78　进给电动机控制　　　　　　　　图 7-79　冷却泵电动机控制

7.4.2 控制回路设计

01 主轴制动是通过电磁离合器 YC1 吸合，摩擦片压紧，对主轴电动机进行制动的。

❶ 在"控制回路层"图层中设计整流变压器为电磁摩擦片供电，如图 7-80 所示。

❷ 设计制动按钮，当 YC1 得电时，摩擦片抱紧，铣床制动；YC2 和 YC3 分别用于正常进给和快速进给，如图 7-81 所示。

02 设计变压器为控制系统供电，如图 7-82 所示。

03 为控制电路设置急停开关和热继电器触点等安全装置，如图 7-83 所示。

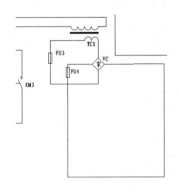

图 7-80　变压器供电

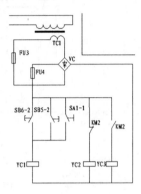

图 7-81　制动控制

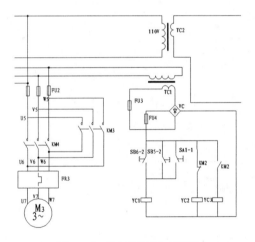

图 7-82　控制系统用变压器

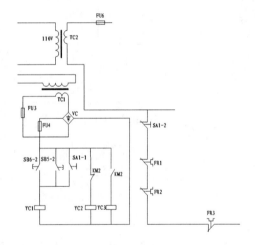

图 7-83　控制电路安全装置

04 主轴起动控制设计，SB1、SB2、SQ1 接通，KM1 得电并自锁，主轴电动机运转，如图 7-84 所示。

05 快速进给由 SB3、SB4 控制，当某一按钮接通时，KM2 得电，其辅助触点闭合，YC3 得电，如图 7-85 所示。

7.4.3　照明指示回路设计

变压器次级 24V 为照明灯供电，熔断器起到保护作用，手动开关控制照明灯的开与关，如图 7-86 所示。

7.4.4　工作台进给控制回路设计

工作台进给控制包括冲动、上下、左右和前后移动控制，如图 7-87 所示。

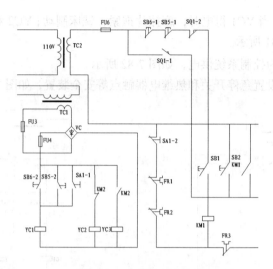

图 7-84　主轴起动控制

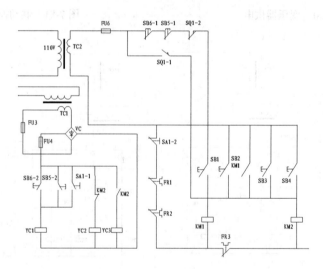

图 7-85　快速进给控制

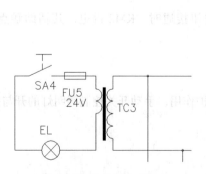

图 7-86　照明指示回路

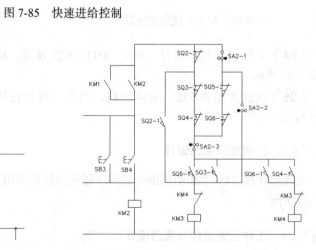

图 7-87　工作台进给控制回路

7.4.5 添加文字说明

01 在"文字说明层"的各个功能块正上方绘制矩形区域，如图 7-88 所示。

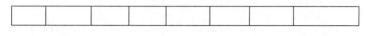

图 7-88 绘制矩形区域

02 在相应的区域填写文字，如图 7-89 所示。

主轴电动机	冷却泵电动机	进给电动机	主轴制动	整流器	工作台快速移动	主轴控制	快速进给	工作台进给控制 冲动、上下左右前后移动

图 7-89 文字分块说明

至此，X62W 型铣床电气原理图设计完毕，如图 7-90 所示。

7.4.6 电路原理说明

01 主轴电动机 M1 的控制。

❶ 主轴电动机的起动。X62W 型铣床采用两地控制方式，起动按钮 SB1 和停止按钮 SB7-1 为一组；起动按钮 SB2 和停止按钮 SB7-1 为另一组，分别安装在工作台和机床床身上，以便于操作。

起动前，选择好主轴转速，并将 SA3 扳到需要的转向上，然后按 SB1 或者 SB2，KM1 得电，其常开主触点闭合，M1 起动，其常开辅助触点闭合起到自锁作用。

❷ 主轴电动机的制动。当按下停车按钮 SB5 或 SB6 时，接触器 KM1 断电释放，M1 断电减速，同时按下常开触点 SB7-2 或 SB7-2 接通电磁离合器 YC1，离合器吸合，摩擦片抱紧，对主轴电动机进行制动。

02 冷却泵电动机的控制。由主回路可以看出，只有主轴电动机起动后，冷却泵电动机 M3 才能起动。再按下 QS2 冷却泵电动机才可以起动。

03 照明电路。变压器 TC3 将 380V 交流变为 24V 安全电压供给照明，转换开关 SA4 控制其开与关。

04 摇臂升降控制。摇臂升降控制是在零压继电器 FV 得电并自锁的前提下进行的，用来调整工件与钻头的相对高度。这些动作是通过十字开关 SA，接触器 KM2、KM3、位置开关 SQ1、SQ2 控制电动机 M3 来实现的。SQ1 是能够自动复位的鼓形转换开关，其两对触点都调整在常闭状态。SQ2 是不能自动复位的鼓形转换开关，它的两对触点常开，由机械装置来带动其通断。

为了使摇臂上升或下降时不致超过允许的极限位置，在摇臂上升和下降的控制电路中，分别串入位置开关 SQ1-1、SQ1-2 的常闭触点。当摇臂上升或下降到极限位置时，挡块将相应的位置开关压下，使电动机停转，从而避免事故发生。

05 立柱夹紧与松开的控制。立柱的夹紧与放松是通过接触器 KM4 和 KM5 控制电动机 M4 的正反来实现的。当需要摇臂和外立柱绕内立柱移动时，应先按下按钮 SB1，使接触器 KM4 得电吸合，电动机 M4 正转，通过齿式离合器驱动齿轮式液压泵送出高压油，经一定油路系统和传动机构将内外立柱松开。

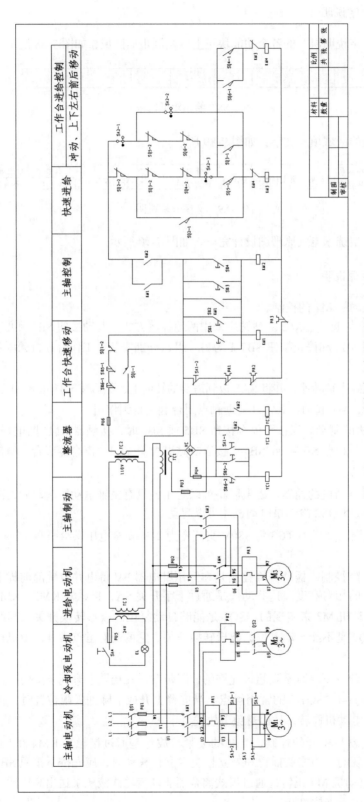

图 7-90　X62W 型铣床电气原理图

7.4.7 小结与引申

通过铣床电气设计的绘制，学习了 CAD 绘图和编辑命令，并掌握怎么绘制电气原理图。

本节详细介绍了铣床电气原理图的设计过程，具体分为以下几个步骤进行：首先设计主回路；然后设计控制回路；再设置照明指示回路，最后设计工作台进给控制回路。按照上述方法绘制如图 7-91 所示的电路图。

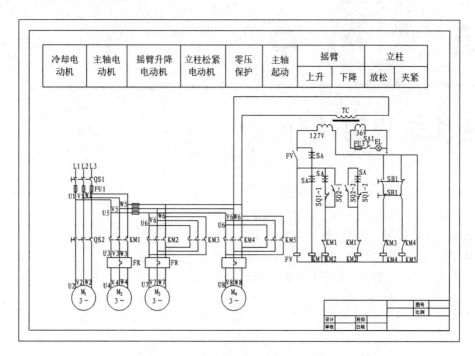

图 7-91 Z35 型摇臂钻床电气原理图

第 **8** 章

通信工程图设计

通信工程图是一类比较特殊的电气图，它与传统的电气图不同。通信工程图是最近发展起来的一类电气图，主要应用于通信领域。本章将介绍通信系统基础知识，并通过两个通信工程的实例讲解绘制通信工程图的一般方法。

学 习 要 点

综合布线系统图 ◎
通信光缆施工图 ◎

8.1 通信工程图简介

通信就是信息的传递与交流。通信系统包括传递信息所需要的技术设备和传输媒介，通信系统的原理如图 8-1 所示。通信工程主要分为移动通信和固定通信，但无论是移动通信还是固定通信，它们的通信原理都是相同的。通信系统的核心是交换机，在通信过程中，数据通过传输设备传输到交换机上，并在交换机上进行交换，选择目的地，这就是通信的基本过程。

通信系统工作流程如图 8-2 所示。

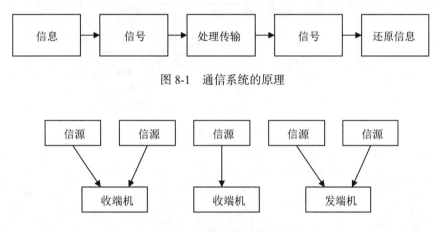

图 8-1　通信系统的原理

图 8-2　通信系统工作流程

8.2 综合布线系统图

绘制思路

综合布线图指的是为楼宇进行网络和电话布线。图 8-3 所示为一个大楼的综合布线图，图 8-3 的绘制过程为：第一绘制电话配线间主配线架，第二绘制内外网机房，第三绘制其中一层的配线结构图，然后复制出其他层的配线结构图，最后调整各部分之间的相互位置，并用直线将它们连接起来，本图即绘制完成。

8.2.1 设置绘图环境

01 建立新文件。打开 AutoCAD 2024 应用程序，单击快速访问工具栏中的"新建"按钮📄，以"无样板打开‑公制"建立新文件，将新文件命名为"综合布线系统图 .dwg"并保存。

02 设置图层。单击"默认"选项卡"图层"面板中的"图层特性"按钮📑，新建两个图层，分别为"母线层"和"电气线层"，将"电气线层"图层设置为当前图层。设置好的各图层属性如图 8-4 所示。

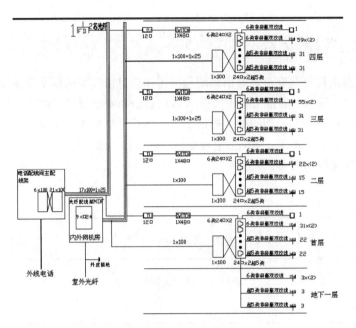

图 8-3　综合布线图

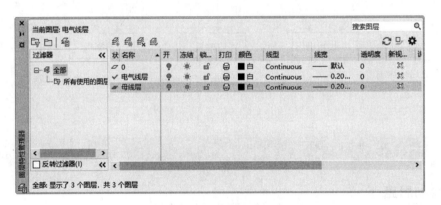

图 8-4　设置图层属性

8.2.2　绘制图形符号

01 绘制电话配线间主配线架。

❶ 单击"默认"选项卡"绘图"面板中的"矩形"按钮▢，绘制 3 个矩形，大矩形的尺寸为 500mm × 500mm，小矩形的尺寸为 100mm × 200mm，如图 8-5a 所示。

❷ 单击"默认"选项卡"绘图"面板中的"直线"按钮╱，绘制两条交叉直线，结果如图 8-5b 所示。单击"默认"选项卡"注释"面板中的"多行文字"按钮 **A**，在矩形内添加字体"电话配线间主配线架"，字体的高度为 40mm，添加字体"6 × 100，21 × 100"，字体高度为 30mm，如图 8-5b 所示。

02 绘制内外网机房。内外网机房的绘制与电话配线间主配线架的绘制方法类似。单击"默认"选项卡"绘图"面板中的"矩形"按钮▢，先绘制两个矩形，大矩形的尺寸为

350mm×400mm，小矩形的尺寸为 150mm×200mm；然后单击"默认"选项卡"注释"面板中的"多行文字"按钮 **A**，添加字体"光纤配线架 MDF""9×24 口"和"内外网机房"，大字体的高度为 40mm，小字体的高度为 30mm，如图 8-6 所示。

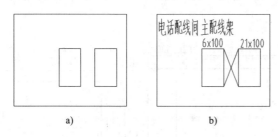
图 8-5　绘制电话配线间主配线架

图 8-6　绘制内外网机房

03 绘制配线结构图。首先要绘制各部件的示意图，然后将它们摆放在适当的位置上，再用直线将它们连接起来。

❶ 绘制数据信息出线座。单击"默认"选项卡"绘图"面板中的"直线"按钮／，绘制 4 条直线，长度分别为 20mm、40mm、20mm、20mm，单击"默认"选项卡"注释"面板中的"多行文字"按钮 **A**，添加字体"PS"，字体高度为 15mm，如图 8-7a 所示。将数据信息出线座绘制为块，单击"默认"选项卡"块"面板中的"创建"按钮，将数据信息出线座绘制为块，块的名字定义为"PCG1"。

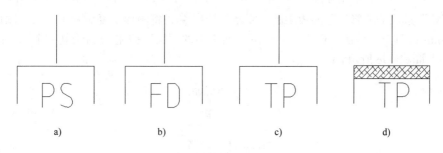
图 8-7　绘制出线座

❷ 绘制光纤信息出线座。光纤信息出线座的绘制是在数据信息出线座的基础上进行绘制的，因为数据信息出线座是在块中进行绘制的，所以首先要将块打散。单击"默认"选项卡"修改"面板中的"分解"按钮，选中块，将块打散；选择菜单栏中的"修改"→"对象"→"文字"→"编辑"命令，将"PS"改为"FD"，如图 8-7b 所示。

❸ 绘制外线电话出线座。外线电话出线座是在光纤信息出线座的基础上绘制的，选择菜单栏中的"修改"→"对象"→"文字"→"编辑"命令，将"FD"改为"TP"，如图 8-7c 所示。

❹ 绘制内线电话出线座。内线电话出线座是在外线电话出线座的基础上进行绘制的，单击"默认"选项卡"修改"面板中的"偏移"按钮，将水平线向下方偏移 5mm；单击"默认"选项卡"绘图"面板中的"图案填充"按钮，填充图案选择"ANSI38"，填充后的结果如图 8-7d 所示。

❺ 绘制预留接口。单击"默认"选项卡"绘图"面板中的"矩形"按钮，绘制两个矩

形，矩形的尺寸为 500mm × 500mm 和 500mm × 450mm，如图 8-8a 所示。绘制两条垂直线，垂直线长为 400mm，这两条直线到矩形两边的距离为 80mm。单击"默认"选项卡"绘图"面板中的"圆"按钮⊙，绘制两个小圆，两个小圆的直径均为 10mm，两个小圆的位置尺寸如图 8-8b 所示。单击"默认"选项卡"修改"面板中的"圆角"按钮，选择圆角的半径为 100mm，倒圆后结果如图 8-8c 所示。

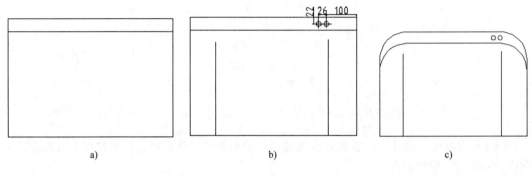

图 8-8　绘制预留接口

❻ 绘制楼层接线盒。单击"默认"选项卡"绘图"面板中的"矩形"按钮 ，绘制两个矩形，大矩形尺寸为 200mm × 800mm，小矩形尺寸为 220mm × 440mm；单击"默认"选项卡"绘图"面板中的"直线"按钮 ，绘制两条斜线，连接矩形的两个端点，如图 8-9a 所示。重复执行"直线"命令，绘制如图 8-9b 所示的图形 1，图形 1 的外形和位置尺寸如图 8-9b 所示。单击"默认"选项卡"修改"面板中的"复制"按钮 ，将图形 1 复制两个，两个图形间的距离为 120mm；单击"默认"选项卡"绘图"面板中的"圆"按钮⊙，绘制一个圆，圆的直径和位置尺寸如图 8-9c 所示。

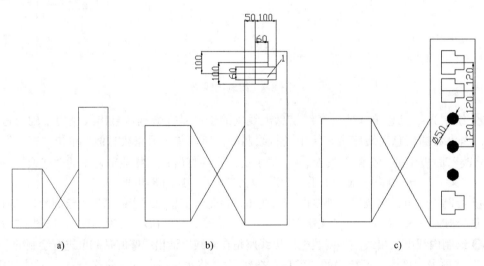

图 8-9　绘制楼层接线盒

❼ 绘制光电转换器和交换机示意图。单击"默认"选项卡"绘图"面板中的"矩形"按钮 ，绘制两个矩形，矩形的尺寸为 200mm × 100mm 和 300mm × 100mm；然后单击"默认"

选项卡"注释"面板中的"多行文字"按钮 **A**，在矩形内添加字体"LIU"和"SWITCH"，字体高度为 70mm，"LIU"表示光电转换器，"SWITCH"表示交换机，如图 8-10 所示。

图 8-10　绘制光电转换器和交换机示意

将"母线层"图层置为当前图层，选择数据信息出线座、外线电话出线座和内线电话出线座，单击"默认"选项卡"修改"面板中的"旋转"按钮，以中心为基点，旋转 180°；单击"默认"选项卡"绘图"面板中的"多段线"按钮，将以上各部分连接起来，连接完成后在图上加上注释，如图 8-11 所示。

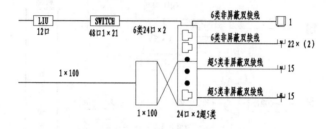

图 8-11　绘制楼层接线图

将以上几部分摆放到适当的位置上，其中因为地下一层没有接线盒，所以将数据信息出线座、外线电话出线座以及内线电话出线座这 3 部分直接连接到首层的接线盒上，如图 8-12 所示。

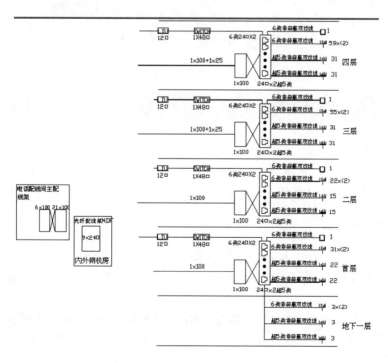

图 8-12　绘制部件布置图

单击"默认"选项卡"绘图"面板中的"多段线"按钮 ，将以上这几部分连接起来，并在图中将接地符号、避雷器和光纤信息出线座等摆放到适当的位置，结果如图 8-3 所示。

8.2.3　小结与引申

通过综合布线系统图的绘制，学习了一些 AutoCAD 2024 的绘图和编辑命令；掌握了"直线 LINE、移动 MOVE""剪切 TRIM、复制 COPY""矩形 RECTANG、多段线 PLINE""圆 CIRCLE、圆角 FILLET""多行文字 MTEXT""图层"等命令的使用方法。

本节讲述了综合布线系统图的绘制过程，首先绘制各元器件的图形符号，然后连接各个元器件，最后添加文字和注释说明。促进读者对电气原理的理解，加深设计印象。根据上述方法绘制如图 8-13 所示的数字交换机系统结构图。

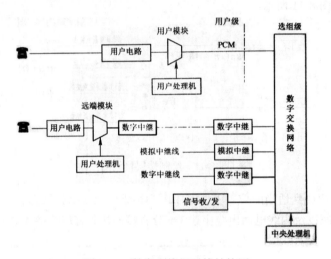

图 8-13　数字交换机系统结构图

8.3　通信光缆施工图

绘制思路

以下介绍通信光缆施工图的绘制，如图 8-14 所示。首先还是设计图样布局，确定各主要部件在图中的位置；然后绘制各部件图形符号；最后把绘制好的各种部件插入到布局图的相应位置。

8.3.1　设置绘图环境

01　建立新文件。打开 AutoCAD 2024 应用程序，单击快速访问工具栏中的"新建"按钮 ，以"无样板打开 - 公制"建立新文件，将新文件命名为"通信光缆施工图 .dwg"并保存。

02　设置图层。单击"默认"选项卡"图层"面板中的"图层特性"按钮 ，设置"公路线层"和"部件层"两个图层，并将"部件层"图层设置为当前图层。设置好的各图层属性如图 8-15 所示。

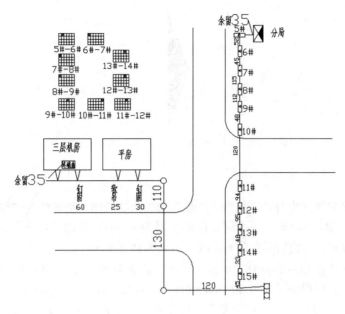

图 8-14　通信光缆施工图

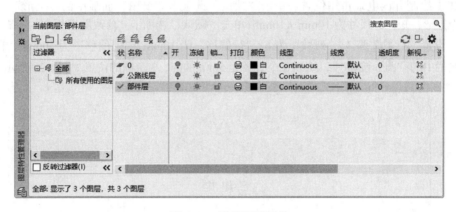

图 8-15　设置图层属性

8.3.2　绘制部件图形符号

01　绘制分局标识。单击"默认"选项卡"绘图"面板中的"矩形"按钮□，绘制一个矩形，矩形的尺寸为 20mm×60mm，如图 8-16a 所示。单击"默认"选项卡"绘图"面板中的"直线"按钮╱，过矩形的 4 个顶点绘制两条直线，如图 8-16b 所示。单击"默认"选项卡"绘图"面板中的"图案填充"按钮▨，选择 SOLID 填充图案，填充两条直线相交的部分，如图 8-16c 所示。

02　绘制井盖图形符号。单击"默认"选项卡"绘图"面板中的"矩形"按钮□，绘制一个矩形，矩形的尺寸为 30mm×10mm；单击"默认"选项卡"注释"面板中的"多行文字"按钮 **A**，在矩形内添加字体"小"，字体的高度为 6mm，如图 8-17a 所示。然后将它逆时针方向旋转 90°，如图 8-17b 所示。

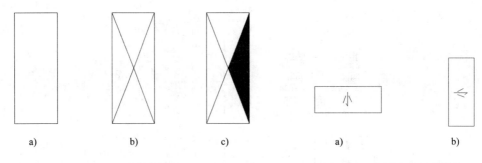

图 8-16　绘制分局标识　　　　图 8-17　绘制井盖图形符号

03 绘制光配架图形符号。单击"默认"选项卡"绘图"面板中的"圆"按钮⊙，绘制两个圆，圆的直径均为 10mm，两个圆之间的距离为 12mm。单击"默认"选项卡"绘图"面板中的"直线"按钮╱，绘制两个圆的切线，如图 8-18 所示。

04 绘制用户机房图形符号。单击"默认"选项卡"绘图"面板中的"矩形"按钮▭，先绘制两个矩形，大矩形的尺寸为 100mm×60mm，小矩形的尺寸为 40mm×20mm，单击"默认"选项卡"注释"面板中的"多行文字"按钮**A**，在矩形内添加字体"3 层机房"和"终端盒"，字体高度分别为 10mm 和 8mm，如图 8-19 所示。

05 绘制井内电缆占用位置。单击"默认"选项卡"绘图"面板中的"矩形"按钮▭，绘制一个矩形，矩形的尺寸为 10mm×10mm；单击"默认"选项卡"修改"面板中的"矩形阵列"按钮▦，设置"行数"为 4，"列数"为 6，"行偏移"为 10mm，"列偏移"为 10mm。单击"绘图"工具栏中的"圆"按钮⊙，绘制 3 个直径为 5mm 的圆，3 个圆的位置如图 8-20 所示。

图 8-18　绘制光配架图形符号　图 8-19　绘制用户机房图形符号　图 8-20　绘制井内电缆占用位置

8.3.3　绘制公路线

先将图层更换至"公路线层"图层，绘制公路线，确定各部件的大概位置，如图 8-21 所示。绘制完公路线后，将已经绘制好的部件添加到公路线中适当的位置中。

8.3.4　小结与引申

通过通信光缆施工图的绘制，学习了一些 AutoCAD 2024 的绘图和编辑命令；掌握了"矩形 RECTANG""圆 CIRCLE""图层""矩形阵列（R）""多行文字 MTEXT""填充 BHATCH"等命令的使用方法。

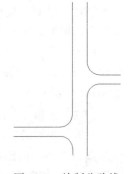

图 8-21　绘制公路线

本节详细讲述了通信光缆施工图的绘制过程，其绘制思路如下：先根据需要绘制几条公路线，作为定位线，然后将绘制好的部件填入到图中，并调整它们的位置，最后添加注释文字及标注，完成绘图。根据上述方法绘制如图 8-22 所示的天线馈线系统图。

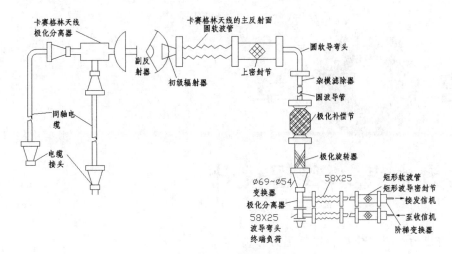

图 8-22　天线馈线系统图

第 **9** 章

电力电气工程图设计

　　电能的生产、传输和使用是同时进行的。从发电厂生产的电能，需要经过升压后才能够输送给远方的用户。输电电压一般很高，用户一般不能直接使用，高压电要经过变电所降压才能分配给电能用户使用。

　　本章将对变电所主接线图、输电工程图、绝缘端子装配图进行讲解。

学 习 要 点

变电所主接线图 ◎

输电工程图 ◎

绝缘端子装配图 ◎

9.1 电力电气工程图简介

电能的生产、传输和使用是同时进行的。发电厂生产的电能，有一小部分供给本厂和附近用户使用，其余绝大部分要经过升压变电站将电压升高，由高压输电线路送至距离很远的负荷中心，再经过降压变电站将电压降低到用户所需要的电压等级，分配给电能用户使用。

由此可知，电能从生产到应用，一般需要 5 个环节来完成，即发电→输电→变电→配电→用电，其中配电又根据电压等级不同分为高压配电和低压配电。

由各种电压等级的电力线路，将各种类型的发电厂、变电站和电力用户联系起来的一个发电、输电、变电、配电和用电的整体，称为电力系统。电力系统由发电厂、变电所、线路和用户组成。变电所和输电线路是联系发电厂和用户的中间环节，起着变换和分配电能的作用。

9.1.1 变电工程

系统中的变电所通常按其在系统中的地位和供电范围分成以下 4 类：

1. 枢纽变电所

枢纽变电所是电力系统的枢纽点，连接电力系统高压和中压的几个部分，汇集多个电源，电压范围为 330~500kV。全所停电后，将引起系统解列，甚至出现瘫痪。

2. 中间变电所

中间变电所起系统交换功率的作用，或者使长距离输电线路分段，一般汇集 2~3 个电源，电压为 220~330kV，同时又降压供给当地用电。这样的变电所主要起中间环节的作用，所以称为中间变电所。全所停电后，将引起区域网络解列。

3. 地区变电所

高压侧电压一般为 110~220kV，是对地区用户供电为主的变电所。全所停电后，仅使该地区中断供电。

4. 终端变电所

在输电线路的终端、接近负荷点，高压侧电压多为 110kV，经降压后直接向用户供电。全所停电后，只是用户受到损失。

9.1.2 变电工程图

为了能够准确清晰地表达电力变电工程各种设计意图，必须采用变电工程图。简单来说，变电工程图也就是对变电站、输电线路各种接线形式、各种具体情况的描述。它的意义就在于用统一直观的标准来表达变电工程的各个方面。

变电工程图的种类很多，包括主接线图、二次接线图、变电所平面布置图、变电所断面图、高压开关柜原理图及布置图等很多种，每种情况各不相同。

9.1.3 输电线路

1. 输电线路任务

发电厂、输电线路、升降压变电站以及配电设备和用电设备构成电力系统。为了减少系统备用容量，错开高峰负荷，实现跨区域跨流域调节，增强系统的稳定性和提高抗冲击负荷的能力，在电力系统之间采用高压输电线路进行联网。电力系统联网，既提高了系统的安全性，可靠性和稳定性，又可实现经济调度，使各种能源得到充分利用。起系统联络作用的输电线路，可进行电能的双向输送，实现系统间的电能交换和调节。

2. 输电线路的分类

输送电能的线路统称为电力线路。电力线路有输电线路和配电线路之分。由发电厂向电力负荷中心输送电能的线路以及电力系统之间的联络线路称为输电线路。由电力负荷中心向各个电力用户分配电能的线路称为配电线路。电力线路按电压等级分为低压、高压、超高压和特高压线路。一般输送电能容量越大，线路采用的电压等级就越高。

输电线路按结构特点分为架空线路和电缆线路。架空线路由于结构简单、施工简便、建设费用低、施工周期短、检修维护方便、技术要求较低等优点，得到了广泛的应用。电缆线路受外界环境因素的影响小，但需用特殊加工的电力电缆，费用高、施工及运行检修的技术要求高。目前我国电力系统广泛采用的是架空输电线路，架空输电线路一般由导线、避雷线、绝缘子、金具、杆塔、杆塔基础、接地装置和拉线这几部分组成。

1）导线：是固定在杆塔上输送电流用的金属线，目前在输电线路设计中，一般采用钢芯铝绞线，局部地区采用铝合金线。

2）避雷线：是防止雷电直接击于导线上，并把雷电流引入大地。避雷线常用镀锌钢绞线，也有采用铝包钢绞线。目前国内外采用了绝缘避雷线。

3）绝缘子：输电线路用的绝缘子主要有针式绝缘子、悬式绝缘子和瓷横担等。

4）金具：通常把输电线路使用的金属部件总称为金具，它的类型繁多，主要有连接金具、连续金具、固定金具、防震锤、间隔棒、均压屏蔽环等几种类型。

5）杆塔：线路杆塔是支撑导线和避雷线的。按照杆塔材料的不同，分为木杆、铁杆、钢筋混凝杆，国外还采用了铝合金塔。杆塔可分为直线型和耐张型两类。

6）杆塔基础：是用来支撑杆塔的，分为钢筋混凝土杆塔基础和铁塔基础两类。

7）接地装置：埋没在基础土壤中的圆钢、扁钢、角钢、钢管或其组合式结构均称接地装置。其与避雷线或杆塔直接相连，当雷击杆塔或避雷线时，能将雷电引入大地，可防止雷电击穿绝缘子串的事故发生。

8）拉线：为了节省杆塔钢材，广泛使用带拉线杆塔。拉线材料一般用镀锌钢绞线。

9.2 变电所主接线图的绘制

绘制思路

图 9-1 所示为 110kV 变电所电气主接线图，绘制此类电气工程图的大致过程是：首先设计图样布局，确定各主要部件在图中的位置，然后分别绘制各电气图形符号，最后把绘制好的电气图形符号插入到布局图的相应位置。

 9.2.1 设置绘图环境

 建立新文件。打开 AutoCAD 2024 应用程序，单击快速访问工具栏中的"新建"按钮，以"A4.dwt"样板文件为模板，建立新文件，将新文件命名为"110kV 变电所主接线图 .dwg"并保存。

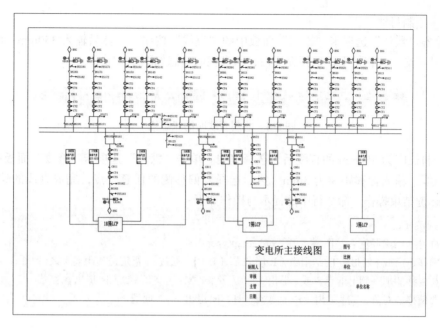

图 9-1　变电所主接线图

02 设置图层。单击"默认"选项卡"图层"面板中的"图层特性"按钮 ，设置"图框线层""母线层"和"绘图层"3 个图层，将"母线层"设置为当前图层。设置好的各图层的属性如图 9-2 所示。

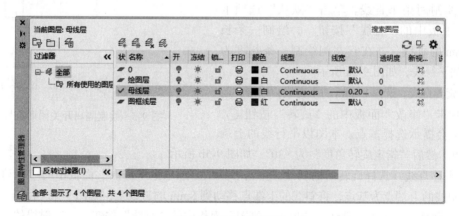

图 9-2　设置图层属性

9.2.2　图样布局

01 选择母线层。选择"母线层"后，注意观察图层状态，在"图层特性管理器"对话框的状态栏中显示为 的表示为当前图层，要确认当前图层为打开状态，未冻结，图层线的"颜色"选为"白色"，"线宽"选择 0.2mm。选择结束后，要确定"图层"面板上的状态。图 9-3 所示为已选择"母线层"图层状态。

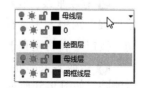

图 9-3　面板中的
"母线层"图层状态

02 绘制母线。

❶ 单击"默认"选项卡"绘图"面板中的"直线"按钮╱，然后输入350mm，注意将状态栏上的"正交"按钮按下。选择完成后，状态栏的状态如图9-4所示。

图 9-4　绘制直线时的状态栏

❷ 绘制长度为350mm的直线后，选择直线。单击"默认"选项卡"修改"面板中的"偏移"按钮⊏，输入偏移距离为3mm。然后选择要偏移侧的任意一点，完成直线的偏移操作。最后按 Esc 键结束操作。命令行中的提示与操作如下：

```
命令：offset↙
当前设置：删除源=否　图层=源　offsetgaptype=0
指定偏移距离或[通过（T）/删除（E）/图层（L）]　通过：（指定适当距离）↙
指定要偏移的那一侧上的点，或[退出（E）/多个（M）/放弃（U）]<退出>：
选择要偏移的对象，或[退出（E）/放弃（U）]<退出>：*取消*
```

9.2.3　绘制各电气元件图形符号

01 绘制隔离开关图形符号。在"母线层"绘制完成后，选择图层状态栏中的"绘图层"，在"绘图层"内进行绘制。

❶ 绘制两条垂直线。单击"默认"选项卡"绘图"面板中的"直线"按钮╱，绘制一条长度为8mm的垂线，并在它左侧绘制一条长度为1.5mm的平行线，如图9-5a所示。

❷ 旋转直线。选择1.5mm的平行线，单击"默认"选项卡"修改"面板中的"旋转"按钮◯，状态栏上会提示选择基点。本图以平行线的上端

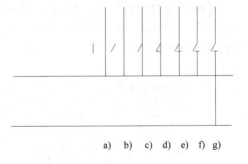

a)　b)　c)　d)　e)　f)　g)

图 9-5　绘制隔离开关图形符号

点为基点，然后"指定旋转角度"为 -30°，如图9-5b所示。

❸ 平移直线。选择旋转后的斜线，单击"默认"选项卡"修改"面板中的"移动"按钮✛，以斜线的上端点为基点，将斜线的上端点移动到8mm的直线上，如图9-5c所示。

❹ 绘制垂线。单击"默认"选项卡"绘图"面板中的"直线"按钮╱，以斜线的下端点为顶点绘制一条垂线，如图9-5d所示。

❺ 移动垂线。在状态栏的"对象捕捉"上右击，然后选择"对象捕捉设置"命令，在"对象捕捉"选项卡中选择"中点"，如图9-6所示。单击"默认"选项卡"修改"面板中的"移动"按钮✛，将垂直于8mm的直线的中点移动到8mm直线上，如图9-5e所示。

❻ 修剪多余部分。单击"默认"选项卡"修改"面板中的"修剪"按钮✂，将多余的线段删除，如图9-5f所示。

❼ 复制隔离开关。将图9-5f所示的图全部选择，单击"默认"选项卡"修改"面板中的"复制"按钮⅗，复制出图9-5g的一部分，并在两条母线间绘制直线，如图9-5g所示。

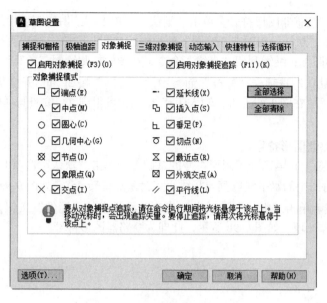

图 9-6 "对象捕捉"选项卡的设置

02 绘制接地刀开关图形符号。

❶ 旋转隔离开关。选择隔离开关,如图 9-7a 所示。单击"默认"选项卡"修改"面板中的"旋转"按钮 ↻ ,选择隔离开关的下端点为基点,然后输入 −90°,确定后得到如图 9-7b 所示的图形。

❷ 绘制平行线。绘制一条长度为 1mm 的垂线 1,如图 9-7c 所示。单击"默认"选项卡"修改"面板中的"偏移"按钮 ⊆ ,选择偏移距离为 0.3mm,偏移位置为垂线 1 的右侧,得到垂线 2。以同样的方法可得到垂线 3。

❸ 绘制斜线。单击"默认"选项卡"绘图"面板中的"直线"按钮 ╱ ,选择合适的角度,绘制一条斜线,如图 9-7c 所示。

❹ 镜像斜线。选择要镜像的斜线,单击"默认"选项卡"修改"面板中的"镜像"按钮 ⚠ ,然后选择中心线上的两点来确定对称轴,确定后得到结果,如图 9-7d 所示。

❺ 去除多余线段。单击"默认"选项卡"修改"面板中的"修剪"按钮 ✂ ,将图中多余线段删除,最终结果如图 9-7e 所示。

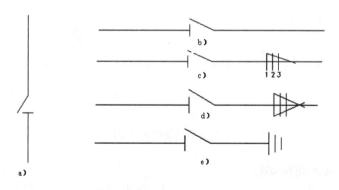

图 9-7 绘制接地刀开关图形符号

03 绘制电流互感器图形符号。单击"默认"选项卡"绘图"面板中的"直线"按钮 ╱，绘制一条直线；单击"默认"选项卡"绘图"面板中的"圆"按钮 ⊙，以直线上一点作为圆心，绘制半径为 1mm 的圆 1；继续利用"直线"命令，在图的右侧绘制三条直线；然后选择圆 1 和三条直线，单击"默认"选项卡"修改"面板中的"复制"按钮 ⁰⁰，开启状态栏中的"正交"命令，将光标的位置放在圆 1 的上方，输入距离 3mm，可得圆 2。按照同样的做法，得到圆 3，结果如图 9-8 所示。

04 绘制断路器图形符号。

❶ 镜像全部线条。在隔离开关图形符号的基础上，单击"默认"选项卡"修改"面板中的"旋转"按钮 ↻，将图中的水平线以其与竖线交点为基点旋转 45°，如图 9-9a 所示。

❷ 镜像旋转线。单击"默认"选项卡"修改"面板中的"镜像"按钮 ⚠，将旋转后的线以竖线为轴进行镜像处理，如图 9-9b 所示，此即为断路器图形符号。

图 9-8　绘制电流互感器图形符号　　　　　图 9-9　绘制断路器图形符号

05 绘制手动接地刀开关图形符号。

❶ 绘制外形轮廓。在接地刀开关的基础上进行绘制，首先做接地刀开关上斜线的垂线。然后在垂线的一侧做一条与垂线成一定角度的斜线，单击"默认"选项卡"修改"面板中的"镜像"按钮 ⚠，得到两条对称的斜线。最后用两点线将两条斜线连接起来，组成闭合的三角形，如图 9-10a 所示。

❷ 填充外形轮廓。单击"默认"选项卡"绘图"面板中的"图案填充"按钮 ▨，选择要填充的图案，选择 SOLID 图案进行填充。绘制完成后结果如图 9-10b 所示。

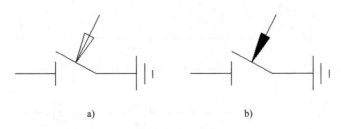

图 9-10　绘制手动接地刀开关图形符号

06 绘制避雷器图形符号。

❶ 绘制直线 1。单击"默认"选项卡"绘图"面板中的"直线"按钮 ╱，绘制直线 1，长度为 12mm。

❷ 绘制直线 2。单击"默认"选项卡"绘图"面板中的"直线"按钮╱，在"正交"绘图方式下，以直线 1 的端点 O 为起点绘制直线 2，长度为 1mm，如图 9-11a 所示。

❸ 偏移直线 2。单击"默认"选项卡"修改"面板中的"偏移"按钮⊏，以直线 2 为起始，绘制直线 3 和直线 4，偏移量均为 1mm，如图 9-11b 所示。

❹ 拉长直线。单击"默认"选项卡"修改"面板中的"拉长"按钮╱，分别拉长直线 3 和直线 4，拉长长度分别为 0.5mm 和 1mm，如图 9-11c 所示。

❺ 镜像直线。单击"默认"选项卡"修改"面板中的"镜像"按钮⚠，镜像直线 2、直线 3 和直线 4，镜像线为直线 1，如图 9-11d 所示。

❻ 绘制矩形。单击"默认"选项卡"绘图"面板中的"矩形"按钮▭，绘制长度为 2mm，宽度为 4mm 的矩形，并将其移动到合适的位置，如图 9-11e 所示。

❼ 添加箭头。在矩形的中心位置添加箭头。绘制箭头时，可以先绘制一个小三角形，然后填充即可得到，如图 9-11e 所示。

❽ 修剪直线 1。单击"默认"选项卡"修改"面板中的"修剪"按钮✄，修剪掉多余直线，如图 9-11f 所示，完成避雷器图形符号。

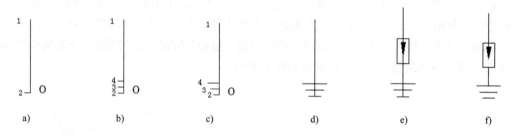

图 9-11 绘制避雷器图形符号

07 绘制电压互感器图形符号。

❶ 单击"默认"选项卡"绘图"面板中的"圆"按钮⊙，绘制直径为 1mm 的圆，过圆心绘制圆的水平直径。单击"默认"选项卡"修改"面板中的"旋转"按钮↻，将水平直径以圆心为基点旋转 45°，如图 9-12a 所示。重复执行"旋转"命令，绘制旋转后的线的垂线，如图 9-12b 所示。

❷ 单击"默认"选项卡"绘图"面板中的"直线"按钮╱，以圆的右端点为顶点绘制直线，然后再绘制该直线的垂线，如图 9-12c 所示。

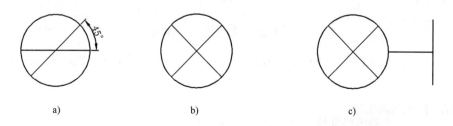

图 9-12 绘制电压互感器图形符号

9.2.4 组合图形符号

将以上各电气元件图形符号放置到适当的位置并进行简单的修改，就得到局部接线图，如图 9-13 所示。

9.2.5 添加注释文字

01 创建文字样式。单击"默认"选项卡"注释"面板中的"文字样式"按钮 **A**，打开"文字样式"对话框，创建一个样式名为"标注"的文字样式。设置"字体名"为"仿宋_GB2312"，"字体样式"为"常规"，"高度"为1.5，"宽度因子"为1，如图9-14所示。

02 添加注释文字。单击"默认"选项卡"注释"面板中的"多行文字"按钮 **A**，一次输入几行文字，调整其位置，以对齐文字。调整位置的时候，结合使用"正交"命令。

03 选择菜单栏中的"修改"→"对象"→"文字"→"编辑"命令，使用文字编辑命令修改文字来得到需要的文字。

04 绘制文字框线。单击"默认"选项卡"绘图"面板中的"直线"按钮 ╱ 和"修改"面板中的"复制"按钮 、"偏移"按钮 。添加注释后的局部接线图如图9-15所示。

05 单击"默认"选项卡"修改"面板中的"复制"按钮 、"镜像"按钮 和"移动"按钮 ，进行适当的组合，即可得到想要的主体图。

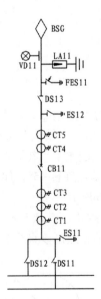

图 9-13 局部接地图

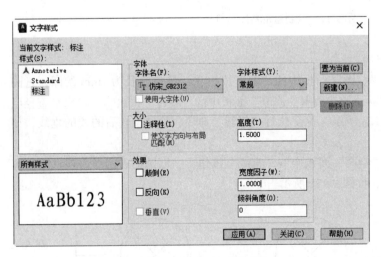

图 9-14 "文字样式"对话框

图 9-15 添加注释后的局部接线图

9.2.6 绘制间隔室图

间隔室图的绘制相对比较简单，只需要绘制几个矩形，用直线或折线将矩形的相对关系连接起来，然后在矩形的内部用上一步所述的方法添加文字，绘制结果如图9-16所示。

采用同样方法绘制其他两部分间隔室图，将这 3 部分间隔室图插入到主体图的适当位置。

9.2.7　绘制图框线层

在整个图样绘制完成后，需要在其边缘加上图框，图框可以调用已有的模板图框，也可以自行绘制图框。下面介绍如何自行绘制图框，图形的尺寸可由 GB/T 14689—2008 确定。首先进入"图框线层"，在"图框线层"绘制矩形。绘制完后需要在图框的右下角绘制标题栏，标题栏可以根据自己的需要绘制，本图的标题栏如图 9-17 所示。

至此，一幅完整的 110kV 变电所主接线图绘制完毕。

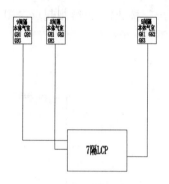

图 9-16　绘制间隔室图

图 9-17　标题栏

9.2.8　小结与引申

通过绘制变电所主接线图，学习了 AutoCAD 2024 的以下操作：掌握"直线 LINE""偏移 OFFSET""圆 CIRCLE""修剪 TRIM""旋转 ROTATE""移动 MOVE""复制 COPY""镜像 MIRROR""拉长 LENGTHEN""填充 BHATCH""矩形 RECTANG"等命令的使用方法。

本节主要详细讲述了电气主接线图的设计过程。首先进行图样布局，然后绘制各电气元件图形符号和线路，最后为线路图添加文字说明以便于阅读和交流图样。

9.3　输电工程图

绘制思路

为了把发电厂生产的电能（电力、电功率）送到用户，必须要有电力输送线路。本节通过电线杆的绘制来讲解如何绘制输电工程图。其绘制思路如下：把电线杆的绘制分成两部分，绘制基本图和标注基本图。先绘制基本图，然后标注基本图，完成整个图形的绘制，如图 9-18 所示。

9.3.1　设置绘图环境

01 建立新文件。打开 AutoCAD 2024 应用程序，单击快速访问工具栏中的"新建"按钮，以"无样板打开 - 公制"

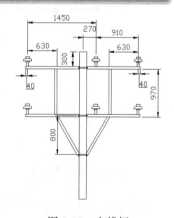

图 9-18　电线杆

建立新文件，将新文件命名为"电线杆.dwg"并保存。

02 开启栅格。单击状态栏中的"栅格"按钮，或者使用快捷键 F7，在绘图区中显示栅格，命令行中会提示"命令：< 栅格 开 >"。若想关闭栅格，可以再次单击状态栏中的"栅格"按钮，或者使用快捷键 F7。

9.3.2 绘制基本图

01 单击"默认"选项卡"绘图"面板中的"矩形"按钮，绘制起点在原点的 150mm × 3000mm 的矩形，如图 9-19 所示。

02 单击"默认"选项卡"绘图"面板中的"矩形"按钮，绘制起点在图 9-20 所示中点的 1220mm × 50mm 的矩形，如图 9-21 所示。

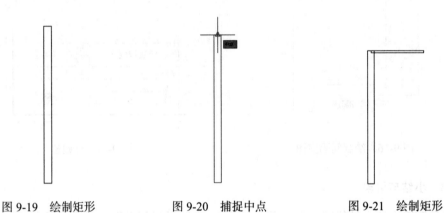

图 9-19　绘制矩形　　　　图 9-20　捕捉中点　　　　图 9-21　绘制矩形

03 单击"默认"选项卡"修改"面板中的"镜像"按钮，以通过图 9-20 所示中点的垂直直线为对称轴，把 1220mm × 50mm 的矩形对称复制一份，如图 9-22 所示。

04 单击"默认"选项卡"修改"面板中的"移动"按钮，把两个 1220mm × 50mm 的矩形垂直向下移动，移动距离为 300mm，如图 9-23 所示。

05 单击"默认"选项卡"修改"面板中的"复制"按钮，把两个 1220mm × 50mm 的矩形垂直向下复制一份，复制距离为 970mm，如图 9-24 所示。

图 9-22　对称复制矩形　　　　图 9-23　移动矩形　　　　图 9-24　复制矩形

06 绘制绝缘子图形符号。

❶ 单击"默认"选项卡"绘图"面板中的"矩形"按钮，绘制长度为 80mm，宽度为

40mm 的矩形，如图 9-25 所示。

❷ 单击"默认"选项卡"修改"面板中的"分解"按钮，将图 9-25 所示的矩形进行分解。单击"默认"选项卡"修改"面板中的"偏移"按钮，将直线 4 向下偏移，偏移距离为 48mm，如图 9-26 所示。

❸ 单击"默认"选项卡"修改"面板中的"拉长"按钮，将直线 4 向左右两端分别拉长 48mm，如图 9-27 所示。

❹ 单击"默认"选项卡"绘图"面板中的"圆弧"按钮，选择"起点，圆心，端点"方式，起点选择图 9-27 所示的点 A，圆心选择点 B，端点选择点 C，绘制如图 9-28a 所示的圆弧。用同样的方法绘制左侧的圆弧，如图 9-28b 所示。

图 9-25　绘制矩形　　　图 9-26　偏移直线　　　图 9-27　拉长直线

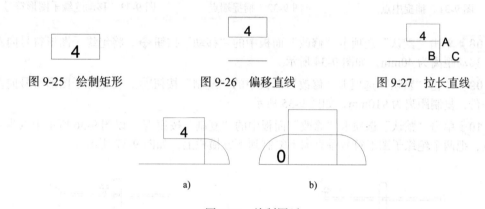

a)　　　　　　　　b)

图 9-28　绘制圆弧

❺ 单击"默认"选项卡"绘图"面板中的"矩形"按钮，以图 9-28b 中的点 0 为起点，绘制长度为 80mm，宽度为 20mm 的矩形，如图 9-29a 所示。

❻ 单击"默认"选项卡"绘图"面板中的"矩形"按钮，以图 9-29a 中的点 M 为起点，绘制长度为 40mm，宽度为 96mm 的矩形，如图 9-29b 所示。

❼ 单击"默认"选项卡"修改"面板中的"移动"按钮，将图 9-29b 绘制的矩形以 M 为基点向右移动 20mm，如图 9-29c 所示。

❽ 单击"默认"选项卡"修改"面板中的"删除"按钮，删除多余的直线，得到的结果即为绝缘子图形符号，如图 9-30 所示。

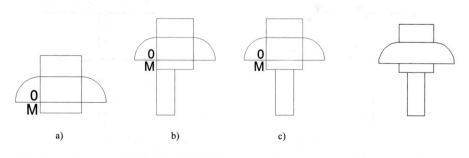

a)　　　　　　　　b)　　　　　　　　c)

图 9-29　绘制矩形　　　　　　　图 9-30　绝缘子图形符号

07 单击"默认"选项卡"修改"面板中的"移动"按钮，将绝缘子图形符号以图 9-31 所示中点为移动基准点，以图 9-32 所示的端点为移动目标点进行移动，如图 9-33 所示。

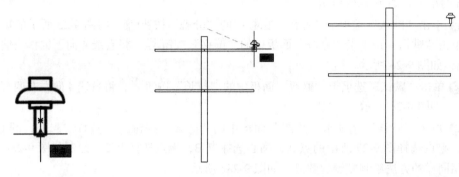

图 9-31　捕捉中点　　　　　图 9-32　捕捉端点　　　　　图 9-33　移动绝缘子图形符号

08 单击"默认"选项卡"修改"面板中的"移动"按钮✛，将绝缘子图形符号向左侧移动，移动距离为 40mm，如图 9-34 所示。

09 单击"默认"选项卡"修改"面板中的"复制"按钮❁，将绝缘子图形符号向左侧复制一份，复制距离为 910mm，如图 9-35 所示。

10 单击"默认"选项卡"修改"面板中的"复制"按钮❁，以图 9-36 所示中点为复制基准点，把两个绝缘子图形符号垂直向下复制到下方横栏上，如图 9-37 所示。

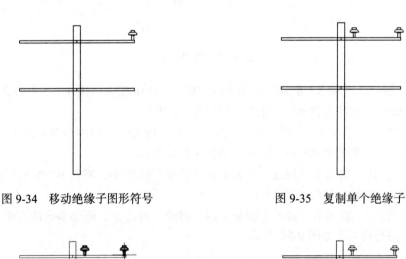

图 9-34　移动绝缘子图形符号　　　　　　　　　图 9-35　复制单个绝缘子

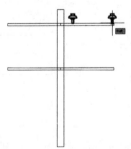
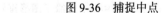

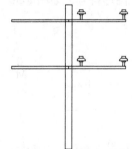

图 9-36　捕捉中点　　　　　　　　　图 9-37　复制两个绝缘子图形符号

11 单击"默认"选项卡"修改"面板中的"镜像"按钮⚖，以通过如图 9-38 所示的中点垂线为对称轴，把右侧两个绝缘子图形符合对称复制一份，如图 9-39 所示。

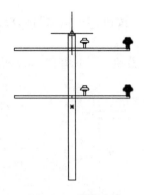

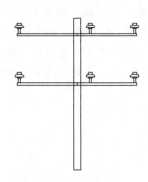

图 9-38　捕捉中点

图 9-39　镜像复制图形

(12) 单击"视图"选项卡"导航"面板中的"范围"下拉菜单中的"窗口"按钮 ，框线如图 9-40 所示的图形，进行局部放大，准备下一步操作。

(13) 单击"默认"选项卡"绘图"面板中的"矩形"按钮 ，绘制起点在图 9-41 所示中点的 85mm × 10mm 的矩形，如图 9-42a 所示。

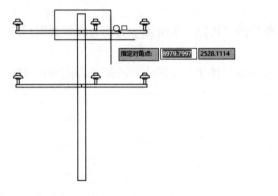

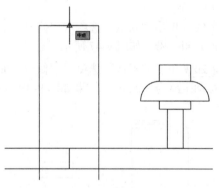

图 9-40　框选图形

图 9-41　捕捉中点

(14) 单击"默认"选项卡"修改"面板中的"镜像"按钮 ，以 85mm × 10mm 的矩形下边为对称轴，把该矩形对称复制一份，如图 9-42b 所示。

(15) 单击"默认"选项卡"修改"面板中的"分解"按钮 ，把两个 85mm × 10mm 的矩形分解成线条。

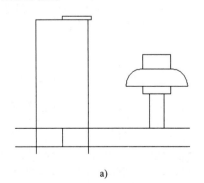

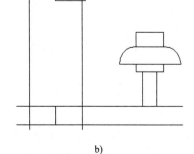

a)

b)

图 9-42　绘制并镜像矩形

16 单击"默认"选项卡"修改"面板中的"删除"按钮 ，删除两个 85mm×10mm 矩形的两边和中间的线条，如图 9-43 所示。

17 单击"默认"选项卡"修改"面板中的"圆角"按钮 ，选择图 9-44 所示的两条平行线，创建半圆弧，结果如图 9-45 所示。

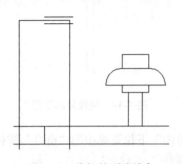

图 9-43 分解并删除线条

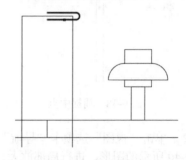

图 9-44 选择平行线

18 单击"默认"选项卡"绘图"面板中的"圆"按钮 ，绘制直径为 10mm 的圆，如图 9-46 所示。

19 单击"默认"选项卡"修改"面板中的"镜像"按钮 ，将半边螺栓套图形符号向左对称复制一份，如图 9-47 所示。

20 单击"默认"选项卡"修改"面板中的"移动"按钮 ，把螺栓套图形符号向下移动，移动距离为 325mm，结果如图 9-48 所示。

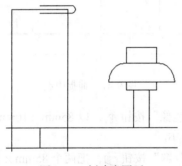

图 9-45 创建半圆弧

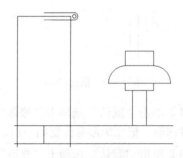

图 9-46 绘制圆

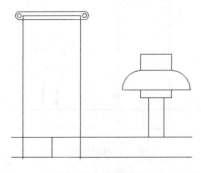

图 9-47 镜像图形

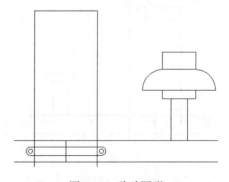

图 9-48 移动图形

(21) 单击"默认"选项卡"修改"面板中的"复制"按钮 ⚙，将螺栓套图形符号向下复制一份，复制距离为 970mm，如图 9-49 所示。

(22) 单击"默认"选项卡"修改"面板中的"修剪"按钮 ✂，以图 9-50 所示矩形为修剪边，修剪掉光标所示的 4 段线头，如图 9-51 所示。

(23) 单击"默认"选项卡"绘图"面板中的"矩形"按钮 ▭，绘制起点在图 9-52 所示端点的 50mm × 920mm 的矩形，如图 9-53 所示。

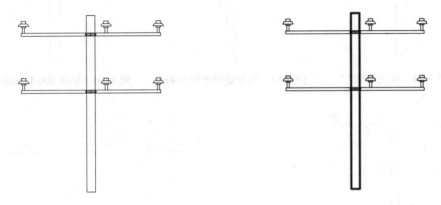

图 9-49   复制移动螺栓套图形符号   图 9-50   选择修剪边

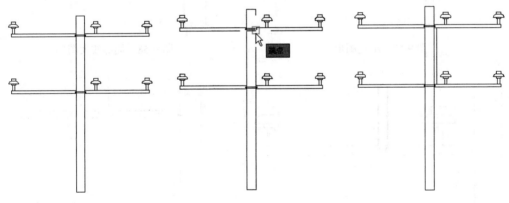

图 9-51   修剪 4 段线头   图 9-52   捕捉端点   图 9-53   绘制矩形

(24) 单击"默认"选项卡"修改"面板中的"移动"按钮 ✛，将 50mm × 920mm 的矩形向右移动 475mm，如图 9-54 所示。

(25) 单击"默认"选项卡"修改"面板中的"复制"按钮 ⚙，将图 9-55 所示的螺栓套图形符号向下复制一份，复制距离为 800mm，如图 9-56 所示。

(26) 单击"视图"选项卡"导航"面板中的"范围"下拉菜单中的"窗口"按钮 🔍，框选图 9-57 所示的图形，进行局部放大，将矩形进行分解，准备下一步操作，如图 9-58 所示。

(27) 单击"默认"选项卡"修改"面板中的"圆角"按钮 ⌐，选择图 9-59 所示矩形的两条平行线，创建半圆弧，如图 9-60 所示。

(28) 单击"默认"选项卡"绘图"面板中的"直线"按钮 ／，捕捉图 9-61、图 9-62 所示的起点和终点，通过绘制两个圆心的斜线，如图 9-63 所示。

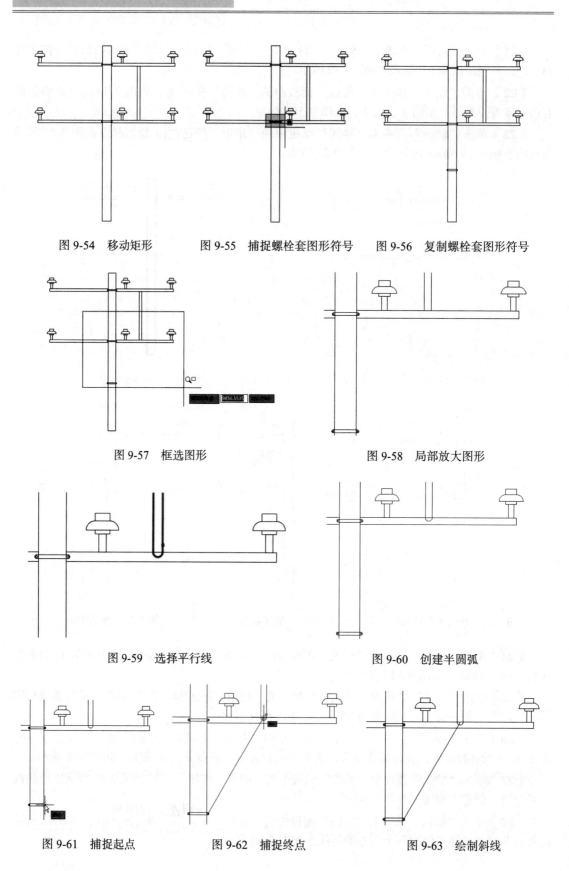

图 9-54　移动矩形　　　　图 9-55　捕捉螺栓套图形符号　　　图 9-56　复制螺栓套图形符号

图 9-57　框选图形　　　　　　　　　　　图 9-58　局部放大图形

图 9-59　选择平行线　　　　　　　　　　图 9-60　创建半圆弧

图 9-61　捕捉起点　　　　图 9-62　捕捉终点　　　　图 9-63　绘制斜线

(29) 单击"默认"选项卡"修改"面板中的"偏移"按钮 ⊏，将斜线向两边偏移复制一份，复制距离为 25mm，如图 9-64 所示。

(30) 单击"默认"选项卡"修改"面板中的"删除"按钮 ✎，删除斜线和绘制的半圆弧，如图 9-65 所示。

(31) 单击"默认"选项卡"修改"面板中的"修剪"按钮 ✂，以图 9-66 所示的矩形为修剪边，修剪掉光标所示的两段线头，如图 9-67 所示。

(32) 单击"默认"选项卡"修改"面板中的"圆角"按钮 ⌐，选择图 9-68 中虚线和光标所示的两条平行线，创造半圆弧，如图 9-69 所示。

(33) 单击"默认"选项卡"修改"面板中的"修剪"按钮 ✂，以图 9-70 中虚线所示的矩形边为修剪边，修剪掉虚线左侧的两段线头，如图 9-71 所示。

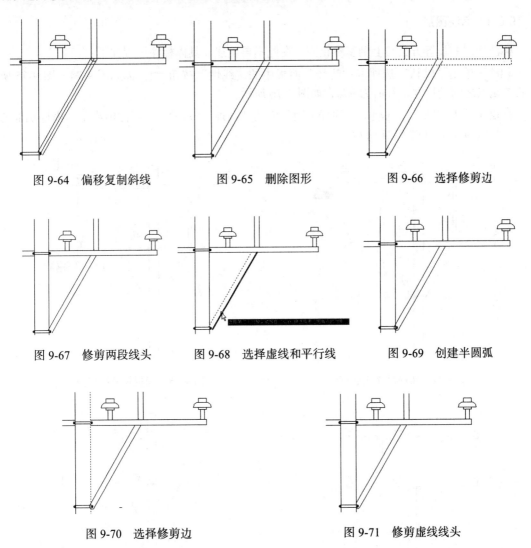

图 9-64　偏移复制斜线　　　　图 9-65　删除图形　　　　图 9-66　选择修剪边

图 9-67　修剪两段线头　　　图 9-68　选择虚线和平行线　　　图 9-69　创建半圆弧

图 9-70　选择修剪边　　　　　　图 9-71　修剪虚线线头

(34) 单击"默认"选项卡"修改"面板中的"镜像"按钮 ⚠，以图 9-72 中光标所示的通过电杆中点的垂线为对称轴，把右侧虚线所示的图形对称复制一份，如图 9-73 所示。

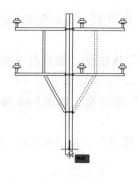

图 9-72　选择对称轴

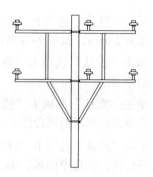

图 9-73　对称复制图形

9.3.3　标注图形

标注样式的设置方法与上例基本相同，在此不再赘述，具体标注过程如下：

01 单击"默认"选项卡"注释"面板中的"线性"按钮┣━┫，标如图 9-74、图 9-75 所示两个端点之间的尺寸，其值为 970，如图 9-76 所示。

02 单击"默认"选项卡"注释"面板中的"线性"按钮┣━┫，标注绝缘子与横杆端部的尺寸，其值为 40，如图 9-77 所示。

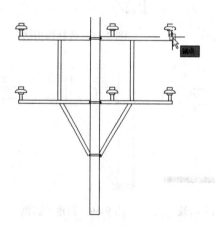

图 9-74　捕捉尺寸线起点

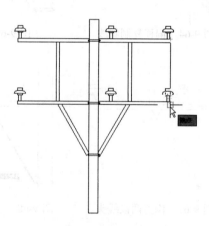

图 9-75　捕捉尺寸线终点

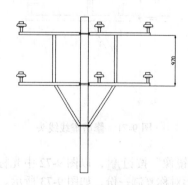

图 9-76　标注横杆距离

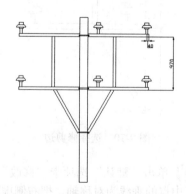

图 9-77　标注绝缘子与横杆端部尺寸

03 单击"默认"选项卡"注释"面板中的"线性"按钮▸┥，标注绝缘子与横杆支架之间的尺寸，其值为630，如图9-78所示。

04 单击"默认"选项卡"注释"面板中的"线性"按钮▸┥，标注绝缘子之间的尺寸，其值为910，如图9-79所示。

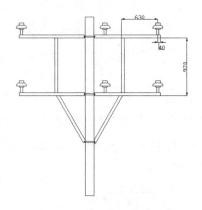

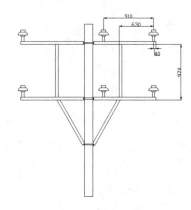

图9-78　标注绝缘子与横杆支架间距离　　　　图9-79　标注绝缘子之间的尺寸

05 单击"默认"选项卡"注释"面板中的"线性"按钮▸┥，标注绝缘子与电杆中心的尺寸，其值为270，如图9-80所示。

06 单击"默认"选项卡"注释"面板中的"线性"按钮▸┥，标注左侧绝缘子与横杆支架之间的尺寸，其值为630，如图9-81所示。

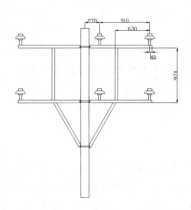

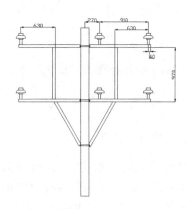

图9-80　标注绝缘子与电杆中心的尺寸　　　　图9-81　标注左侧绝缘子与横杆支架之间的尺寸

07 单击"默认"选项卡"注释"面板中的"线性"按钮▸┥，标注图9-82所示的两个绝缘子之间的尺寸，其值为1450。

08 单击"默认"选项卡"注释"面板中的"线性"按钮▸┥，标注左侧绝缘子与横杆端部之间的尺寸，其值为40，如图9-83所示。

09 单击"默认"选项卡"注释"面板中的"线性"按钮▸┥，标注图9-84所示的电杆顶部与横杆之间尺寸，其值为300。

10 单击"默认"选项卡"注释"面板中的"线性"按钮▸┥，标注图9-85所示的底部螺栓套与下方横杆之间的尺寸，其值为800。

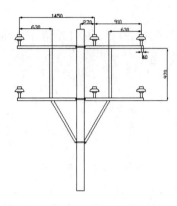

图 9-82　标注两个绝缘子之间的尺寸

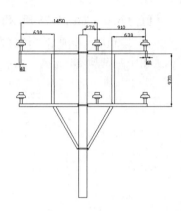

图 9-83　标注左侧绝缘子与横杆端部的尺寸

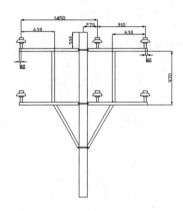

图 9-84　标注电杆顶部与横杆之间的尺寸

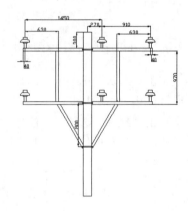

图 9-85　标注螺栓套与横杆之间的尺寸

至此完成了整个图形的绘制。

9.3.4　小结与引申

通过电线杆的绘制，学习了 AutoCAD 2024 的以下操作："矩形 RECTANG""镜像 MIRROR""移动 MOVE""复制 COPY""拉长 LENGTHEN""圆弧 ARC""圆角 FILLET"等命令的使用方法。

本节主要详细讲述了电线杆的设计过程。首先绘制基本图，然后完成其他图形符号的绘制并标注尺寸。

9.4　绝缘端子装配图

绘制思路

图 9-86 所示为绝缘端子装配图，图形看上去比较复杂，其实整个视图是由许多部件组成，每个部件其实都是一个块，将某一部分绘制成块的优点在于，以后再使用这个部件时就可以直接调用原来的块，或是在原来块的基础上进行修改，这样就可以提高绘图效率，节省出图时间，

所以这个功能对以后使用 AutoCAD 是非常有用的。以下以其中一个块为例，详细介绍块的画法，其余的块可仿照这种画法。

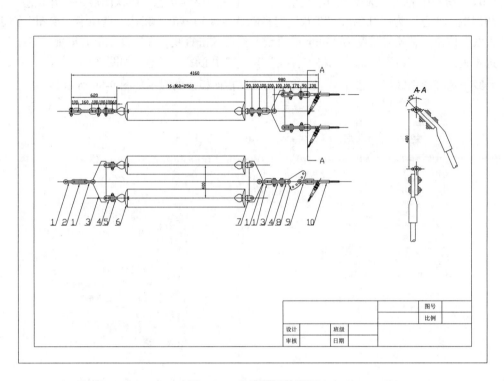

图 9-86　绝缘端子装配图

9.4.1　设置绘图环境

01 建立新文件。打开 AutoCAD 2024 应用程序，以"无样板打开 - 公制"建立新文件，将新文件命名为"绝缘端子装配图 .dwg"并保存。

02 设置图层。单击"默认"选项卡"图层"面板中的"图层特性"按钮，设置"绘图线层""双点线层""图框线层"和"中心线层"4 个图层，将"中心线层"图层设置为当前图层。设置好的各图层属性如图 9-87 所示。

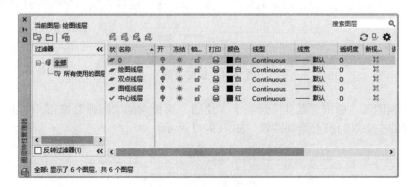

图 9-87　设置图层属性

9.4.2 绘制耐张线夹

01 绘制中心线。选择"中心线层"后，注意图层的状态，确认图层为打开状态、未冻结，图层线"颜色"为"红色"，"线宽"选择默认宽度。单击"默认"选项卡"绘图"面板中的"直线"按钮 ／，绘制长度为 33mm 的直线。然后双击直线，在屏幕左上方出现"直线"-"特性"选项板，双击"线型"选项，将"直线"改为"中心线"线型，如图 9-88 所示。

02 选择绘图线层。选择"绘图线层"后，在面板上的显示如图 9-89 所示。

图 9-88 图线属性设置

图 9-89 选定"绘图线层"

03 绘制直线。单击"默认"选项卡"绘图"面板中的"直线"按钮 ／，绘制距离中心线分别为 2mm 和 1mm，长度都是 15mm 的直线，如图 9-90 所示。

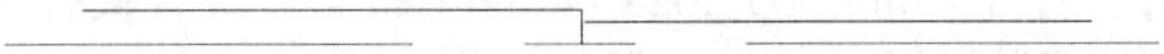

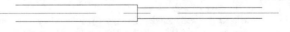

图 9-90 绘制直线

04 镜像直线。选择所有绘图线，单击"默认"选项卡"修改"面板中的"镜像"按钮 ▲，然后选择中心线上的两点来确定对称轴，按 Enter 键，镜像直线，如图 9-91 所示。

图 9-91 镜像直线

05 绘制圆弧。单击"默认"选项卡"绘图"面板中的"圆弧"按钮 ／，以右侧两直线端点和两直线的中心点为端点绘制圆弧，如图 9-92 所示。

图 9-92 绘制圆弧

06 绘制剖面线。单击"默认"选项卡"绘图"面板中的"图案填充"按钮 ，添加剖面线，选择剖面线的类型，如图 9-93 所示。选择要添加剖面线的区域，注意区域一定要闭合，否则添加剖面线会失败。添加剖面线后的效果如图 9-94 所示。

图 9-93　选择剖面线的类型

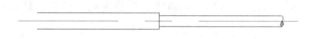

图 9-94　添加剖面线

07 绘制垂线，然后旋转垂线。在左端做垂线，单击"默认"选项卡"修改"面板中的"旋转"按钮，以两直线的交点为基点，旋转 -30°，如图 9-95 所示。

08 绘制旋转垂线的平行线。选择步骤 **07** 绘制的垂线，绘制一条平行线，两条平行线之间的距离为 5mm。单击"默认"选项卡"修改"面板中的"镜像"按钮，选择旋转直线为镜像对象，以绘制的直线为镜像线进行镜像。

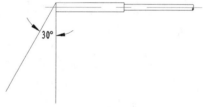

图 9-95　绘制并旋转垂线

09 倒圆。单击"默认"选项卡"修改"面板中的"圆角"按钮，选择"修剪"模式为"半径 (R)"模式，然后输入圆角半径为 4mm，最后连续选择要修剪的两条直线，选择过程中注意状态栏命令提示。命令行中的提示与操作如下：

```
命令：fillet ↙
当前设置：模式 = 修剪，半径 =3.0
选择第一个对象或 [ 放弃 (U)/ 多段线 (P)/ 半径 (R)/ 修剪 (T)/ 多个 (M) ]:R ↙
指定圆角半径 <3.0>:4 ↙
选择第一个对象或 [ 放弃 (U)/ 多段线 (P)/ 半径 (R)/ 修剪 (T)/ 多个 (M) ]:
选择第二个对象，或按住 Shift 键选择对象以应用角点或 [ 半径 (R)]:
```

用同样的方法修剪另外两条相交直线，选择圆角半径为 3mm，倒圆后的效果如图 9-96 所示。

10 绘制两个同心圆。绘制一条弯轴的中心线，由图上的尺寸确定两个圆的圆心，单击"默认"选项卡"绘图"面板中的"圆"按钮，绘制一个直径为 2.5mm 和一个直径为 1.5mm 的同心圆。选择两个同心圆，单击"默认"选项卡"修改"面板中的"复制"按钮，在另一个圆心复制出两个相同的同心圆，如图 9-97 所示。

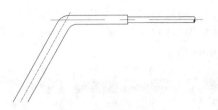

图 9-96　倒圆后的效果

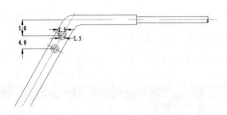

图 9-97　绘制并复制同心圆

(11) 绘制矩形。单击"默认"选项卡"绘图"面板中的"矩形"按钮 ▭，绘制矩形，矩形尺寸为 10mm×3.5mm；将绘制完的矩形旋转 60°，放置在图 9-97 所示的位置，单击"默认"选项卡"修改"面板中的"修剪"按钮 ✂，删去多余的线段，如图 9-98 所示。

(12) 绘制两个半圆。单击"默认"选项卡"绘图"面板中的"圆"按钮 ⊘，在矩形的两个边绘制两个半圆。单击"默认"选项卡"修改"面板中的"修剪"按钮 ✂，将多余的半圆删去，如图 9-99 所示。

(13) 绘制另一剖面线部分。单击"默认"选项卡"修改"面板中的"复制"按钮 ⥥，将图 9-98 所示的右端剖面线部分进行复制。单击"默认"选项卡"修改"面板中的"旋转"按钮 ↻，以复制部分的左端中心为端点，旋转至有剖面线部分的中心线与倾斜部分的中心线重合，如图 9-99 所示。

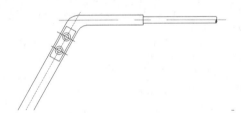

图 9-98　绘制矩形

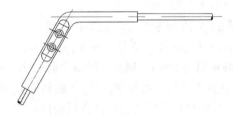

图 9-99　绘制半圆并旋转剖面线部分

(14) 绘制其余部分。单击"默认"选项卡"绘图"面板中的"直线"按钮 ／，绘制中心线一侧的两条线，单击"默认"选项卡"修改"面板中的"镜像"按钮 ⚍，镜像出另一侧的对称线，最后删除多余的线段，结果如图 9-100 所示。

(15) 创建块。单击"默认"选项卡"块"面板中的"创建"按钮 ⊡，弹出"块定义"对话框，如图 9-101 所示。选择绘制的耐张线夹，在图形中指定一点作为基点，完成块的创建。

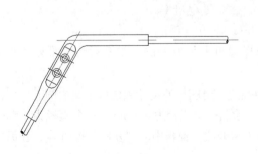

图 9-100　完成耐张线夹的绘制

图 9-101　"块定义"对话框

16 插入块。单击"默认"选项卡"块"面板中的"插入"下拉菜单，双击"插入"下拉菜单（见图9-102）中的"耐张线夹"块，将图块插入到图中合适的位置。

9.4.3 绘制剖视图

01 绘制剖视图。在主图中表示出剖切截面在主图中的位置，然后在图的空闲部分绘制剖视图。单击"默认"选项卡"注释"面板中的"多行文字"按钮**A**，在剖视图的最上端标示抛视图的名称。本剖视图命名为A-A，然后绘制剖视图。

02 在剖视图上标注尺寸。单击"默认"选项卡"注释"面板中的"线性"按钮├┤，标注两个圆心之间的距离。标注方法：先选择"标注"命令，然后选择两个中心点，出现尺寸后，调整到适当位置，单击"确定"按钮。单击"默认"选项卡"注释"面板中的"角度"按钮△，标注角度，标注方法：依次选择要标注角度的两条边，出现尺寸后，单击确定。在剖开的部分要绘制剖面线，局部剖视图如图9-103所示。

至此，主图的全部图线绘制完毕，绘制完成后，还需要做以下工作：

❶ 单击"默认"选项卡"注释"面板中的"线性"按钮├┤，标注主图中的重要位置尺寸及装配尺寸。

❷ 单击"默认"选项卡"注释"面板中的"引线"按钮╱°，标示出各部分的名称。

❸ 绘制各部分的明细栏。

❹ 单击"默认"选项卡"注释"面板中的"多行文字"按钮**A**，标示出本图的特殊安装要求或特殊的加工工艺以及一些无法在图样上表示的特殊要求。

❺ 给图样加上图框及标题栏，其结果如本节最初的图样所示。

至此，一张完整的装配图绘制完毕。

图 9-102 "插入"
下拉菜单

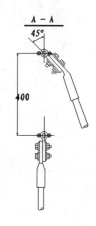

图 9-103 局部剖视图

9.4.4 小结与引申

通过绘制绝缘端子装配图，学习了 AutoCAD 2024 的以下操作：掌握块的编辑和插入的方法；掌握"直线 LINE""偏移 OFFSET""圆 CIRCLE""修剪 TRIM""旋转 ROTATE""移动 MOVE""复制 COPY""镜像 MIRROR""分解 EXPLODE""填充 BHATCH""阵列 ARRAY""多重引线 MLEADER""标注 DIMLINEAR""倒圆 FILLET""字体 MTEXT"等命令的使用方法。

第 10 章

电子电路图设计

随着电子技术的高速发展，电子产品已经深入到生产、生活和社会活动的各个领域。正确、熟练地识读、绘制电子电路图，是对电气工程技术人员的基本要求。

学 习 要 点

微波炉电路 ◉
键盘显示器接口电路 ◉
停电来电自动告知线路图 ◉

10.1 电子电路简介

10.1.1 基本概念

电子电路一般是由电压较低的直流电源供电，通过电路中的电子元件（如电阻、电容和电感等）和电子器件（如二极管、晶体管和集成电路等）的工作实现一定功能的电路。电子电路在各种电气设备中有着广泛的应用。

10.1.2 电子电路图分类

1）电子电路根据使用元器件形式不同，可分为分立元件电路图、集成电路图、分立元件和集成电路混合构成的电路图。早期的电子设备由分立元件构成，所以电路图也按分立元件绘制，这使得电路复杂，设备调试和检修不便。随着各种功能、规模的集成电路的产生和发展，各种单元电路得以集成化，大大简化了电路，提高了工作的可靠性，减小了设备的体积已经成为电子电路的主流。目前较多的还是由分立元件和集成电路混合构成的电子电路，这种电子电路在家用电器、计算机和仪器仪表等设备中最为常见。

2）电子电路按电路处理的信号不同，可分为模拟信号和数字信号两种。处理模拟信号的电路称为模拟电路，处理数字信号的电路称为数字电路，由它们构成的电路图也可称为模拟电路图和数字电路图。有些较复杂的电路中既有模拟电路又有数字电路，这种电路是一种混合电路。

3）电子电路的功能很多，若按其基本功能，可分为基本放大电路、信号产生电路、功率放大电路、组合逻辑电路、时序逻辑电路和整流电路等。因此，对应不同功能的电路会有不同的电路图，如固定偏置电路图、LC 振荡电路图和桥式整流电路图等。

10.2 微波炉电路

绘制思路

图 10-1 所示为微波炉电路图。绘图思路是首先观察并分析图样的结构，绘制出大体的线路结构图，也就是绘制出主要的电路图导线即可。然后绘制出各实体图形符号，将各实体图形符号插入到结构图中相应的位置中。最后在电路图的适当位置添加相应文字和注释说明，即可完成电路图的绘制。

10.2.1 设置绘图环境

01 建立新文件。打开 AutoCAD 2024 应用程序，单击快速访问工具栏中的"新建"按钮，系统打开"选择样板"对话框，用户在该对话框中选择需要的样板图。

在"创建新图形"对话框中选择已经绘制好的样板图，然后单击"打开"按钮，则会返回绘图区，同时选择的样板图也会出现在绘图区内，其中样板图左下端点坐标为（0,0）。本实例选用 A3 样板图，如图 10-2 所示。

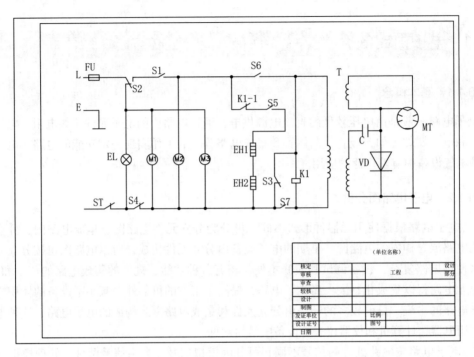

图 10-1　微波炉电路图

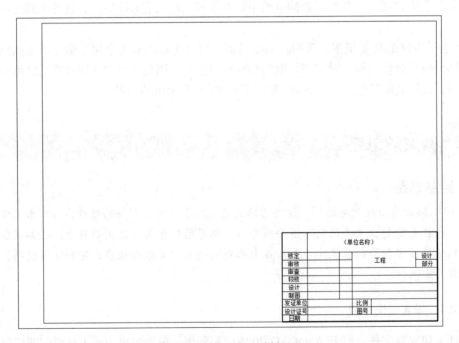

图 10-2　插入的 A3 样板图

02 设置图层。单击"默认"选项卡"图层"面板中的"图层特性"按钮，新建两个图层，分别命名为"连接线层"和"实体符号层"，图层的"颜色""线型"和"线宽"等属性设置如图 10-3 所示。

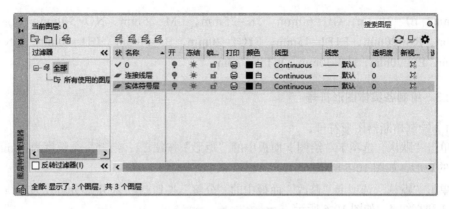

图 10-3　设置图层属性

10.2.2　绘制线路结构图

图 10-4 所示为最后在 A3 样板中绘制的线路结构图。

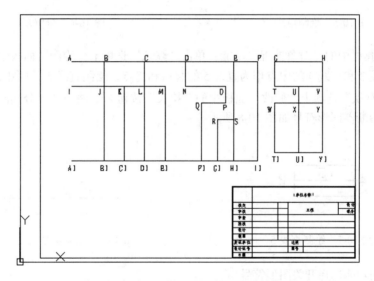

图 10-4　在 A3 样板中绘制的线路结构图

绘制过程如下：

单击"默认"选项卡"绘图"面板中的"直线"按钮 ／，绘制若干条水平直线和竖直直线，在绘制的过程中，打开"对象捕捉"和"正交"绘图功能。绘制相邻直线时，可以用光标捕捉直线的端点作为起点。单击"默认"选项卡"修改"面板中的"偏移"按钮 ⊆，将已经绘制好的直线进行偏移并复制，同时保留原直线。观察图 10-4 可知，线路结构图中有多条折线，如连接线 NOPQ，这时可以先绘制水平直线和竖直直线，单击"默认"选项卡"修改"面板中的"修剪"按钮 ，有效地得到这些折线。

另外，在绘制接地线时，可先绘制处左侧的一小段直线，单击"默认"选项卡"修改"面板中的"镜像"按钮 ，绘制出与左侧直线对称的直线。

在图 10-4 所示的结构图中，各连接线段的长度分别为 AB=40mm，BC=50mm，CD=50mm，

DE=60mm，EF=30mm，GH=60mm，JK=25mm，LM=25mm，NO=50mm，TU=30mm，PQ=30mm，RS=20mm，E1F1=45mm，F1G1=20mm，BJ=30mm，JB1=90mm，DN=30mm，OP=20mm，ES=70mm，GT=30mm，WT1=60mm。

📖 10.2.3　绘制各实体图形符号

01 绘制熔断器图形符号。

❶ 单击"默认"选项卡"绘图"面板中的"矩形"按钮▭，绘制一个长度为10mm、宽度为5mm的矩形，如图10-5所示。

❷ 单击"默认"选项卡"修改"面板中的"分解"按钮，将矩形分解成为直线1、直线2、直线3和直线4，如图10-6所示。

图10-5　绘制矩形　　　　　　　　　　　图10-6　分解矩形

❸ 打开工具栏中的"对象捕捉"功能，单击"默认"选项卡"绘图"面板中的"直线"按钮∕，捕捉直线2和直线4的中点作为直线5的起点和终点，绘制直线5，如图10-7所示。

❹ 单击"默认"选项卡"修改"面板中的"拉长"按钮∕，将直线5分别向左和向右拉长5mm，绘制的熔断器图形符号如图10-8所示。

图10-7　绘制直线5　　　　　　　　　　图10-8　绘制熔断器图形符号

02 绘制功能选择开关图形符号。

❶ 单击"默认"选项卡"绘图"面板中的"直线"按钮∕，绘制一条长度为5mm的直线1。重复执行"直线"命令，打开"对象捕捉"功能，捕捉直线1的右端点作为新绘制直线的左端点，绘制出长度为5mm的直线2。按照同样的方法绘制出长度为5mm的直线3，绘制3条直线，如图10-9所示。

❷ 单击"默认"选项卡"修改"面板中的"旋转"按钮⟳，在"对象捕捉"绘图方式下，关闭"正交"功能，捕捉直线2的右端点，输入旋转角度为30°，如图10-10所示，即为功能选择开关的图形符号。

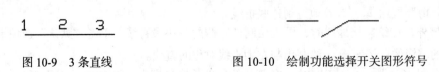

图10-9　3条直线　　　　　　　　　图10-10　绘制功能选择开关图形符号

03 绘制门联锁开关图形符号。绘制门联锁开关图形符号的过程与绘制功能选择开关图形符号基本相似。

❶ 单击"默认"选项卡"绘图"面板中的"直线"按钮 ⁄，绘制一条长度为 5mm 的直线 1。重复执行"直线"命令，在"对象捕捉"绘图方式下，捕捉直线 1 的右端点作为新绘制直线的左端点，绘制出长度为 6mm 的直线 2，按照同样的方法绘制出长度为 4mm 的直线 3，绘制 3 条直线，如图 10-11 所示。

❷ 单击"默认"选项卡"修改"面板中的"旋转"按钮 ↻，在"对象捕捉"绘图方式下，关闭"正交"功能，捕捉直线 2 的右端点，输入旋转的角度为 30°，如图 10-12 所示。

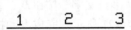

图 10-11　绘制 3 条直线

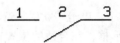

图 10-12　将直线 2 旋转 30°

❸ 单击"默认"选项卡"修改"面板中的"拉长"按钮 ⁄，将旋转后的直线 2 沿着左端点方向拉长 2mm，如图 10-13 所示。

❹ 单击"默认"选项卡"绘图"面板中的"直线"按钮 ⁄，同时打开"对象捕捉"和"正交"功能，用光标捕捉直线 1 的右端点，向下绘制一条长度为 5mm 的直线，如图 10-14 所示，即为绘制的门联锁开关图形符号。

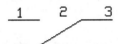

图 10-13　拉长直线 2

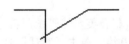

图 10-14　绘制门联锁开关图形符号

04 绘制炉灯图形符号。

❶ 单击"默认"选项卡"绘图"面板中的"圆"按钮 ⊙，绘制一个半径为 5mm 的圆，如图 10-15 所示。

❷ 单击"默认"选项卡"绘图"面板中的"直线"按钮 ⁄，打开"对象捕捉"和"正交"功能，用光标捕捉圆心作为直线的端点，输入直线的长度为 5mm，使得该直线的另外一个端点落在圆周上，如图 10-16 所示。

❸ 按照步骤❷中的方法，绘制另外 3 条正交的线段，如图 10-17 所示。

图 10-15　绘制圆

图 10-16　绘制线段

图 10-17　绘制 4 条线段

❹ 单击"默认"选项卡"修改"面板中的"旋转"按钮 ↻，选择需要旋转的对象，可以选择多个对象，这里选择圆和 4 条线段，如图 10-18 所示。"指定旋转角度"为 45°，得到炉灯的图形符号，如图 10-19 所示。

图 10-18　选择需要旋转的对象　　　　　　　　图 10-19　炉灯

05 绘制电动机图形符号。

❶ 绘制圆。单击"默认"选项卡"绘图"面板中的"圆"按钮⊙，绘制一个半径为 5mm 的圆，如图 10-20 所示。

❷ 输入文字。单击"默认"选项卡"注释"面板中的"多行文字"按钮**A**，在圆的中心位置划定一个矩形框，在合适的位置输入大写字母 M，如图 10-21 所示，完成电动机图形符号的绘制。

图 10-20　绘制圆　　　　　　　　　　图 10-21　绘制电动机图形符号

06 绘制石英发热管图形符号。

❶ 绘制直线。单击"默认"选项卡"绘图"面板中的"直线"按钮╱，在"正交"绘图方式下，绘制一条长度为 12mm 的直线 1，如图 10-22 所示。

❷ 偏移直线 1。单击"默认"选项卡"修改"面板中的"偏移"按钮⊏，选择直线 1 作为偏移对象，输入偏移的距离为 4mm，在直线 1 的下方绘制一条长度同样为 5mm 的直线 2，如图 10-23 所示。

❸ 绘制直线 3。单击"默认"选项卡"绘图"面板中的"直线"按钮╱，在"对象捕捉"绘图方式下，用光标分别捕捉直线 1 和直线 2 的左端点作为直线 3 的起点和终点，如图 10-24 所示。

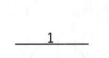
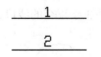
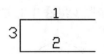

图 10-22　绘制直线 1　　　　　图 10-23　绘制直线 2　　　　　图 10-24　绘制直线 3

❹ 偏移直线 3。单击"默认"选项卡"修改"面板中的"偏移"按钮⊏，选择直线 3 作为偏移对象，输入偏移的距离为 3mm，在直线 3 的右方绘制一条长度同样为 5mm 的直线。重复执行"偏移"命令，依次再向右偏移 3 条直线，如图 10-25 所示。

❺ 绘制水平直线。单击"默认"选项卡"绘图"面板中的"直线"按钮╱，用光标捕捉直线 3 的中点，向左侧绘制一条长度为 5mm 的水平直线；重复执行"直线"命令，在直线 4 的右侧绘制一条长度为 5mm 的水平直线，如图 10-26 所示。

图 10-25   偏移直线 3   图 10-26   绘制水平直线

07 绘制烧烤控制继电器图形符号。

❶ 绘制矩形。单击"默认"选项卡"绘图"面板中的"矩形"按钮▭，绘制一个长度为 4mm，宽度为 8mm 的矩形，如图 10-27 所示。

❷ 绘制水平直线。单击"默认"选项卡"绘图"面板中的"直线"按钮╱，在"对象捕捉"绘图方式下，用光标捕捉矩形的两条竖直边的中点作为水平直线的起点，分别向左侧和右侧绘制一条长度为 5mm 的水平直线，如图 10-28 所示，即为绘成的烧烤控制继电器图形符号。

08 绘制高压变压器图形符号。在绘制高压变压器图形符号之前，先大概了解一下变压器的结构。

图 10-27   绘制矩形   图 10-28   绘制烧烤控制继电器图形符号

高压变压器由套在一个闭合铁心上的两个或多个线圈（绕组）构成，铁心和线圈是变压器的基本组成部分。铁心构成了电磁感应所需的磁路。为了减少磁通变化时所引起的涡流损失，变压器的铁心要用厚度为 0.35～0.5mm 的硅钢片叠成，片间用绝缘漆隔开。铁心分为心式和客式两种。

变压器和电源相连的线圈称为原绕组（或二次绕组），其匝数为 N_1，和负载相连的线圈称为副绕组（或二次绕组），其匝数为 N_2。绕组与绕组及绕组与铁心之间都是互相绝缘的。

由变压器的组成结构看出，只需要单独绘制出线圈和铁心即可，然后根据需要将它们安装在前面绘制的结构线路图中即可。这里分别绘制一个匝数为 3 和 6 的线圈。

❶ 绘制阵列圆。单击"默认"选项卡"绘图"面板中的"圆"按钮⊙，绘制一个半径为 2.5mm 的圆。单击"默认"选项卡"修改"面板中的"矩形阵列"按钮▦，设置"行数"为 1，"列数"为 3，"列偏移"为 5mm，并选择之前绘制的圆作为阵列对象，阵列圆，如图 10-29 所示。

❷ 绘制直线。单击"默认"选项卡"绘图"面板中的"直线"按钮╱，在"正交"和"对象捕捉"方式下，分别用光标捕捉第一个圆和第三个圆的圆心作为直线的起点和终点，如图 10-30 所示。

❸ 拉长直线。单击"默认"选项卡"修改"面板中的"拉长"按钮╱，选择直线作为拉长对象，分别将直线向左和向右拉长 2.5mm。命令行中的提示与操作如下：

```
命令：_lengthen↙
选择要测量的对象或 [ 增量 (DE)/ 百分比 (P)/ 总计 (T)/ 动态 (DY)] < 总计 (T)>: de↙
```

输入长度增量或 [角度 (A)] <0.0000>: 2.5 ✓
选择要修改的对象或 [放弃 (U)]:（单击直线的左端点）
选择要修改的对象或 [放弃 (U)]:（单击直线的右端点）
选择要修改的对象或 [放弃 (U)]: ✓

绘制的图形如图 10-31 所示。

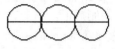

图 10-29　绘制阵列圆　　　　图 10-30　绘制直线　　　　图 10-31　拉长直线

❹ 修剪图形。单击"默认"选项卡"修改"面板中的"修剪"按钮 ✂，将图中的多余部分进行修剪，如图 10-32 所示，完成匝数为 3 的线圈图形符号的绘制。

❺ 绘制匝数为 6 的线圈图形符号。单击"默认"选项卡"修改"面板中的"复制"按钮 ⌾，选择已经绘制好的线圈，确定后进行复制，绘制匝数为 6 的线圈图形符号如图 10-33 所示。

图 10-32　绘制匝数为 3 的线圈图形符号　　　图 10-33　绘制匝数为 6 的线圈图形符号

09 绘制高压电容器图形符号。单击"默认"选项卡"绘图"面板中的"直线"按钮 ╱，绘制高压电容器图形符号，如图 10-34 所示。

10 绘制高压二极管图形符号。单击"默认"选项卡"绘图"面板中的"直线"按钮 ╱，绘制高压二极管图形符号，如图 10-35 所示。

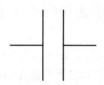
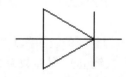

图 10-34　绘制高压电容器图形符号　　　　图 10-35　绘制高压二极管图形符号

11 绘制磁控管图形符号。

❶ 绘制圆。单击"默认"选项卡"绘图"面板中的"圆"按钮 ⊙，绘制一个半径为 10mm 的圆，如图 10-36 所示。

❷ 绘制竖直直线。单击"默认"选项卡"绘图"面板中的"直线"按钮 ╱，在"正交"和"对象捕捉"绘图方式下，用光标捕捉圆心作为直线的起点，分别向上和向下绘制一条长度为 10mm 的直线，直线的另一个端点则落在圆周上，如图 10-37 所示。

图 10-36　绘制圆　　　　　　　图 10-37　绘制两条竖直直线

❸ 绘制若干条短小直线。单击"默认"选项卡"绘图"面板中的"直线"按钮╱，关闭"正交"和"对象捕捉"功能，绘制 4 条短小直线，如图 10-38 所示。

❹ 镜像直线。单击"默认"选项卡"修改"面板中的"镜像"按钮◭，在"捕捉对象"绘图方式下，选择刚才绘制的 4 条短小直线为镜像对象，选择竖直直线为镜像线进行镜像操作。命令行中的提示与操作如下：

```
命令：_mirror ✓
选择对象：找到 1 个
选择对象：找到 1 个，总计 2 个
选择对象：找到 1 个，总计 3 个
选择对象：找到 1 个，总计 4 个（单击选择需要做镜像的直线）
选择对象：✓
指定镜像线的第一点：＜对象捕捉 开＞指定镜像线的第二点：（用光标捕捉竖直直线的端点）
要删除源对象吗？[ 是 (Y)/ 否 (N)] ＜否＞：✓
```

镜像短小直线，如图 10-39 所示。

❺ 修剪图形。单击"默认"选项卡"修改"面板中的"修剪"按钮✂，选择需要修剪的对象，确定后单击需要修剪的部分，修剪后的结果如图 10-40 所示。

图 10-38　绘制 4 条短小直线　　　图 10-39　镜像短小直线　　　图 10-40　绘制磁控管图形符号

10.2.4　将各实体图形符号插入到线路结构图中

根据微波炉的电路图，将前面绘制好的实体图形符号插入到结构线路图合适的位置上。由于在单独绘制实体图形符号时，大小以方便能看清楚为标准，所以插入到结构线路中时，可能会出现不协调，这时可以根据实际需要调用"缩放"功能来及时调整。在插入实体图形符号的过程中，结合使用"对象捕捉""对象追踪"或"正交"等功能，选择合适的插入点。下面选择几个典型的实体图形符号插入结构线路图来介绍具体的操作步骤。

01 插入熔断器图形符号。需要做的工作是将图 10-41 所示的熔断器图形符号插入到图 10-42 所示的导线 AB 的合适的位置中去。

图 10-41　熔断器　　　　　　　　　　　　　图 10-42　导线 AB

❶ 插入熔断器图形符号。在"对象捕捉"绘图方式下，单击"默认"选项卡"修改"面板中的"移动"按钮✣，选择需要移动的熔断器图形符号，如图 10-43 所示。确定移动对象后，AutoCAD 2024 绘图界面会提示"指定基点或 [位移 (D)]"，选择 A2 作为基点，如图 10-44 所

示。用光标捕捉导线 AB 的左端点 A 作为移动熔断器图形符号时点 A2 的插入点，插入结果如图 10-45 所示。

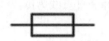

图 10-43　选择移动对象

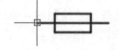

图 10-44　选择移动基点

❷ 调整插入位置。图 10-45 所示的熔断器图形符号插入位置不够协调，这时需要将上一步的插入结果继续向右移动少许距离。单击"默认"选项卡"修改"面板中的"移动"按钮✛，将其水平移动 5mm。命令行中的提示与操作如下：

命令：_move ✓
选择对象：指定对角点：找到 4 个（用光标选择熔断器图形符号）
选择对象：✓
指定基点或 [位移 (D)] < 位移 >：✓
指定位移 <0.0000, 0.0000, 0.0000>：　5,0,0（输入三维的距离，这里只是水平方向的移动）

调整插入位置，如图 10-46 所示。

图 10-45　插入熔断图形符号器

图 10-46　调整插入位置

（02） 插入定时开关图形符号。将图 10-47 所示的定时开关图形符号插入到图 10-48 所示的导线 BJ 中。

❶ 旋转定时开关图形符号。单击"默认"选项卡"修改"面板中的"旋转"按钮⟳，选择开关作为旋转对象，绘图界面会提示"选择旋转基点"，这里选择开关的点 B2 作为基点，"指定旋转角度"为 90。命令行中的提示与操作如下：

命令：_rotate ✓
UCS 当前的正角方向：　ANGDIR= 逆时针　ANGBASE=0
选择对象：指定对角点：找到 5 个（用光标选定开关）
选择对象：✓
指定基点：（用光标捕捉 B2 点作为旋转基点）
指定旋转角度，或 [复制 (C)/ 参照 (R)] <0>：　90 ✓

旋转后的定时开关图形符号如图 10-49 所示。

图 10-47　"定时开关"图形符号　　　图 10-48　导线 BJ　　　图 10-49　旋转后的"定时开关"图形符号

❷ 插入图形符号。单击"默认"选项卡"修改"面板中的"移动"按钮✛，在"对象捕捉"绘图方式下，首先选择"定时开关"图形符号为移动对象，然后选定移动基点 B2，最后用光标捕捉导线 BJ 的端点 B 作为插入点，"定时开关"图形符号，如图 10-50 所示。

❸ 修剪图形。单击"默认"选项卡"修改"面板中的"修剪"按钮✂，修剪多余的部分，如图 10-51 所示。

按照同样的步骤，可以将门联锁开关图形符号、功能选择开关图形符号等插入到结构线路图中。

（03） 插入炉灯图形符号。将图 10-52 所示的炉灯图形符号插入到图 10-53 所示的导线 JB1 中。

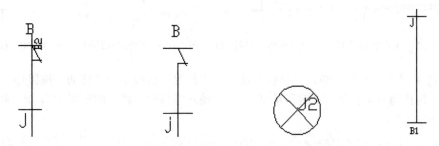

图 10-50　插入"定时开关"图形符号　图 10-51　修剪图形　图 10-52　炉灯图形符号　图 10-53　导线 JB1

❶ 插入图形符号。单击"默认"选项卡"修改"面板中的"移动"按钮✛，在"对象捕捉"绘图方式下，首先选择炉灯图形符号为移动对象，然后选定移动基点 J2，最后用光标捕捉导线 JB1 的中点作为插入点，插入炉灯图形符号，如图 10-54 所示。

❷ 修剪图形。单击"默认"选项卡"修改"面板中的"修剪"按钮✂，选择需要修剪的对象范围，确定后绘图界面提示"选择要修剪的对象"，如图 10-55 所示。单击，修剪掉多余的线段，修剪结果如图 10-56 所示。

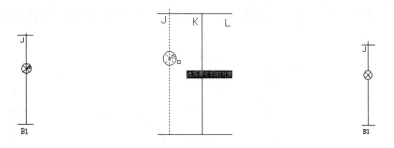

图 10-54　插入炉灯图形符号　　图 10-55　选择修剪对象　　图 10-56　修剪结果

按照同样的方法，可以插入电动机图形符号。

（04） 插入高压变压器图形符号。前面专门介绍过变压器的组成，在实际绘图中，可以根据需要，将不同匝数的线圈插入到结构线路图的合适的位置即可。下面以将图 10-57 所示的匝数为 3 的线圈图形符号插入到图 10-58 所示的导线 GT 为例子，详细介绍其操作步骤。

❶ 旋转图形符号。单击"默认"选项卡"修改"面板中的"旋转"按钮↻，选择线圈作为旋转对象，绘图界面会提示"选择旋转基点"，这里选择线圈的 G2 点作为基点，"指定旋转角

度"为 90。旋转后的结果如图 10-59 所示。

❷ 插入图形符号。单击"默认"选项卡"修改"面板中的"移动"按钮✛，在"对象捕捉"绘图方式下，首先选择线圈符号为移动对象，然后选定移动基点 G2，最后用光标捕捉导线 GT 的端点 G 作为插入点，插入图形符号，如图 10-60 所示。

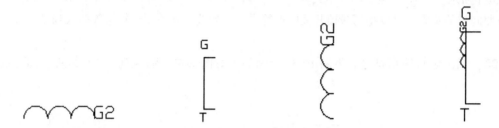

图 10-57　线圈图形符号　　　图 10-58　导线 GT　图 10-59　旋转图形符号　　图 10-60　插入图形符号

❸ 移动图形符号。单击"默认"选项卡"修改"面板中的"移动"按钮✛，选择线圈图形符号为移动对象，然后选定移动基点 G2，输入竖直向下移动的距离为 7mm。命令行中的提示与操作如下：

```
命令：_move ↙
选择对象：指定对角点：找到 7 个（框定线圈作为移动对象）
选择对象：↙
指定基点或 [ 位移 (D)] < 位移 >：　d（选择输入移动距离）
指定位移 <5.0000, 0.0000, 0.0000>：　@0,-7,0（即只在竖直方向向下移动 7mm）
```

移动结果如图 10-61 所示。

❹ 修剪图形。单击"默认"选项卡"修改"面板中的"修剪"按钮✂，选择需要修剪的对象范围，确定后绘图界面提示"选择要修剪的对象"，修剪掉多余的线段，如图 10-62 所示。

按照同样的方法，可以插入匝数为 6 的线圈图形符号。

(05) 插入磁控管图形符号。将图 10-63 所示的磁控管图形符号插入到图 10-64 所示的导线 HV 中。

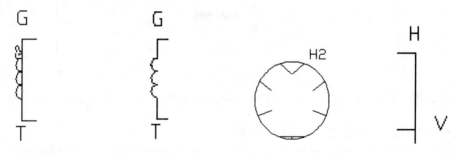

图 10-61　移动图形符号　　　图 10-62　修剪图形　　图 10-63　磁控管图形符号　　图 10-64　导线 HV

❶ 插入图形符号。单击"默认"选项卡"修改"面板中的"移动"按钮✛，在"对象捕捉"绘图方式下，关闭"正交"功能，选择磁控管图形符号为移动对象，用光标捕捉点 H2 为移动基点，移动图形符号；另捕捉导线 HV 的端点 V 作为 H2 点的插入点插入图形符号，如

图 10-65 所示。

❷ 修剪图形。单击"默认"选项卡"修改"面板中的"修剪"按钮 ✂，选择需要修剪的对象范围，确定后绘图界面"提示选择要修剪的对象"，修剪掉多余的线段，修剪图形，如图 10-66 所示。

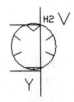

图 10-65 插入图形符号

图 10-66 修剪图形

应用类似的方法将其他电气图形符号插入到合适的位置，并结合"移动""修剪"等命令对插入位置进行调整。

将所有实体图形符号插入到线路结构图，如图 10-67 所示。

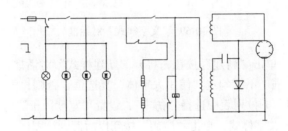

图 10-67 图形符号

在绘制过程当中，需要特别强调绘制导线交叉实心点。

在 A3 样板中的绘制结果如图 10-68 所示。

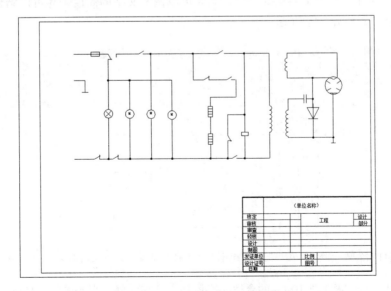

图 10-68 A3 样板中的绘制结果

10.2.5 添加文字和注释

01 新建文字样式。

❶ 单击"默认"选项卡"注释"面板中的"文字样式"按钮 **A**，打开"文字样式"对话框，如图 10-69 所示。

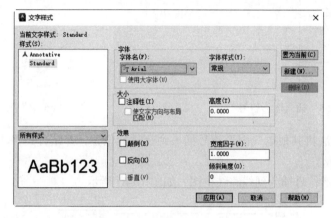

图 10-69 "文字样式"对话框

❷ 新建文字样式。单击"新建"按钮，打开"新建样式"对话框，输入"注释"。确定后回到"文字样式"对话框。不要勾选"使用大字体"复选框，否则，无法在"字体"一项中选择汉字字体。在"字体"下拉列表中选择"仿宋"，设置"宽度因子"为 1，倾斜角度为默认值 0。将"注释"置为当前文字样式，单击"应用"按钮以后回到绘图区。

02 添加文字和注释。

❶ 单击"默认"选项卡"注释"面板中的"多行文字"按钮 **A**，在需要注释的地方划定一个矩形框，弹出如图 10-70 所示的"文字编辑器"选项卡和多行文字编辑器。

❷ 选择"注释"作为文字样式，根据需要可以调整文字的高度，还可以结合应用"左对齐""居中"和"右对齐"等功能。

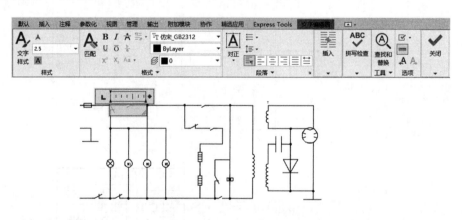

图 10-70 "文字编辑器"选项卡和多行文字编辑器

❸ 按照以上的步骤在图 10-68 的合适文字添加文字和注释，得到的结果如图 10-71 所示。

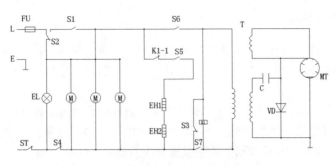

图 10-71　完整的电路图

10.3　键盘显示器接口电路

绘制思路

　　键盘和显示器是数控系统人机对话的外围设备，键盘完成数据输入，显示器显示计算机运行时的状态、数据。键盘和显示器接口电路使用 8155，接口电路如图 10-72 所示。

　　由于 8155 片内有地址锁存器，因此 8031 的 P0 口输出的低 8 位数据不需要另加锁存器，直接与 8155 的 AD7~AD0 相连，既做低 8 位地址总线又做数据总线，地址直接用 ALE 信号在 8155 中锁存，8031 用 ALE 信号实现对 8155 分时传送地址、数据信号。高 8 位地址由 8155 片选信号和 IO/$\overline{\text{M}}$ 决定。由于 8155 只作为并行接口使用，不使用内部 RAM，因此 8155 的 IO/$\overline{\text{M}}$ 引脚直接经电阻 R 接高电平。片选信号端接 74LS138 译码器输出线 $\overline{\text{Y}}_4$ 端，当 $\overline{\text{Y}}_4$ 为低电平时，选中该 8155 芯片。8155 的 $\overline{\text{RD}}$、$\overline{\text{WR}}$、ALE、RESET 引脚直接与 8031 的同名引脚相连。

　　绘制此电路图的大致思路如下：首先绘制连接线图，然后绘制各个元器件图形符号，连接各个元器件图形符号，添加注释文字，即可完成键盘显示器接口电路的绘制。

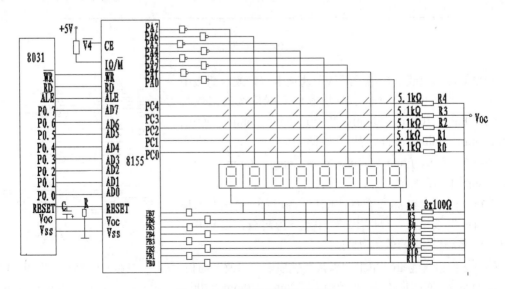

图 10-72　键盘显示器接口电路

10.3.1 设置绘图环境

01 建立新文件。打开 AutoCAD 2024 应用程序，单击快速访问工具栏中的"新建"按钮，以"无样板打开 - 公制"建立新文件，将新文件命名为"键盘显示器接口电路 .dwg"并保存。

02 设置图层。单击"默认"选项卡"图层"面板中的"图层特性"按钮，设置"连接线层"和"实体符号层"两个图层，各图层的"颜色""线型""线宽"及其他属性状态设置分别如图 10-73 所示。将"连接线层"图层设置为当前图层。

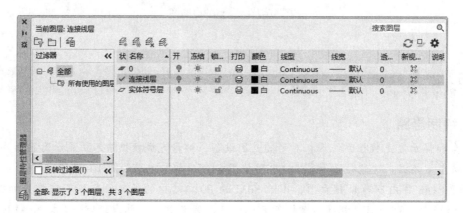

图 10-73 图层设置

10.3.2 绘制连接线图

01 绘制直线。单击"默认"选项卡"绘图"面板中的"直线"按钮，绘制长度为 260mm 的直线，如图 10-74 所示。

图 10-74 绘制直线

02 偏移直线。单击"默认"选项卡"修改"面板中的"偏移"按钮，将图 10-74 所示的直线依次向上偏移 10mm、10mm、10mm、10mm、20mm、6mm、6mm、6mm、6mm、6mm、6mm、6mm，然后将图 10-74 所示直线依次向下偏移 50mm、6mm、6mm、6mm、6mm、6mm、6mm、6mm，如图 10-75 所示。

03 绘制直线 ab。单击"默认"选项卡"绘图"面板中的"直线"按钮，以图 10-75 中点 a 为起点，点 b 为终点绘制直线 ab，如图 10-76a 所示。

图 10-75 偏移直线

04 偏移直线 ab。单击"默认"选项卡"修改"面板中的"偏移"按钮，将图 10-76a 所示的直线 ab 依次向右偏移 60mm、20mm、20mm、20mm、20mm、20mm、20mm、20mm、60mm，如图 10-76b 所示。

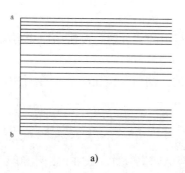

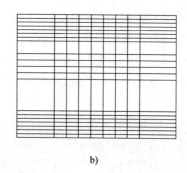

图 10-76　绘制并偏移直线 ab

05 修剪图形。单击"默认"选项卡"修改"面板中的"修剪"按钮✂，对图 10-76b 进行修剪，如图 10-77 所示。

06 绘制直线 cd。单击"默认"选项卡"绘图"面板中的"直线"按钮╱，以图 10-78 中 c 点为起点绘制直线 cd，如图 10-78a 所示。

07 偏移直线 cd。单击"默认"选项卡"修改"面板中的"偏移"按钮⊆，将图 10-78a 所示的直线依次向右偏移 10mm、18mm、18mm、18mm、18mm、18mm、18mm、18mm，如图 10-78b 所示。

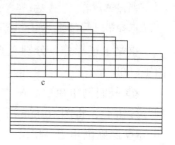

图 10-77　修剪图形

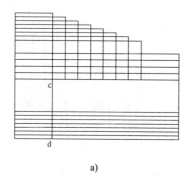

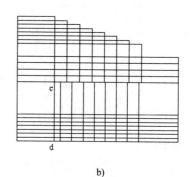

图 10-78　绘制并偏移直线 cd

08 修剪图形。单击"默认"选项卡"修改"面板中的"修剪"按钮✂和"删除"按钮✐，对图 10-78b 进行修剪，同时单击"默认"选项卡"绘图"面板中的"直线"按钮╱，补充绘制直线，得到结果如图 10-79 所示。

📖 10.3.3　绘制各个元器件图形符号

01 绘制 LED 数码显示器图形符号。

❶ 绘制倒角矩形。单击"默认"选项卡"绘图"面板中的"矩形"按钮▭，绘制一个长度为 8mm，宽度为 8mm 的

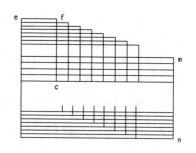

图 10-79　绘制连接线图

矩形，如图 10-80a 所示。

❷ 分解矩形。单击"默认"选项卡"修改"面板中的"分解"按钮🗐，将绘制的矩形分解为直线 1、直线 2、直线 3、直线 4，如图 10-80a 所示。

❸ 倒角。单击"默认"选项卡"修改"面板中的"倒角"按钮，命令行中的提示与操作如下：

命令：_chamfer ✓
（"修剪"模式）当前倒角距离 1=0.0000，距离 2=0.0000
选择第一条直线或 [放弃 (U)/ 多段线 (P)/ 距离 (D)/ 角度 (A)/ 修剪 (T)/ 方式 (E)/ 多个 (M)] :（输入 d ✓）
指定第一个倒角距离 <1.0000> : ✓
指定第一个倒角距离 <1.0000> : ✓
选择第一条直线或 [放弃 (U)/ 多段线 (P)/ 距离 (D)/ 角度 (A)/ 修剪 (T)/ 方式 (E)/ 多个 (M)] :（选择直线 1）
选择第二条直线，或按住 Shift 键选择直线以应用角或 [距离 (D)/ 角度 (A)/ 方法 (M)] :（选择直线 2）

重复上述操作，分别对直线 1 和直线 4，直线 3 和直线 4，直线 2 和直线 3 进行倒角，如图 10-80b 所示。

❹ 复制倒角矩形。在"正交"绘图方式下，单击"默认"选项卡"修改"面板中的"复制"按钮🎛，将图 10-80b 所示的倒角矩形向 Y 轴负方向复制移动 8mm，如图 10-81a 所示。

❺ 删除倒角边。单击"默认"选项卡"修改"面板中的"删除"按钮，删除 4 个倒角，如图 10-81b 所示。

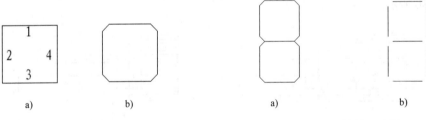

图 10-80　绘制倒角矩形　　　　　　图 10-81　数码显示器

❻ 绘制矩形。

1）单击"默认"选项卡"绘图"面板中的"矩形"按钮🗋，绘制一个长度为 20mm，宽度为 20mm 的矩形，如图 10-82a 所示。

2）单击"默认"选项卡"修改"面板中的"移动"按钮➕，将图 10-81b 所示的图形移动到矩形中，如图 10-82b 所示。

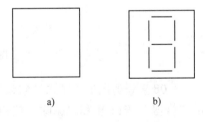

图 10-82　绘制并移动图形

❼ 阵列图形。单击"默认"选项卡"修改"面板中的"矩形阵列"按钮🔠，选择图 10-82b 所示的图形为阵列对象，设置"行数"为 1，"列数"为 8，"列偏移"为 20，阵列结果如图 10-83 所示。

图 10-83　阵列结果

02 绘制 74LS06 非门图形符号。

❶ 绘制矩形。单击"默认"选项卡"绘图"面板中的"矩形"按钮□，绘制一个长度为 4.5mm，宽度为 6mm 的矩形，如图 10-84 所示。

❷ 绘制直线。单击"默认"选项卡"绘图"面板中的"直线"按钮╱，在"对象捕捉"中的"中点"绘图方式下，捕捉图 10-84 中矩形左边的中点，以其为起点，水平向左绘制一条直线，长度为 5mm，如图 10-85 所示。

❸ 绘制圆。单击"默认"选项卡"绘图"面板中的"圆"按钮⊙，在"对象捕捉"中的"中点"绘图方式下，捕捉图 10-85 中矩形的右边中点，以其为圆心，绘制半径为 1mm 的圆，如图 10-86 所示。

图 10-84　绘制矩形　　　　图 10-85　绘制直线　　　　图 10-86　绘制圆

❹ 移动圆。单击"默认"选项卡"修改"面板中的"移动"按钮✚，将圆沿 X 轴正方向移动 1mm，如图 10-87 所示。

❺ 绘制直线。单击"默认"选项卡"绘图"面板中的"直线"按钮╱，捕捉图 10-87 中圆的圆心，以其为起点，水平向右绘制一条长度为 5mm 的直线，如图 10-88 所示。

❻ 修剪图形。单击"默认"选项卡"修改"面板中的"修剪"按钮✂，以图 10-88 中圆为剪切边，剪去直线在圆内部的部分，完成 74LS06 非门图形符号的绘制，如图 10-89 所示。

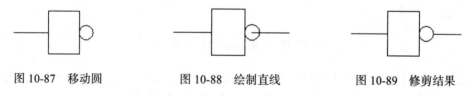

图 10-87　移动圆　　　　图 10-88　绘制直线　　　　图 10-89　修剪结果

03 绘制芯片 74LS244 图形符号。

❶ 绘制矩形。单击"默认"选项卡"绘图"面板中的"矩形"按钮□，绘制一个长度为 4.5mm，宽度为 6mm，如图 10-90 所示。

❷ 绘制直线。单击"默认"选项卡"绘图"面板中的"直线"按钮╱，在"对象捕捉"中的"中点"绘图方式下，捕捉图 10-90 中矩形左边的中点，以其为起点，水平向左绘制一条直线，长度为 5mm。单击"默认"选项卡"绘图"面板中的"直线"按钮╱，捕捉图 10-90 中矩形右边的中点，以其为起点，水平向右绘制一条直线，长度为 5mm，如图 10-91 所示，即完成芯片 74LS244 图形符号的绘制。

图 10-90　绘制矩形　　　　　　图 10-91　芯片 74LS244 图形符号

04 绘制芯片 8155 图形符号。

❶ 绘制矩形。单击"默认"选项卡"绘图"面板中的"矩形"按钮 ▢，绘制一个长度为 50mm，宽度为 210mm 的矩形，如图 10-92a 所示。

❷ 分解矩形。单击"默认"选项卡"修改"面板中的"分解"按钮 ▥，将图 10-92a 所示的矩形边框进行分解。

❸ 偏移直线 1。单击"默认"选项卡"修改"面板中的"偏移"按钮 ⊂，将图 10-92a 中的直线 1 向下偏移 35mm，如图 10-92b 所示。

❹ 绘制直线。单击"默认"选项卡"绘图"面板中的"直线"按钮 ∕，以图 10-92b 中直线 2 左端点为起点，水平向左绘制一条长度为 40mm 的直线 3，如图 10-92c 所示。

❺ 偏移直线 3。单击"默认"选项卡"修改"面板中的"偏移"按钮 ⊂，将图 10-92c 中的直线 3 依次向下偏移 10mm、10mm、10mm、10mm、10mm、10mm、10mm、10mm、10mm、10mm、10mm、10mm、10mm、10mm，如图 10-92d 所示。

❻ 修剪图形。单击"默认"选项卡"修改"面板中的"删除"按钮 ✐，删除图 10-92d 中的直线 2，结果如图 10-92e 所示。

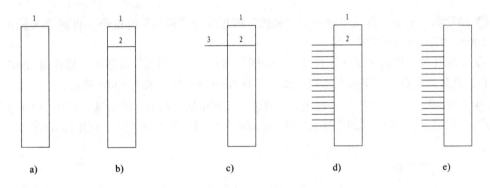

图 10-92　绘制芯片 8155 图形符号

05 绘制芯片 8031 图形符号。单击"默认"选项卡"绘图"面板中的"矩形"按钮 ▢，绘制一个长度为 30mm，宽度为 180mm 的矩形，如图 10-93a 所示。

06 绘制其他元器件图形符号。电阻、电容图形符号在前面绘制过，在此不再赘述。单击"默认"选项卡"修改"面板中的"复制"按钮 ⅋，把电阻、电容图形符号复制到当前绘图区中，如图 10-93b 和 c 所示。

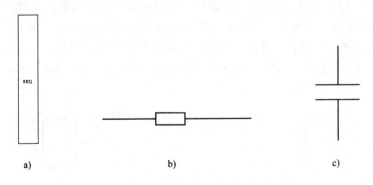

图 10-93　绘制其他元件图形符号

10.3.4 连接各个元器件图形符号

将绘制好的各个元器件图形符号连接到一起，注意各图形符号的大小可能有不协调的情况，可以根据实际需要利用"缩放"功能来及时调整。本图中元器件图形符号比较多，下面将以图 10-94a 所示的数码显示器图形符号连接到图 10-94b 为例来说明其操作方法。

01 插入图形符号。单击"默认"选项卡"修改"面板中的"移动"按钮✛，选择图 10-94a 所示的图形符号为移动对象，用光标捕捉图 10-95 所示的中点为移动基点，以图 10-94 中点 c 为目标点，移动结果如图 10-96 所示。

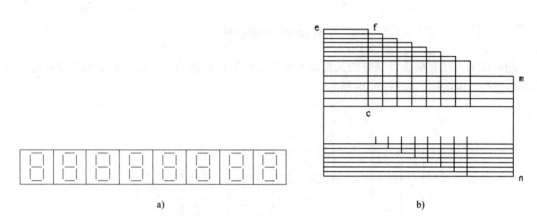

图 10-94 操作方法示例

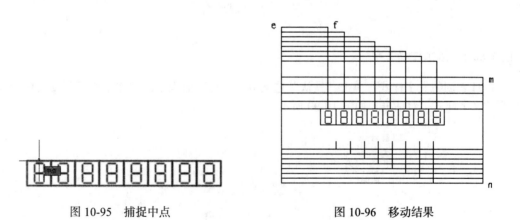

图 10-95 捕捉中点   图 10-96 移动结果

02 移动图形符号。单击"默认"选项卡"修改"面板中的"移动"按钮✛，选择图 10-96 中的数码显示器图形符号为移动对象，竖直向下移动 10mm，如图 10-97a 所示。

03 绘制直线。单击"默认"选项卡"绘图"面板中的"直线"按钮╱，补充绘制其他直线，结果如图 10-97b 所示。

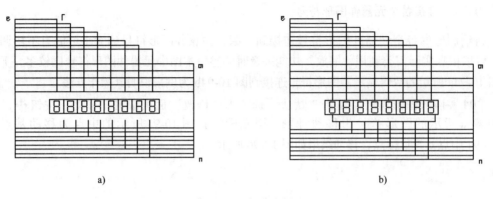

图 10-97   完成绘制

用同样的方法将前面绘制好的其他元器件图形符号进行连接，并且补充绘制其他直线，具体操作过程不再赘述，如图 10-98 所示。

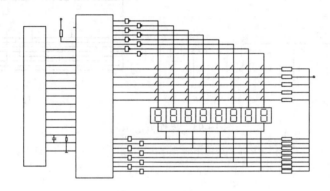

图 10-98   完成绘制

📖 10.3.5   添加注释文字

01 创建文字样式。单击"默认"选项卡"注释"面板中的"文字样式"按钮 **A**，系统打开"文字样式"对话框，如图 10-99 所示。

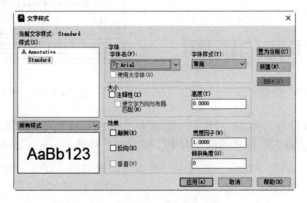

图 10-99   "文字样式"对话框

在"文字样式"对话框中单击"新建"按钮，打开"新建文字样式"对话框，输入样式名"键盘显示器接口电路"，并单击"确定"按钮回到"文字样式"对话框。在"字体名"下拉列表选择"仿宋_GB2312"。"高度"设置为 5。"宽度因子"输入值为 0.7，"倾斜角度"默认值为 0。检查预览区文字外观，如果合适，单击"应用""关闭"按钮。

02 添加注释文字。单击"默认"选项卡"注释"面板中的"多行文字"按钮 **A**，命令行中的提示与操作如下：

> 命令：_mtext
> 当前文字样式："键盘显示器接口电路"文字高度：5 注释性：否
> 指定第一角点：(指定文字所在单元格左上角点)
> 指定对角点或 [高度 (H)/ 对正 (J)/ 行距 (L)/ 旋转 (R)/ 样式 (S)/ 宽度 (W)/ 栏 (C)] (指定文字所在单元格右下角点)

系统打开多行文字编辑器，选择文字样式为"键盘显示器接口电路"，如图 10-100 所示。输入"5.1kΩ"，其中符号"Ω"的输入需要单击"插入"面板中的按钮 **@**，系统弹出"特殊符号"下拉菜单，如图 10-101 所示。从中选择"欧米加"符号，单击"确定"按钮，完成文字的输入。

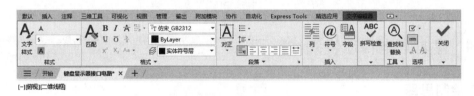

图 10-100 "文字编辑器"选项卡和多行文字编辑器

03 使用"文字编辑"命令修改文字以得到需要的文字。添加其他注释文字的具体过程不再赘述。至此，键盘显示器接口电路绘制完毕，如图 10-72 所示。

10.3.6 小结与引申

本节详细地讲述了键盘显示器接口电路的绘制过程，首先绘制连接线，然后绘制各元器件图形符号，再连接各个元器件图形符号，最后添加注释文字。通过本例可以促进读者对电气原理的理解，加深设计印象。根据上述方法绘制如图 10-102 所示调频器电路图。

图 10-101 "特殊符号"下拉菜单

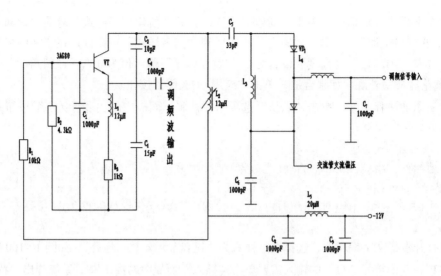

图 10-102　调频器电路图

10.4　停电来电自动告知线路图

 绘制思路

　　图 10-103 所示为一种音乐集成电路构成的停电来电自动告知线路图。它适用于农村需要提示停电、来电的场合。VT1、VD5、R3 组成了停电告知控制电路；IC1、VD1-VD4 等构成了来电告知控制电路；IC2、VT2、BL 为报警声驱动电路。

　　绘制此图的大致思路如下：首先绘制线路结构图，然后绘制各个元器件的图形符号，将各个元器件图形符号插入到线路结构图中，最后添加注释文字，完成绘制。

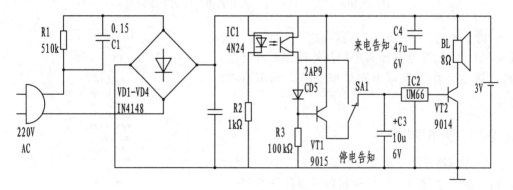

图 10-103　停电来电自动告知线路图

10.4.1　设置绘图环境

　　01 建立新文件。打开 AutoCAD 2024 应用程序，以"无样板打开 - 公制"建立新文件，将新文件命名为"停电来电自动告知线路图 .dwg"并保存。

02 设置图层。单击"默认"选项卡"图层"面板中的"图层特性"按钮，设置"连接线层"和"实体符号层"两个图层，各图层的"颜色""线型""线宽"及其他属性设置分别如图 10-104 所示。将"连接线层"图层设置为当前图层。

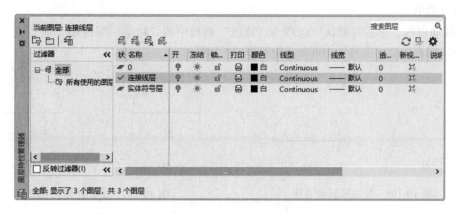

图 10-104　设置图层属性

10.4.2　绘制线路结构图

观察图 10-103 可以看出，所有的元器件之间都是用导线连接而成的。因此，线路结构图的绘制方法如下：

单击"默认"选项卡"绘图"面板中的"直线"按钮／，绘制一系列的水平直线和竖直直线，得到停电来电自动告知线路图的连接线。在绘制过程中，可以使用"对象捕捉"和"正交"绘图功能。绘制相邻直线时，用光标先捕捉相邻已经绘制好的直线端点，以其为起点来绘制下一条直线。由于图中所有的直线都是水平的或者竖直的，因此使用"正交"绘图方式可以大大减少工作量，方便绘图，提高效率。

在图 10-105 所示的线路结构图中，各个连接直线的长度：ab=42mm，bc=65mm，cd=60mm，de=40mm，ef=30mm，fg=30mm，gh=105mm，hi=45mm，ij=35mm，jk=155mm，Lm=75mm，Ln=32mm，np=50mm，op=35mm，pq=45mm，rq=25mm，fv=45mm，ut=52mm，tz=50mm，aw=55mm。实际上，在这里绘制各连接线的时候，用了多种不同的方法，如"偏移"命令、"拉长"命令、"多线段"命令等。类似的技巧如果熟练应用，可以大大减少工作量，能够快速准确地绘制所需要的图形。

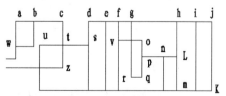

图 10-105　线路结构图

10.4.3　绘制各个元器件图形符号

01 绘制插座图形符号。

❶ 绘制圆弧。单击"默认"选项卡"绘图"面板中的"圆弧"按钮，绘制一条起点为（100,100），终点为（60,100），半径为20mm的圆弧，如图 10-106a 所示。

❷ 绘制水平直线。单击"默认"选项卡"绘图"面板中的"直线"按钮／，在"对象捕捉"绘图方式下，用光标分别捕捉圆弧的起点和终点，绘制一条水平直线，如图 10-106b 所示。

❸ 绘制竖直直线。单击"默认"选项卡"绘图"面板中的"直线"按钮╱，在"对象捕捉"和"正交"绘图方式下，用光标捕捉圆弧的起点，以其为起点，向下绘制长度为 10mm 的竖直直线 1；用光标捕捉圆弧的终点，以其为起点，向下绘制长度为 10mm 的竖直直线 2，如图 10-107a 所示。

❹ 移动直线。单击"默认"选项卡"修改"面板中的"移动"按钮✛，将直线 1 向右移动 10mm，将直线 2 向左移动 10mm，如图 10-107b 所示。

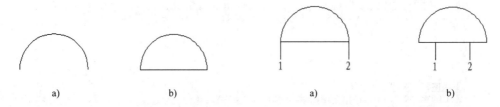

图 10-106 绘制圆弧和直线   图 10-107 绘制并移动直线

❺ 拉长直线。单击"默认"选项卡"修改"面板中的"拉长"按钮╱，将直线 1 和直线 2 分别向上各拉长 40mm，如图 10-108a 所示。

❻ 修剪图形。单击"默认"选项卡"修改"面板中的"修剪"按钮✂，以水平直线和圆弧为剪切边，对竖直直线做修剪操作，完成插座的图形符号的绘制，如图 10-108b 所示。

（02）绘制开关图形符号。

❶ 绘制等边三角形。

1）单击"默认"选项卡"绘图"面板中的"直线"按钮╱，绘制一条长度为 20mm 的竖直直线，如图 10-109a 所示。

2）单击"默认"选项卡"修改"面板中的"旋转"按钮↻，选择"复制"模式，将步骤 1）绘制的竖直直线绕直线下端点旋转 -60°，如图 10-109b 所示。

3）单击"默认"选项卡"修改"面板中的"旋转"按钮↻，选择"复制"模式，将步骤 1）绘制的竖直直线绕直线上端点旋转 60°，如图 10-109c 所示。

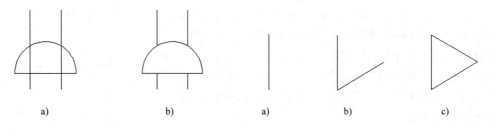

图 10-108 绘制插座图形符号   图 10-109 绘制等边三角形

❷ 绘制圆。单击"默认"选项卡"绘图"面板中的"圆"按钮⊙，以图 10-109 所示的三角形顶点为圆心，绘制 3 个半径为 2mm 的圆，如图 10-110a 所示。

❸ 删除三角形的边。单击"默认"选项卡"修改"面板中的"删除"按钮，删除三角形的三条边，如图 10-110b 所示。

❹ 绘制直线。单击"默认"选项卡"绘图"面板中的"直线"按钮╱，以图 10-111a 所示象限点为起点，以图 10-111b 所示切点为终点，绘制直线，如图 10-111c 所示。

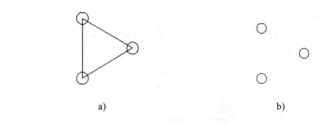

图 10-110 绘制圆

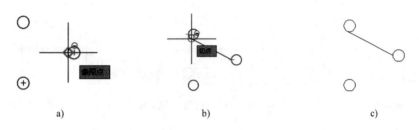

图 10-111 绘制直线

❺ 拉长直线。单击"默认"选项卡"修改"面板中的"拉长"按钮，将图 10-111c 中所绘制的直线拉长 4mm，如图 10-112a 所示。

❻ 绘制直线。单击"默认"选项卡"绘图"面板中的"直线"按钮，分别以 3 个圆的圆心为起点，水平向右、竖直向上、竖直向下绘制长度为 5mm 的直线，如图 10-112b 所示。

❼ 修剪图形。单击"默认"选项卡"修改"面板中的"修剪"按钮，以圆为剪切边，修剪掉圆内的线头，结果如图 10-112c 所示。

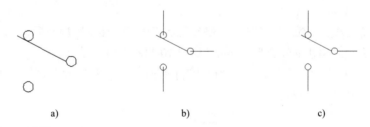

图 10-112 绘制开关图形符号

（03）绘制扬声器图形符号。

❶ 绘制矩形。单击"默认"选项卡"绘图"面板中的"矩形"按钮，绘制一个长度为 18mm，宽度为 45mm 的矩形，如图 10-113 所示。

❷ 绘制斜线。单击"默认"选项卡"绘图"面板中的"直线"按钮，关闭"正交"功能。选择菜单栏中的"工具"→"绘图设置"命令，在打开的"草图设置"对话框中设置角度，如图 10-114 所示。绘制一定长度的斜线，如图 10-115 所示。

❸ 镜像直线。单击"默认"选项卡"修改"面板中的"镜像"按钮，将图 10-115 所示的斜线以矩形两个宽边的中点为镜像线，对称复制到下方，如图 10-116 所示。

❹ 绘制斜线。单击"默认"选项卡"绘图"面板中的"直线"按钮，连接两斜线端点。完成扬声器图形符号的绘制，如图 10-117 所示。

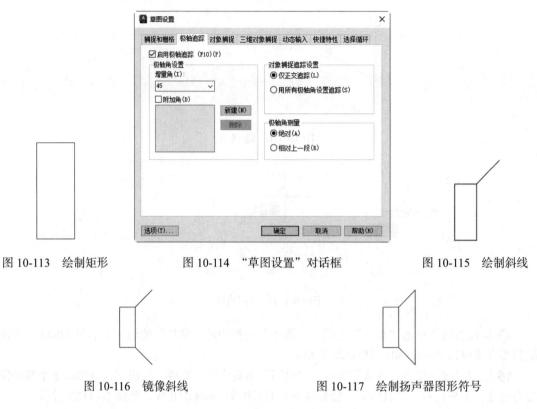

图 10-113　绘制矩形　　　图 10-114　"草图设置"对话框　　　图 10-115　绘制斜线

图 10-116　镜像斜线　　　　　　　图 10-117　绘制扬声器图形符号

04 绘制电源图形符号。

❶ 绘制直线。单击"默认"选项卡"绘图"面板中的"直线"按钮 ⁄ ，绘制长度为20mm的直线 1，如图 10-118a 所示。

❷ 偏移直线。单击"默认"选项卡"修改"面板中的"偏移"按钮 ⊆，以直线 1 为起始，依次向下绘制直线 2，偏移量分别为 10mm，如图 10-118b 所示。

❸ 拉长直线。单击"默认"选项卡"修改"面板中的"拉长"按钮 ⁄，将直线 1 拉长度为15mm，结果如图 10-118c 所示。

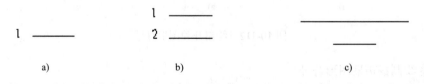

a)　　　　　　　　　b)　　　　　　　　　c)

图 10-118　绘制电源图形符号

05 绘制整流桥图形符号。

❶ 绘制矩形。单击"默认"选项卡"绘图"面板中的"矩形"按钮 ▢，绘制一个宽度为50mm，高度为50mm的正方形，并将其移动到合适的位置，如图 10-119a 所示。

❷ 旋转正方形。单击"默认"选项卡"修改"面板中的"旋转"按钮 ↻，将图 10-119a 所示的矩形以 P 为基点，旋转45°，如图 10-119b 所示。

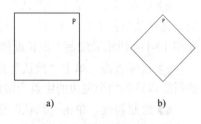

a)　　　　　b)

图 10-119　绘制并旋转正方形

❸ 复制二极管图形符号。单击"默认"选项卡"修改"面板中的"复制"按钮 🍫，将以前绘制的二极管图形符号复制到绘图区，如图 10-120a 所示。

❹ 旋转二极管图形符号。单击"默认"选项卡"修改"面板中的"旋转"按钮 🔄，将图 10-120a 所示的二极管图形符号旋转 -90°，如图 10-120b 所示。

❺ 移动图形符号。单击"默认"选项卡"修改"面板中的"移动"按钮 ✛，将二极管图形符号移动到旋转后的正方形内，完成整流桥图形符号的绘制，如图 10-121 所示。

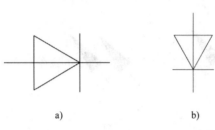

图 10-120　复制并旋转二极管图形符号　　　　图 10-121　绘制整流桥图形符号

06 绘制光电耦合器图形符号。

❶ 绘制发光二极管图形符号。

1）单击"默认"选项卡"块"面板中的"插入"下拉菜单中的"库中的块"，打开如图 10-122 所示"块"选项板，继续单击选项板右上侧的"浏览块库"按钮 🗂，打开"为块库选择文件夹或文件"对话框。选择已创建好的"箭头"块，单击"打开"按钮，将返回"块"选项板，插入"箭头"块，如图 10-123 所示。命令行中的提示与操作如下：

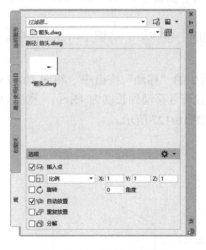

图 10-122　"块"选项板

图 10-123　插入"箭头"块

命令：_insert ✓
指定插入点或 [基点 (B)/ 比例 (S)/ 旋转 (R)]：(在屏幕合适位置选择一点)
指定比例因子：(输入 0.15) ✓
指定旋转角度 <0>：✓

2）单击"默认"选项卡"绘图"面板中的"直线"按钮 ╱，捕捉图 10-123 中箭头竖直线的中点，以其为起点，水平向左绘制长度为 4mm 的直线，如图 10-124a 所示。

3）单击"默认"选项卡"修改"面板中的"旋转"按钮 ↻，将图 10-124a 中绘制的箭头绕顶点旋转 40°，如图 10-124b 所示。

4）单击"默认"选项卡"修改"面板中的"复制"按钮 ⅌，将图 10-124b 绘制的箭头向右复制，复制距离为 3mm，如图 10-124c 所示。

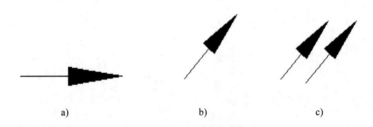

图 10-124　绘制并复制箭头

5）单击"默认"选项卡"修改"面板中的"复制"按钮 ⅌，把以前绘制的二极管符号复制到当前绘图区，如图 10-125a 所示。

6）单击"默认"选项卡"修改"面板中的"移动"按钮 ✛，移动图 10-124c 所示的箭头到合适的位置，得到发光二极管图形符号，如图 10-125b 所示。

❷ 绘制光电晶体管图形符号。

1）单击"默认"选项卡"修改"面板中的"复制"按钮 ⅌，把以前绘制的晶体管图形符号复制到当前绘图区，如图 10-126a 所示。

2）单击"默认"选项卡"修改"面板中的"删除"按钮 ✐，将图 10-126a 中的水平线删除，删除后的结果如图 10-126b 所示。

❸ 组合图形。单击"默认"选项卡"修改"面板中的"移动"按钮 ✛，将图 10-125b 所示的发光二极管图形符号和图 10-126b 所示的光电晶体管符号移动到长度为 45mm，宽度为 23mm 的矩形中，完成 IC1 光电耦合器图形符号的绘制，如图 10-127 所示。

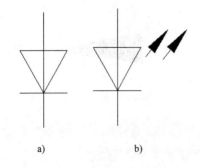

图 10-125　绘制发光二极管图形符号

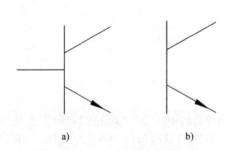

图 10-126　绘制光电晶体管图形符号

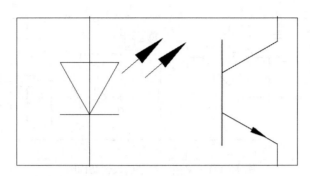

图 10-127　绘制 IC1 光电耦合器图形符号

07 绘制 PNP 型晶体管图形符号。

❶ 复制图形。单击"默认"选项卡"修改"面板中的"复制"按钮，把以前绘制的晶体管图形符号复制到当前绘图区。

❷ 移动箭头。单击"默认"选项卡"修改"面板中的"移动"按钮，将图 10-126a 图形中的箭头移动到合适的位置，如图 10-128 所示。

❸ 旋转箭头。单击"默认"选项卡"修改"面板中的"旋转"按钮，将箭头旋转到合适的角度，结果如图 10-129 所示。

图 10-128　移动箭头　　　　　　　　　　　　图 10-129　旋转箭头

08 绘制其他图形符号。二极管、电阻、电容图形符号在以前绘制过，在此不再赘述，单击"默认"选项卡"修改"面板中的"复制"按钮，把二极管、电阻、电容图形符号复制到当前绘图区，如图 10-130 所示。

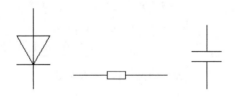

图 10-130　绘制其他图形符号

10.4.4　将各个元器件图形符号插入到线路结构图中

调用"移动"命令，将绘制好的各图形符号插入到线路结构图中对应的位置，然后调用"修剪"和"删除"命令，删除掉多余的图形。在插入图形符号时，根据需要可以调用"缩放"命令，调整图形符号的大小，以保持整个图形的美观整齐，如图 10-131 所示。

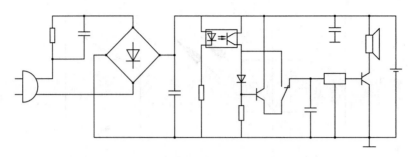

图 10-131　将图形符号插入到结构图中

📖 10.4.5　添加注释文字

01 创建文字样式。单击"默认"选项卡"注释"面板中的"文字样式"按钮 **A**，打开"文字样式"对话框，创建一个样式名为"停电来电自动告知线路图 1"的文字样式，用来标注文字。"字体名"为"仿宋_GB2312"，"字体样式"为"常规"，"高度"为 10，"宽度因子"为 0.7，如图 10-132 所示。

02 添加注释文字。单击"默认"选项卡"注释"面板中的"多行文字"按钮 **A**，输入几行文字，然后调整其位置，以对齐文字。调整位置时，结合使用"正交"命令。

03 使用"文字"中的"编辑"命令修改文字，得到需要的文字。

至此，停电来电自动告知线路图绘制完毕，结果如图 10-103 所示。

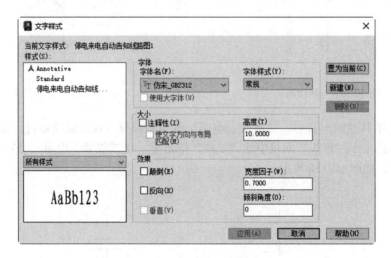

图 10-132　设置文字样式

📖 10.4.6　小结与引申

通过绘制停电来电自动告知线路图，学习了 AutoCAD 2024 的以下操作：掌握"直线 LINE""圆弧 ARC""拉长 LENGTHEN""偏移 OFFSET""圆 CIRCLE""修剪 TRIM""旋转 ROTATE""移动 MOVE""复制 COPY""镜像 MIRROR"命令的使用方法。

本节详细地讲述了停电来电自动告知线路图的绘制过程，首先绘制停电来电自动告知线路结构图，接着绘制各个元器件图形符号，然后将各个元器件图形符号插入到线路结构图中，最后为停电来电自动告知线路图添加注释文字。根据上述方法绘制如图 10-133 所示的日光灯调节器电路。

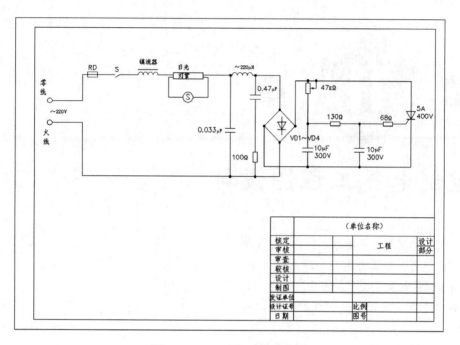

图 10-133 日光灯调节器电路

第 **11** 章

控制电气工程图设计

　　电气控制系统是指由若干电气原件组合，用于实现对某个或某些对象的控制，从而保证被控设备安全、可靠地运行，其主要功能有：自动控制、保护、监视和测量。

　　本书将围绕车床主轴传动控制电路、水位控制电路和电动机自耦减压起动控制电路讲述控制电气工程图的绘制方法。

学 习 要 点

车床主轴传动控制电路 ◎
水位控制电路 ◎
电动机自耦降压起动控制电路 ◎

11.1 控制电气简介

11.1.1 控制电路简介

从研究电路的角度来看，一个试验电路一般可分为电源、控制电路和负载电路 3 部分。负载电路是事先根据试验方法确定好的，可以把它简化为一个电阻 R 来代替。根据负载所要求的电压值 U 和电流值 I，就可选定电源。一般电学试验对电源并不苛求，只要选择电源的电动势 E 略大于 U，电源的额定电流大于工作电流 I 即可。负载和电源都确定后，就可以安排控制电路，使负载能获得所需要的不同的电压和电流值。一般来说，控制电路中电压或电流的变化都可用滑线式可变电阻来实现。控制电路有制流和分压两种最基本接法，两种接法的性能和特点可由调节范围、特性曲线、细调程度来表征。

一般在安排控制电路时，并不一定要求设计出一个最佳方案，只要根据现有的设备设计出既安全又省电，且能满足试验要求的电路就可以了。设计方法一般也不必做复杂的计算，可以边试验边改进。

控制电路主要分为开环（自动）控制系统和闭环（自动）控制系统（也称为反馈控制系统）。其中，开环（自动）控制系统包括前向控制、程控（数控）、智能化控制等，如录音机的开、关机，自动录放，程序工作等；闭环（自动）控制系统则是反馈控制，将受控物理量自动调整到预定值。

反馈控制电路是最常用的一种控制电路。常用的反馈控制方式有以下 3 种：

1. 自动增益控制 AGC（AVC）

反馈控制量为增益（或电平），以控制放大器系统中某级（或几级）的增益大小。

2. 自动频率控制 AFC

反馈控制量为频率，以稳定频率。

3. 自动相位控制 APC（PLL）

反馈控制量为相位。PLL 可实现调频、鉴频、混频、解调和频率合成等。

图 11-1 所示为一种常见的反馈自动控制系统的组成。

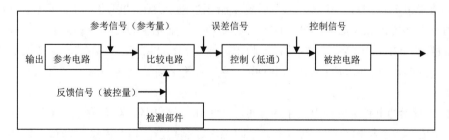

图 11-1　反馈自动控制系统的组成

11.1.2 控制电路图简介

控制电路的类型大致包括下面几种：自动控制电路、报警控制电路、开关电路、灯光控制电路、定时控制电路、温控电路、保护电路、继电器控制电路、晶闸管控制电路、电动机控制电路、电梯控制电路等。下面介绍几种控制电路的典型电路图。

图 11-2 所示的电路图为报警控制电路中的一种典型电路，即汽车多功能报警器电路图。

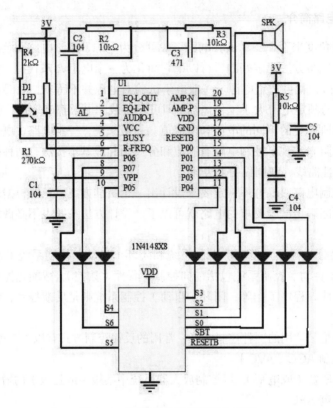

图 11-2　汽车多功能报警器电路图

它的功能为当系统检测到汽车出现各种故障时进行语音提示报警。语音：左前轮、右前轮、左后轮、右后轮、胎压过低、胎压过高、请换电池、叮咚；控制方式：并口模式；语音对应地址（在每个语音组合中加入 200ms 的静音）：00H，"叮咚" + 左前轮 + 胎压过高；01H，"叮咚" + 右前轮 + 胎压过高；02H，"叮咚" + 左后轮 + 胎压过高；03H，"叮咚" + 右后轮 + 胎压过高；04H，"叮咚" + 左前轮 + 胎压过低；05H，"叮咚" + 右前轮 + 胎压过低；06H，"叮咚" + 左后轮 + 胎压过低；07H，"叮咚" + 右后轮 + 胎压过低；08H，"叮咚" + 左前轮 + 请换电池；09H，"叮咚" + 右前轮 + 请换电池；0AH，"叮咚" + 左后轮 + 请换电池；0BH，"叮咚" + 右后轮 + 请换电池。

图 11-3 所示的电路为温控电路中的一种典型电路。该电路由双 D 触发器 CD4013 中的一个 D 触发器组成，电路结构简单，具有上、下限温度控制功能。控制温度可通过电位器预置，当超过预置温度后自动断电。该电路可用于电热加工的工业设备，电路图如图 11-3 所示。电路中将 D 触发器连接成一个 RS 触发器，以工业控制用的热敏电阻 MF51 作为温度传感器。

图 11-4 所示的电路图为继电器电路中的一种典型电路。图 11-4a 中，集电极为负，发射极为正，对于 PNP 型管而言，这种极性的电源是正常的工作电压；图 11-4b 中，集电极为正，发射极为负，对于 NPN 型管而言，这种极性的电源是正常的工作电压。

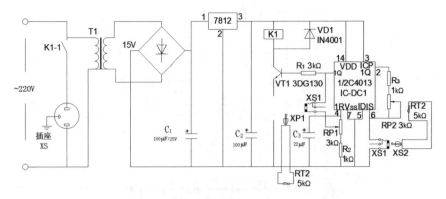

图 11-3　高低温双限控制器（CD4013）电路图

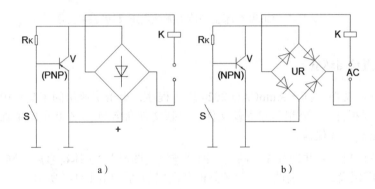

图 11-4　交流电子继电器电路图

11.2　车床主轴传动控制电路

图 11-5 所示的电路用于控制三相电源实现电动机的正反转，共有 4 组反向并联晶闸管开关。由于笼型电动机起动电流很大，为了限制电流上升率，在电动机起动时串入电抗器 L，起动完毕后由接触器 KM 将其短接。

绘制思路

合上总电源开关 QF，按正转起动按钮 SB2，继电器 KA1 线圈得电吸合并自保，其两对常开触点闭合，晶闸管 VT1～VT4 的门极电路被接通，VT1～VT4 导通，电动机 M 经电抗器 L 正转起动。同时继电器 KA1 的另一对常开触点闭合，使时间继电器 KT 得电吸合，经过适当延时，其常开延时闭合触点闭合，使接触器 KM 得电吸合并自保，其主触头闭合，将电抗器 L 短路，起动完毕。同时接触器 KM 的辅助常闭触点断开，使时间继电器 KT 失电释放。按停止按钮 SB1，电动机停转。反转控制与正转控制相似。

绘制本图的大致思路如下：首先绘制结构图，然后组合图形，按照线路的分布情况绘制各个元器件图形符号，将组合图形插入到结构图中，最后添加注释文字，完成本图的绘制。

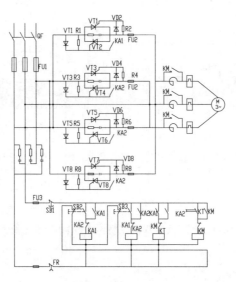

图 11-5　C650 车床主轴传动无触点正反转控制电路

11.2.1　设置绘图环境

01 建立新文件。打开 AutoCAD 2024 应用程序，单击快速访问工具栏中的"新建"按钮 🗋，以"无样板打开 - 公制"建立新文件，将新文件命名为"C650 车床主轴传动无触点正反转控制电路 .dwg"并保存。

02 设置图层。一共设置 3 个图层，即"连接线图层""实体符号层"和"虚线层"，将"连接线图层"图层设置为当前图层。设置好的各图层的属性如图 11-6 所示。

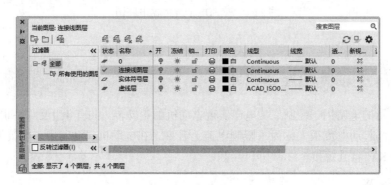

图 11-6　设置图层属性

11.2.2　绘制结构图

01 绘制直线 1。单击"默认"选项卡"绘图"面板中的"直线"按钮 ／，选择屏幕上合适的位置，以其为起点，竖直向下绘制长度为 210mm 的直线 1，如图 11-7a 所示。

02 偏移直线 1。单击"默认"选项卡"修改"面板中的"偏移"按钮 ⊏，将图 11-7a 中的直线 1 依次向右偏移 10mm、10mm、12mm、3mm、86mm、5mm、46mm，得到 7 条竖直直线，结果如图 11-7b 所示。

03 绘制直线 cd。单击"默认"选项卡"绘图"面板中的"直线"按钮 ∕，连接如图 11-7b 中的 c 与 d 两点，如图 11-8a 所示。

04 偏移直线 cd。单击"默认"选项卡"修改"面板中的"偏移"按钮 ⊆，将图 11-8a 中的直线 cd 依次向下偏移 10mm、40mm、20mm、20mm、40mm、25mm、55mm，得到 7 条水平直线，如图 11-8b 所示。

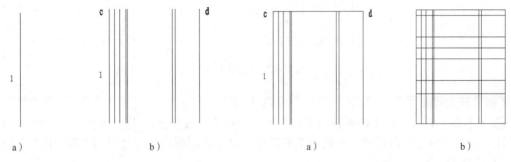

图 11-7 绘制竖直直线 　　　　　　　图 11-8 绘制水平直线

05 修剪图形。单击"默认"选项卡"修改"面板中的"修剪"按钮 ✂ 和"删除"按钮 ✎，对图形进行修剪，结果如图 11-9 所示。

11.2.3 将元器件符号插入到结构图

01 组合图形 1。

❶ 复制图形符号。单击快速访问工具栏中的"打开"按钮 ◌，将"源文件 / 第 11 章 / 电气元件"中的二极管图形符号、电阻器图形符号、电容器图形符号、晶闸管图形符号、熔断器图形符号、继电器常开触点图形符号复制到当前绘图环境中，如图 11-10 所示。

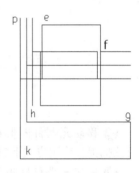

图 11-9 绘制结构图

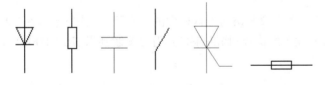

图 11-10 元器件图形符号

❷ 移动元器件图形符号。单击"默认"选项卡"修改"面板中的"移动"按钮 ✛，在"对象捕捉"绘图方式下，将各个元器件图形符号摆放到适当的位置，如图 11-11 所示。

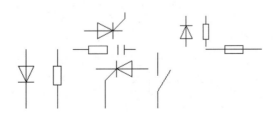

图 11-11 摆放元器件图形符号

❸ 连接元器件符号。单击"默认"选项卡"绘图"面板中的"直线"按钮／，将图 11-11 中的元器件符号连接起来，结果如图 11-12 所示。

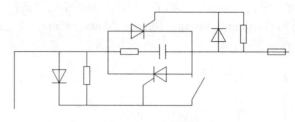

图 11-12　连线图

(02) 组合图形 2。

❶ 复制图形符号。单击快速访问工具栏中的"打开"按钮□，将"源文件 / 第 11 章 / 电气元件"中的接触器图形符号、电抗器图形符号、电动机图形符号等复制到当前绘图环境中，如图 11-13 所示。

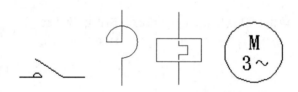

图 11-13　复制元器件图形符号

❷ 移动元器件图形符号。单击"默认"选项卡"修改"面板中的"移动"按钮✛，在"对象捕捉"绘图方式下将各个元器件图形符号摆放到适当的位置，如图 11-14 所示。

❸ 连接元器件图形符号。单击"默认"选项卡"绘图"面板中的"直线"按钮／，将图 11-14 中的元器件图形符号连接起来，如图 11-15 所示。

(03) 组合图形 3。

❶ 复制图形符号。单击快速访问工具栏中的"打开"按钮□，将"源文件 / 第 11 章 / 电气元件"中的总电源开关图形符号和熔断器图形符号复制到当前绘图环境中，如图 11-16 所示。

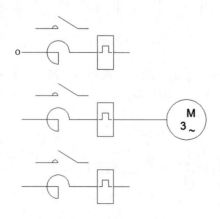

图 11-14　摆放元器件图形符号

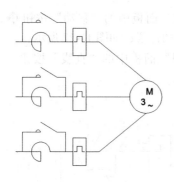

图 11-15　连线图

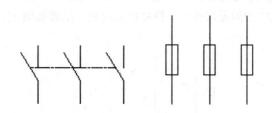

图 11-16　复制元器件图形符号

❷ 连接元器件图形符号。单击"默认"选项卡"修改"面板中的"移动"按钮✛，在"对象捕捉"绘图方式下将各个元器件图形符号摆放到适当的位置。单击"默认"选项卡"绘图"面板中的"直线"按钮╱，将图 11-16 中的元器件图形符号连接起来，结果如图 11-17所示。

(04) 组合图形。

❶ 复制图形符号。单击快速访问工具栏中的"打开"按钮🗁，将"源文件 / 第 11 章 / 电气元件"中的电容器图形符号、电阻器图形符号复制到当前绘图环境中，如图 11-18 所示。

❷ 移动元器件图形符号。单击"默认"选项卡"修改"面板中的"移动"按钮✛，在"对象捕捉"绘图方式下，将各个元器件图形符号摆放到适当的位置，如图 11-19 所示。

❸ 连接元器件图形符号。单击"默认"选项卡"绘图"面板中的"直线"按钮╱，将图 11-19 中的元器件图形符号连接起来，结果如图 11-20 所示。

(05) 组合图形。

❶ 复制图形符号。单击快速访问工具栏中的"打开"按钮🗁，将"源文件 / 第 11 章 / 电气元件"中的接触器常开触点图形符号、接触器常闭触点图形符号、起动按钮图形符号等复制到当前绘图环境中，如图 11-21 所示。

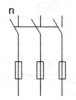

图 11-17　连接元器件图形符号

图 11-18　元器件图形符号

图 11-19　摆放元器件图形符号

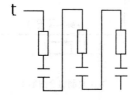

图 11-20　连接线图

图 11-21　复制元器件图形符号

❷ 移动元器件图形符号。单击"默认"选项卡"修改"面板中的"移动"按钮✛，在"对象捕捉"绘图方式下，将各个元器件图形符号摆放到适当的位置，如图 11-22 所示。

❸ 连接元器件图形符号。单击"默认"选项卡"绘图"面板中的"直线"按钮╱，将图 11-22 中的元器件图形符号连接起来，结果如图 11-23 所示。

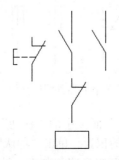

图 11-22　摆放各元器件图形符号

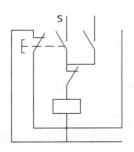

图 11-23　连接线图

06 将组合图形插入到结构图中。

❶ 将组合图形 1 插入到结构图中。单击"默认"选项卡"修改"面板中的"移动"按钮✛，在"对象捕捉"绘图方式下用光标捕捉组合图形 1（见图 11-12），以点 q 作为移动基点，移动光标，用光标捕捉图 11-9 结构图中的点 e，以点 e 作为移动目标点，将组合图形 1 插入到结构图中，如图 11-24a 所示。

单击"默认"选项卡"修改"面板中的"复制"按钮，将步骤 ❶ 插入的组合图形 1 依次向下复制 40mm、40mm、40mm、40mm。单击"默认"选项卡"修改"面板中的"修剪"按钮，修剪掉多余的直线，如图 11-24b 所示。

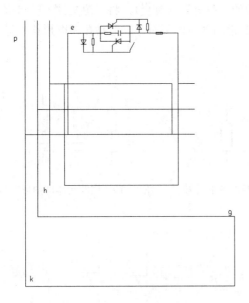

a）插入组合图形 1

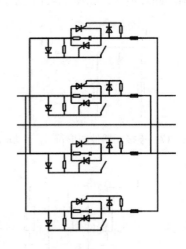

b）复制组合图形 1

图 11-24　组合图形 1

❷ 将组合图形 2 插入到结构图中。单击"默认"选项卡"修改"面板中的"移动"按钮✛，在"对象捕捉"绘图方式下用光标捕捉图 11-25 组合图形 2，以点 O 作为移动基点，移动鼠标，用光标捕捉图 11-9 结构图中的点 f，以 f 点作为移动目标点，将组合图形插入到结构图中，单击"默认"选项卡"修改"面板中的"修剪"按钮✂，修剪掉多余的直线，如图 11-26 所示。

❸ 将组合图形 3 插入到结构图中。单击"默认"选项卡"修改"面板中的"移动"按钮✛，在"对象捕捉"绘图方式下用光标捕捉图 11-17 所示组合图形 3 中的点 n，以点 n 作为移动基点，移动光标，用光标捕捉图 11-9 所示

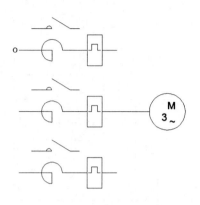

图 11-25　捕捉组合图形 2

结构图中的点 p，以点 p 作为移动目标点，将组合图形 3 插入到结构图中，如图 11-27 所示。

❹ 将组合图形 4 插入到结构图中。单击"默认"选项卡"修改"面板中的"移动"按钮✛，在"对象捕捉"绘图方式下用光标捕捉图 11-20 所示组合图形 4 中的点 t，以点 t 作为移动基点，移动光标，用光标捕捉图 11-27 结构图中的点 k，以点 k 作为移动目标点，将组合图形 4 插入到结构图中。单击"默认"选项卡"修改"面板中的"移动"按钮✛，将刚插入的组合图形 4 向上移动 110mm，如图 11-28 所示。

❺ 将组合图形 5 插入到结构图中。

1）单击"默认"选项卡"修改"面板中的"移动"按钮✛，在"对象捕捉"绘图方式下，用光标捕捉图 11-23 所示组合图形 5 中的点 s，以点 s 作为移动基点，移动光标，用光标捕捉图 11-9 结构图中的点 h，以点 h 作为移动目标点，将组合图形 5 插入到结构图中来。单击"默认"选项卡"修改"面板中的"移动"按钮✛，将刚插入的组合图形 5 向右移动 51mm，如图 11-29 所示。

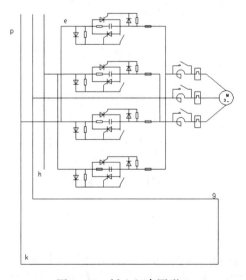

图 11-26　插入组合图形 2

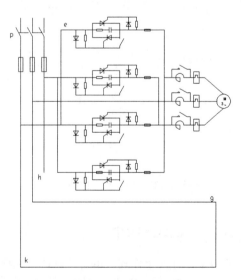

图 11-27　插入组合图形 3

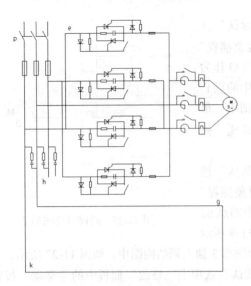

图 11-28　插入组合图形 4

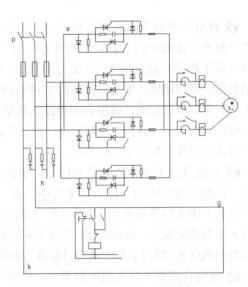

图 11-29　插入组合图形 5

2）单击"默认"选项卡"修改"面板中的"复制"按钮 ⬚⬚，将步骤1）插入的组合图形5向右复制40mm。单击"默认"选项卡"修改"面板中的"修剪"按钮 ✂，修剪掉多余的直线，如图 11-30 所示。

07 将其他图形符号插入到结构图中。采用相同的方法，将其他的元器件图形符号插入到结构图中，如图 11-31 所示。

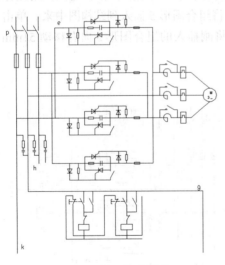

图 11-30　插入组合图形 6

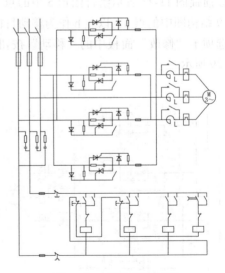

图 11-31　插入其他图形

📖 11.2.4　添加注释文字

01 创建文字样式。单击"默认"选项卡"注释"面板中的"文字样式"按钮 **A**，打开"文字样式"对话框，创建一个样式名为"车床主轴传动控制电路图"的文字样式。设置"字体名"为"txt"，"字体样式"为"常规"，"高度"为 4，"宽度因子"为 0.7。

02 添加注释文字。单击"默认"选项卡"注释"面板中的"多行文字"按钮 **A**，输入几行文字，然后调整其位置，以对齐文字。调整位置时，结合使用"正交"命令。

03 使用"文字"中的"编辑"命令修改文字来得到需要的文字。

添加注释文字后，即完成了整张图的绘制，如图 11-5 所示。

11.2.5 小结与引申

本节讲解了车床主轴传动无触头正反转控制电路设计过程，包括绘制结构图及插入元器件图形符号，添加文字说明等步骤。通过对以上实例的讲解，使读者明白车床主轴传动控制电路的一般设计过程。该设计也可以类推到其他车床控制电路上，也可根据上述方法绘制如图 11-32 所示的工作台控制图。

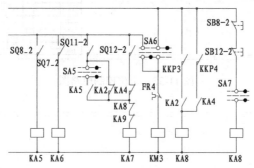

图 11-32 工作台控制图

11.3 水位控制电路

绘制思路

图 11-33 所示为水位控制电路图，这是一种典型的自动控制线路图。绘图思路：首先观察并分析图的结构，绘制出大体的线路结构图，也就是绘制出主要的电路图导线即可。然后绘制出各个实体图形符号，将各个实体图形符号"安装"到结构图中相应的位置中。最后在电路图的适当的位置添加相应的文字和注释说明，即可完成电路图的绘制。该电路图的绘制主要包括3 个部分：供电线路、控制线路和负载线路。

11.3.1 设置绘图环境

01 建立新文件。打开 AutoCAD 2024 应用程序，单击快速访问工具栏中的"新建"按钮，系统打开"选择样板"对话框，用户在该对话框中选择需要的样板图。

在"创建新图形"对话框中选择已经绘制好的样板图，单击"打开"按钮，则会返回绘图区，同时选择的样板图也会出现在绘图区中，其中样板图左下端点坐标为（0,0）。本实例选用 A3 样板图，如图 11-34 所示。

02 设置图层。单击"默认"选项卡"图层"面板中的"图层特性"按钮，新建 3 个图层，分别命名为"连接线图层""实体符号层"和"虚线层"，图层的"颜色""线型""线宽"等属性设置如图 11-35 所示。

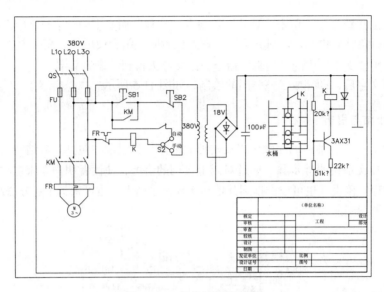

图 11-33　水位控制电路图

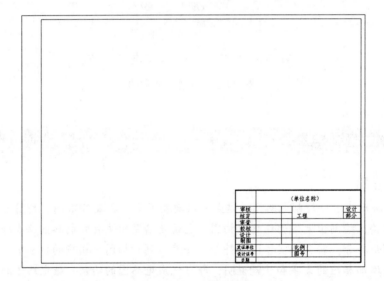

图 11-34　A3 样板图

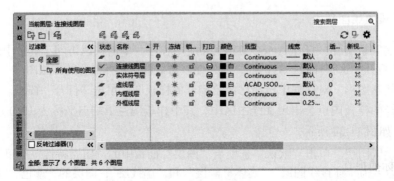

图 11-35　设置图层属性

这里需要注意的是，在建立"虚线层"时，由于默认的线型为"————"，所以需要加载新的线型。在"图层特性管理器"选项板右侧的空白处右击，从快捷菜单中选择"新建图层"后，建立"虚线层"，单击"虚线层"旁边对应的"线型"，打开如图 11-36 所示的对话框。单击"加载"按钮，打开"加载或重载线型"对话框，如图 11-37 所示。单击"文件"按钮，找到一个"acadiso.lin"的文件，在下面的线型中选择所要的虚线 – – –。

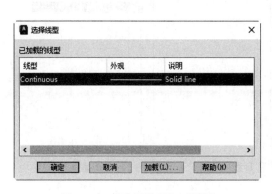

图 11-36 "选择线型"对话框

图 11-37 "加载或重载线型"对话框

11.3.2 绘制线路结构图

这里分 3 个部分绘制线路结构图，即供电线路结构图、控制线路结构图和负载线路结构图。

01 供电线路结构图。

❶ 绘制直线 AB。单击"默认"选项卡"绘图"面板中的"直线"按钮 ╱，在"正交"绘图方式下，在 AutoCAD 2024 界面找到一个合适位置作为直线的起点，向下绘制一条长度为 180mm 的直线 AB，如图 11-38 所示。

❷ 偏移直线。单击"默认"选项卡"修改"面板中的"偏移"按钮 ⊏，选择直线 AB 作为偏移对象，输入偏移的距离为 16mm，单击直线 AB 的右侧，绘制直线 CD；按照同样的方法，在直线 CD 右侧绘制一条直线 EF，偏移距离仍然是 16mm。命令行中的提示与操作如下：

```
命令：_offset ✓
当前设置：删除源 = 否　图层 = 源　OFFSETGAPTYPE=0
指定偏移距离或 [ 通过（T）/ 删除（E）/ 图层（L）] <11.0000>:　16 ✓
选择要偏移的对象，或 [ 退出（E）/ 放弃（U）] < 退出 >:（用光标选定直线 AB）
指定要偏移的那一侧上的点，或 [ 退出（E）/ 多个（M）/ 放弃（U）] < 退出 >:（单击直线 AB 的右侧区域）
选择要偏移的对象，或 [ 退出（E）/ 放弃（U）] < 退出 >:（用光标选定直线 CD）
指定要偏移的那一侧上的点，或 [ 退出（E）/ 多个（M）/ 放弃（U）] < 退出 >:（单击直线 CD 的右侧区域）
```

偏移直线 AB，如图 11-39 所示。

❸ 绘制圆。单击"默认"选项卡"绘图"面板中的"圆"按钮 ⊙，在"对象捕捉"绘图方式下用光标捕捉直线 AB 的端点 A 作为圆的圆心，如图 11-40 所示。绘制半径为 2mm 的圆，命令行中的提示与操作如下：

命令：_circle ↙
指定圆的圆心或 [三点（3P）/ 两点（2P）/ 相切、相切、半径（T）]:（用光标捕捉直线 AB 的端点）
指定圆的半径或 [直径（D）]: 2 ↙

绘制圆，如图 11-41 所示。

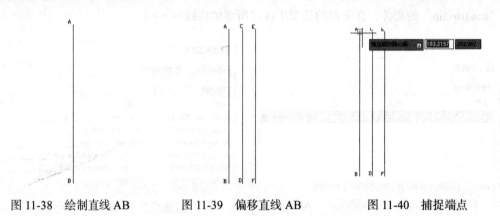

图 11-38　绘制直线 AB 　　　　　图 11-39　偏移直线 AB 　　　　　图 11-40　捕捉端点

❹ 绘制两个圆。单击"默认"选项卡"绘图"面板中的"圆"按钮⊙，按照步骤❸绘制圆的步骤分别捕捉直线 CD 的端点 C 和直线 EF 的端点 E 作为圆的圆心，绘制半径为 2mm 的两个圆，如图 11-42 所示。

❺ 修剪图形。单击"默认"选项卡"修改"面板中的"修剪"按钮✂，选择直线 AB、CD、EF 作为剪切对象，3 个圆作为剪切边。修剪的结果如图 11-43 所示。

图 11-41　绘制圆 　　　　　图 11-42　绘制两个圆 　　　　　图 11-43　修剪图形

02 绘制控制线路结构图。控制线路结构图部分主要由水平直线和竖直直线构成，在"正交"和"捕捉对象"绘图方式下可以有效地提高绘图效率。

❶ 绘制矩形。单击"默认"选项卡"绘图"面板中的"矩形"按钮▭，绘制一个长度为120mm、宽度为 100mm 的矩形。命令行中的提示与操作如下：

命令：_rectang ↙
指定第一个角点或 [倒角（C）/ 标高（E）/ 圆角（F）/ 厚度（T）/ 宽度（W）]:
指定另一个角点或 [面积（A）/ 尺寸（D）/ 旋转（R）]: d ↙
指定矩形的长度 <100.0000>: 120 ↙
指定矩形的宽度 <80.0000>: 100 ↙
指定另一个角点或 [面积（A）/ 尺寸（D）/ 旋转（R）]: ↙

绘图矩形，如图 11-44 所示。

❷ 分解矩形。单击"默认"选项卡"修改"面板中的"分解"按钮，将矩形分解成直线 GH、直线 IJ、直线 GI 和直线 HJ，如图 11-45 所示。

❸ 绘制直线。单击"默认"选项卡"修改"面板中的"偏移"按钮，在图 11-45 内部绘制一些水平和竖直的直线。单击"默认"选项卡"修改"面板中的"修剪"按钮和"删除"按钮，绘制如图 11-46 所示的控制线路结构图。其中，GK=20mm，KL=20mm，LM=30mm，MN=52mm，LO = 20mm，MP = 20mm，OP=30mm，OQ=PR=10mm，RS=32mm，TH=38mm，TY=62mm，YU=6mm，UV=20mm，SV=18mm，VW=12mm，NX=60mm。

图 11-44　绘制矩形

图 11-45　分解矩形

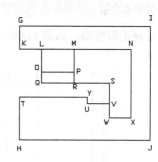

图 11-46　绘制控制线路结构图

03 绘制负载线路结构图。

❶ 绘制矩形。单击"默认"选项卡"绘图"面板中的"矩形"按钮，在图纸的合适位置绘制一个长度为 100mm，高为 120mm 的矩形，如图 11-47 所示。

❷ 分解矩形。单击"默认"选项卡"修改"面板中的"分解"按钮，将矩形分解成直线 A1B1、直线 B1D1、直线 A1C1、直线 C1D1。

❸ 偏移直线。单击"默认"选项卡"修改"面板中的"偏移"按钮，选择直线 B1D1 作为偏移对象，输入偏移距离为 20mm，单击直线 B1D1 的左边，绘制出偏移直线 E1F1；按照同样的方法，在直线 E1F1 的左侧 20mm 处绘制一条直线 G1H1。另外，选择直线 A1B1 为偏移对象，输入偏移距离为 10mm，单击直线 A1B1 的左侧，绘制一条直线 I1J1，如图 11-48 所示。

图 11-47　绘制矩形

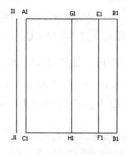

图 11-48　偏移直线

❹ 绘制连接的直线。单击"默认"选项卡"绘图"面板中的"直线"按钮，打开"对象捕捉"功能，捕捉直线 I1J1 的端点 I1，捕捉直线 A1C1 的端点 A1，绘制直线 I1A1。按照同样的方法，连接点 J1 和点 C1，如图 11-49 所示。

❺ 绘制正四边形。单击"默认"选项卡"绘图"面板中的"多边形"按钮⬠，在"正交"绘图方式下输入正多边形的边数为 4，指定四边形的一边，捕捉直线 I1J1 的中点 K1 作为该边的一个端点，捕捉直线 I1J1 的其他位置上的一个合适的点作为该边的另外一个端点，绘制出一个正四边形。命令行中的提示与操作如下：

命令：_polygon
输入侧面数 <4>:
指定正多边形的中心点或 [边（E）]: E✓
指定边的第一个端点：（捕捉直线 I1J1 的中点）
指定边的第二个端点： ＜正交 开＞（在直线 I1J1 上捕捉 I1J1 的中点正下方的一个点）

绘制正四边形，如图 11-50 所示。

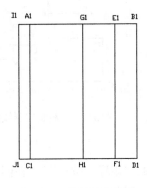

图 11-49　绘制连接直线

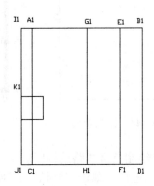

图 11-50　绘制正四边形

❻ 旋转正四边形。单击"默认"选项卡"修改"面板中的"旋转"按钮↻，选择正四边形为旋转对象，指定 K1 点为旋转基点，"指定旋转角度"为 225°。命令行中的提示与操作如下：

命令：_rotate ✓
UCS 当前的正角方向： ANGDIR= 逆时针　ANGBASE=0
选择对象：找到 1 个
选择对象：✓
指定基点： ＜对象捕捉 开＞（捕捉 K1 点）
指定旋转角度，或 [复制（C）/ 参照（R）] <0>: 225 ✓

旋转正四边形，如图 11-51 所示。

❼ 拉长直线。单击"默认"选项卡"修改"面板中的"拉长"按钮／，选择直线 C1J1 作为拉长对象，输入拉长的增量为 40mm，将 C1J1 向左侧拉长。命令行中的提示与操作如下：

命令：_lengthen ✓
选择要测量的对象或 [增量（DE）/ 百分比（P）/ 总计（T）/ 动态（DY）] ＜总计（T）＞: de ✓
输入长度增量或 [角度（A）] <20.0000>: 40 ✓
选择要修改的对象或 [放弃（U）]:
选择要修改的对象或 [放弃（U）]: ✓

拉长直线，如图 11-52 所示。

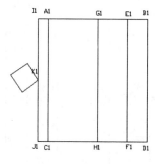

图 11-51　旋转正四边形

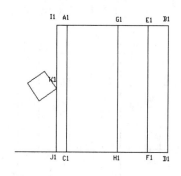

图 11-52　拉长直线

❽ 绘制多段线。单击"默认"选项卡"绘图"面板中的"多段线"按钮，在"正交"绘图方式下分别捕捉正四边形的两个对角方向上的顶点作为多段线的起点和终点，使得 L1M1=15mm，M1N1=22mm，N1O1=60mm，O1P1=22mm，P1Q1=15mm。命令行中的提示与操作如下：

```
命令：_pline ✓
指定起点：（捕捉正四边形的一个顶点）
当前线宽度为 0.0000
指定下一个点或 [ 圆弧（A）/半宽（H）/长度（L）/放弃（U）/宽度（W）]：15 ✓
指定下一点或 [ 圆弧（A）/闭合（C）/半宽（H）/长度（L）/放弃（U）/宽度（W）]：22 ✓
指定下一点或 [ 圆弧（A）/闭合（C）/半宽（H）/长度（L）/放弃（U）/宽度（W）]：60 ✓
指定下一点或 [ 圆弧（A）/闭合（C）/半宽（H）/长度（L）/放弃（U）/宽度（W）]：22 ✓
指定下一点或 [ 圆弧（A）/闭合（C）/半宽（H）/长度（L）/放弃（U）/宽度（W）]：
（捕捉正四边形的另外一个顶点）✓
```

绘制多段线，如图 11-53 所示。

❾ 绘制直线。单击"默认"选项卡"绘图"面板中的"直线"按钮，捕捉正四边形的端点 R1 作为直线端点，捕捉点 R1 到直线 J1D1 的垂足作为直线的另一个端点，绘制直线，如图 11-54 所示。

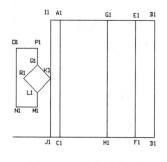

图 11-53　绘制多段线

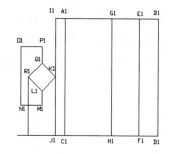

图 11-54　绘制直线

❿ 修剪图形。单击"默认"选项卡"修改"面板中的"修剪"按钮，选择需要修剪的对象，修剪掉多余的线段，如图 11-55 所示。

⓫ 绘制矩形。单击"默认"选项卡"绘图"面板中的"矩形"按钮，以直线 G1H1 为对称轴，绘制一个长度为 8mm、宽度为 45mm 的矩形，如图 11-56 所示。

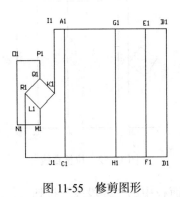

图 11-55　修剪图形

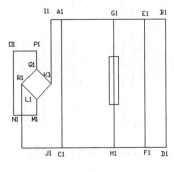

图 11-56　绘制矩形

⑫ 绘制圆形。单击"默认"选项卡"绘图"面板中的"圆"按钮⊙，在矩形范围内的直线 G1H1 上捕捉一个圆心，绘制一个半径为 3mm 的圆，如图 11-57 所示。

⑬ 绘制两个圆。单击"默认"选项卡"绘图"面板中的"圆"按钮⊙，同样在直线 G1H1 上捕捉圆心，在刚绘制圆的正下方绘制两个半径均为 3mm 的圆，如图 11-58 所示。

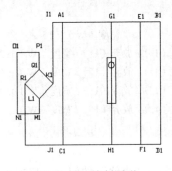

图 11-57　绘制圆形

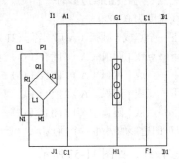

图 11-58　绘制两个圆

⑭ 修剪图形。单击"默认"选项卡"修改"面板中的"修剪"按钮✂，将这些小圆之间多余的直线修剪掉，如图 11-59 所示。

⑮ 绘制直线。单击"默认"选项卡"绘图"面板中的"直线"按钮／，在"正交"和"对象捕捉"绘图方式下捕捉直线 G1H1 上半段的一个点作为直线的起点，捕捉该点到直线 E1F1 的垂足作为直线的终点，绘制直线，如图 11-60 所示。

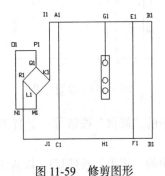

图 11-59　修剪图形

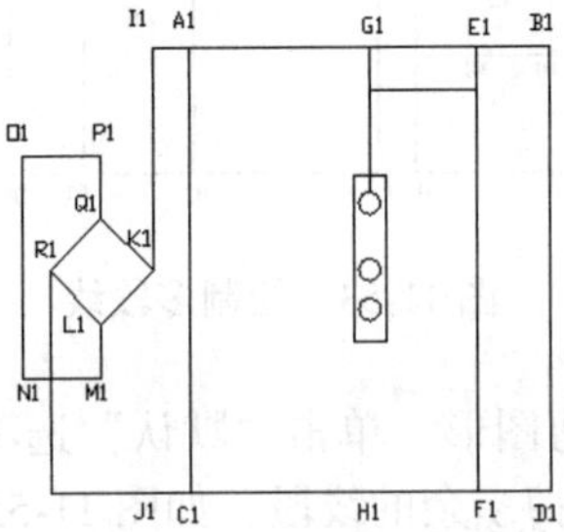

图 11-60　绘制直线

⓰ 绘制多段线。单击"默认"选项卡"绘图"面板中的"多段线"按钮，捕捉第二个圆的圆心作为起点，绘制如图 11-61 所示的多段线。

⓱ 修剪图形。单击"默认"选项卡"修改"面板中的"修剪"按钮，将多余的线段修剪掉，修剪结果如图 11-62 所示。

按照类似的方法绘制线路结构图中的其他图形，最后的绘制结果如图 11-63 所示。

将供电线路结构图、控制线路结构图和负载线路结构图进行组合，结果如图 11-64 所示。

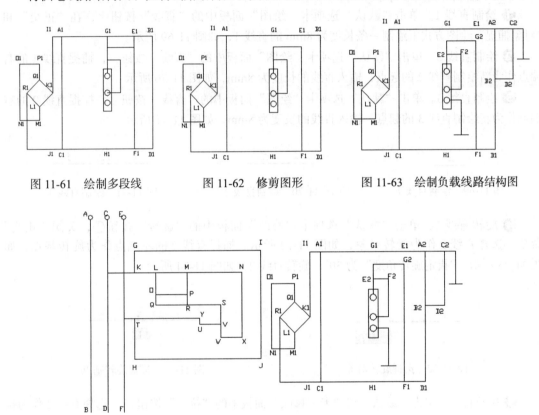

图 11-61　绘制多段线　　　图 11-62　修剪图形　　　图 11-63　绘制负载线路结构图

图 11-64　创建线路结构图

11.3.3　绘制实体图形符号

⓵ 绘制熔断器图形符号。

❶ 绘制矩形。单击"默认"选项卡"绘图"面板中的"矩形"按钮，绘制一个长度为 10mm，宽度为 5mm 的矩形，如图 11-65 所示。

❷ 分解矩形。单击"默认"选项卡"修改"面板中的"分解"按钮，将矩形分解为直线 1、直线 2、直线 3 和直线 4，如图 11-66 所示。

❸ 绘制直线5。在"对象捕捉"绘图方式下单击"默认"选项卡"绘图"面板中的"直线"按钮，捕捉直线 2 和直线 4 的中点作为直线 5 的起点和终点，如图 11-67 所示。

❹ 拉长直线5。单击"默认"选项卡"修改"面板中的"拉长"按钮，将直线 5 分别向左和向右拉长 5mm，得到的熔断器图形符号如图 11-68 所示。

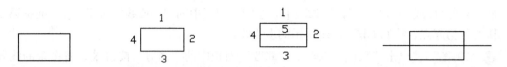

图 11-65　绘制矩形　　图 11-66　分解矩形　　图 11-67　绘制直线 5　　图 11-68　完成熔断器图形符号

02 绘制开关图形符号。

❶ 绘制直线 1。单击"默认"选项卡"绘图"面板中的"直线"按钮╱，在"正交"和"对象捕捉"绘图方式下绘制一条长度为 8mm 的直线 1，如图 11-69 所示。

❷ 绘制直线 2。单击"默认"选项卡"绘图"面板中的"直线"按钮╱，捕捉直线 1 的右端点作为新绘制直线 2 的起点，输入直线的长度为 8mm，如图 11-70 所示。

❸ 绘制直线 3。单击"默认"选项卡"绘图"面板中的"直线"按钮╱，捕捉直线 2 的右端点作为新绘制直线 3 的起点，输入直线的长度为 8mm，如图 11-71 所示。

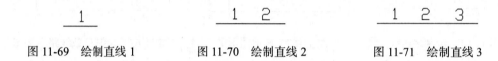

图 11-69　绘制直线 1　　　　　图 11-70　绘制直线 2　　　　　图 11-71　绘制直线 3

❹ 旋转直线 2。单击"默认"选项卡"修改"面板中的"旋转"按钮⟲，关闭"正交"命令，选择直线 2 作为旋转对象，如图 11-72 所示。捕捉直线 2 的左端点作为旋转基点，如图 11-73 所示。"指定旋转角度"为 30°，旋转直线 2，如图 11-74 所示。

图 11-72　选择旋转对象　　　　　　　　　图 11-73　捕捉旋转基点

❺ 拉长直线。单击"默认"选项卡"修改"面板中的"拉长"按钮╱，选择直线 2 作为拉长对象，输入拉长增量为 2mm，拉长结果如图 11-75 所示。

03 绘制接触器触点断开。绘制这样一种接触器，它在非动作位置时触点断开。

❶ 绘制直线 1。单击"默认"选项卡"绘图"面板中的"直线"按钮╱，在"正交"和"对象捕捉"绘图方式下绘制一条长度为 8mm 的直线 1，如图 11-76 所示。

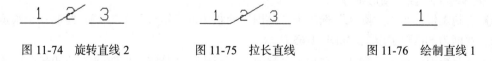

图 11-74　旋转直线 2　　　图 11-75　拉长直线　　　图 11-76　绘制直线 1

❷ 绘制直线 2。单击"默认"选项卡"绘图"面板中的"直线"按钮╱，捕捉直线 1 的右端点作为新绘制直线 2 的起点，输入直线的长度为 8mm，绘制结果如图 11-77 所示。

❸ 绘制直线 3。单击"默认"选项卡"绘图"面板中的"直线"按钮╱，捕捉直线 2 的右端点作为新绘制直线 3 的起点，输入直线的长度为 8mm，绘制结果如图 11-78 所示。

❹ 旋转直线 2。单击"默认"选项卡"修改"面板中的"旋转"按钮⟲，关闭"正交"命

令，选择直线 2 作为旋转对象，捕捉直线 2 的左端点作为旋转基点，"指定旋转角度"为 30°，旋转结果如图 11-79 所示。

⑤ 拉长直线 2。单击"默认"选项卡"修改"面板中的"拉长"按钮╱，选择直线 2 作为拉长对象，输入拉长增量为 2mm，拉长结果如图 11-80 所示。

⑥ 绘制圆。单击"默认"选项卡"绘图"面板中的"圆"按钮⊙，在命令行选择"两点 2P"的绘制方式，捕捉直线 3 的左端点为直径的一个端点，如图 11-81 所示，在直线 3 上捕捉另外一个点作为直径的另一个端点，绘制结果如图 11-82 所示。

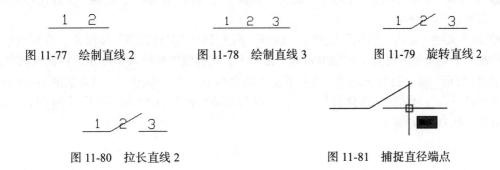

图 11-77　绘制直线 2　　　　图 11-78　绘制直线 3　　　　图 11-79　旋转直线 2

图 11-80　拉长直线 2　　　　　　　图 11-81　捕捉直径端点

⑦ 修剪图形。单击"默认"选项卡"修改"面板中的"修剪"按钮✂，选择圆作为修剪对象，直线 3 为剪切边，将圆的下半部分修剪掉，完成接触器触头断开图形符号的绘制，如图 11-83 所示。

(04) 绘制热继电器的驱动器件图形符号。

❶ 绘制矩形。单击"默认"选项卡"绘图"面板中的"矩形"按钮▭，绘制一个长度为 14mm，宽度为 6mm 的矩形，如图 11-84 所示。

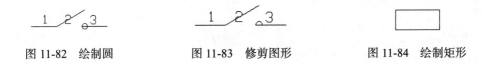

图 11-82　绘制圆　　　　　图 11-83　修剪图形　　　　　图 11-84　绘制矩形

❷ 分解矩形。单击"默认"选项卡"修改"面板中的"分解"按钮▤，将矩形分解为直线 1、直线 2、直线 3 和直线 4，如图 11-85 所示。

❸ 绘制直线 5。单击"默认"选项卡"绘图"面板中的"直线"按钮╱，打开"正交"和"对象捕捉"功能，用光标分别捕捉直线 2 和直线 4 的中点作为直线 5 的起点和终点，绘制直线 5 如图 11-86 所示。

❹ 绘制多段线。单击"默认"选项卡"绘图"面板中的"多段线"按钮▭⌐，分别用光标在直线 5 上捕捉多段线的起点和终点，绘制如图 11-87 所示的多段线。

❺ 拉长直线 5。单击"默认"选项卡"修改"面板中的"拉长"按钮╱，选择直线 5 作为拉长对象，输入拉长增量为 4mm，分别单击直线 5 的上端点和下端点，将直线 5 向上和向下分别拉长 4mm，如图 11-88 所示。

❻ 修剪和打断图形。单击"默认"选项卡"修改"面板中的"修剪"按钮✂和"打断"按钮⌐，对直线 5 的多余部分进行修剪和打断，完成热继电器的驱动器件图形符号的绘制，如图 11-89 所示。

图 11-85　分解矩形

图 11-86　绘制直线 5

图 11-87　绘制多段线

(05) 绘制交流电动机图形符号。

❶ 绘制圆。单击"默认"选项卡"绘图"面板中的"圆"按钮⊙，绘制一个直径为 15mm 的圆，如图 11-90 所示。

❷ 输入文字。单击"默认"选项卡"注释"面板中的"多行文字"按钮 A，在圆的中央区域绘制一个矩形框，打开"文字编辑器"选项卡，在圆的中央输入字母 M，再输入数字 3，如图 11-91 所示。单击符号标志@，在打开的下拉菜单中选择"其他…"，打开如图 11-92 所示的"字符映射表"对话框，选择符号"~"，复制后粘贴在如图 11-91 所示的字母 M 的正下方，绘制结果如图 11-93 所示。

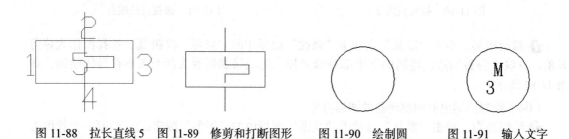

图 11-88　拉长直线 5　　图 11-89　修剪和打断图形　　图 11-90　绘制圆　　图 11-91　输入文字

图 11-92　"字符映射表"对话框　　　　图 11-93　绘制交流电动机图形符号

06 绘制按钮开关（不闭合）图形符号。

❶ 绘制开关图形符号。按照前面绘制开关的方法绘制如图 11-94 所示的开关图形符号。

❷ 绘制直线 4。单击"默认"选项卡"绘图"面板中的"直线"按钮 ╱，在开关正上方的中心绘制一条长度为 4mm 的直线 4，如图 11-95 所示。

❸ 偏移直线 4。单击"默认"选项卡"修改"面板中的"偏移"按钮 ⊑，输入偏移距离为 4mm，选择直线 4 为偏移对象，分别单击直线 4 的左侧区域和右侧区域，在它的左右侧分别绘制直线 5 和直线 6，如图 11-96 所示。

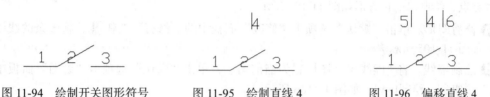

图 11-94　绘制开关图形符号　　图 11-95　绘制直线 4　　图 11-96　偏移直线 4

❹ 绘制直线。单击"默认"选项卡"绘图"面板中的"直线"按钮 ╱，在"对象捕捉"绘图方式下分别捕捉直线 5 和直线 6 的上端点作为绘制直线的起点和终点，绘制直线，如图 11-97 所示。

❺ 绘制虚线。在"图层"下拉列表中选择"虚线层"，单击"默认"选项卡"绘图"面板中的"直线"按钮 ╱，在"正交"绘图方式下捕捉直线 4 的下端点作为虚线的起点，在直线 4 的正下方捕捉直线 2 上的点作为虚线的终点。完成按钮开关（不闭合）图形符号的绘制，如图 11-98 所示。

图 11-97　绘制直线　　　　　　　　图 11-98　绘制虚线

07 绘制按钮动断开关图形符号。

❶ 绘制开关。按照前面绘制开关方法绘制如图 11-99 所示的开关。

❷ 绘制直线。单击"默认"选项卡"绘图"面板中的"直线"按钮 ╱，在"对象捕捉"和"正交"绘图方式下捕捉直线 3 的左端点作为直线的起点，沿着正交方向在直线 3 的正上方绘制一条长度为 6mm 的直线，如图 11-100 所示。

图 11-99　绘制开关图形符号　　　　图 11-100　绘制直线

❸ 按照绘制按钮开关的方法绘制按钮动断开关的图形符号，如图 11-101 所示。

08 绘制热继电器触点图形符号。

❶ 按照上述绘制动断开关的方法绘制如图 11-102 所示的动断开关图形符号。

❷ 绘制直线。单击"默认"选项卡"绘图"面板中的"直线"按钮 ╱，在"正交"绘图方式下，在如图 11-102 所示的图形正上方绘制一条长度为 12mm 的直线，如图 11-103 所示。

图 11-101　绘制按钮动断开关图形符号　　　图 11-102　绘制动断开关图形符号　　　图 11-103　绘制直线

❸ 绘制正方形。单击"默认"选项卡"绘图"面板中的"多边形"按钮 ⬠，输入边数为4，选择指定正方形的边，将步骤❷绘制的直线的一部分作为正方形的一条边长，捕捉边长的起点和终点，绘制出的正方形如图 11-104 所示。

❹ 修剪图形。单击"默认"选项卡"修改"面板中的"修剪"按钮 ✂，将多余的线段修剪掉，如图 11-105 所示。

❺ 绘制虚线。将"虚线层"图层置为当前图层，单击"默认"选项卡"绘图"面板中的"直线"按钮 ╱，绘制虚线，如图 11-106 所示。

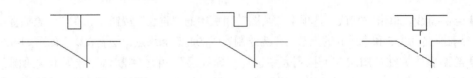

图 11-104　绘制正方形　　　图 11-105　修剪图形　　　图 11-106　热继电器触点图形符号

09 绘制动断触点图形符号。

❶ 绘制开关图形符号。按照前面绘制开关的方法绘制如图 11-107 所示的开关图形符号。

❷ 绘制直线。单击"默认"选项卡"绘图"面板中的"直线"按钮 ╱，在"对象捕捉"和"正交"绘图方式下捕捉直线 3 的左端点作为直线的起点，沿着正交方向在直线 3 的正上方绘制一条长度为 6mm 的竖直直线，动断触点开关图形符号的绘制，如图 11-108 所示。

图 11-107　绘制开关图形符号　　　　　　　　图 11-108　绘制直线

10 绘制操作器件的一般图形符号。

❶ 绘制矩形。单击"默认"选项卡"绘图"面板中的"矩形"按钮 ▭，绘制一个长度为14mm、宽度为 6mm 的矩形，如图 11-109 所示。

❷ 绘制直线。单击"默认"选项卡"绘图"面板中的"直线"按钮 ╱，打开"正交"和"对象捕捉"功能，分别捕捉步骤❶绘制的矩形的两条长边的中点作为新绘制直线的起点，沿着正交方向分别向上和向下绘制一条长度为 5mm 的直线，即为绘制完成的操作器件的一般图形符号，如图 11-110 所示。

图 11-109　绘制矩形　　　　　　　图 11-110　绘制直线

11 绘制箭头。

❶ 绘制直线1。单击"默认"选项卡"绘图"面板中的"直线"按钮 ╱，在"正交"绘图方式下绘制一条长度为23.66mm的直线1，如图11-111a所示。

❷ 绘制直线2。单击"默认"选项卡"绘图"面板中的"直线"按钮 ╱，在"正交"和"对象捕捉"的绘图方式下捕捉直线1的左端点，以其为起始点，向上绘制一条长度为4mm的直线2，如图11-111b所示。

❸ 绘制直线3。单击"默认"选项卡"绘图"面板中的"直线"按钮 ╱，关闭"正交"功能，捕捉直线1的右端点和直线2的上端点，分别作为直线3的起点和终点绘制直线3，如图11-111c所示。

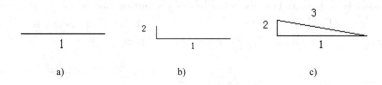

图 11-111　绘制等腰三角形

❹ 镜像直线。单击"默认"选项卡"修改"面板中的"镜像"按钮 ⚠，以直线1为镜像线，对直线2、直线3进行镜像操作，镜像后的结果如图11-112a所示。

❺ 删除直线。单击"默认"选项卡"修改"面板中的"删除"按钮 ✎，将直线1删除，即为所要绘制的等腰三角形，如图11-112b所示。

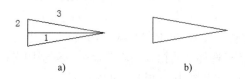

图 11-112　绘制等腰三角形

❻ 填充等腰三角形。单击"默认"选项卡"绘图"面板中的"图案填充"按钮 ▦，打开"图案填充创建"选项卡，设置"图案填充图案"为SOLID，如图11-113所示，拾取填充三角形内一点，按Enter键，就完成了箭头的绘制，如图11-114所示。

图 11-113　选择填充图案

图 11-114　绘制箭头

❼ 存储为块。

1）在命令行中输入 WBLOCK 命令，打开"写块"对话框，如图 11-115 所示。

2）单击"拾取点"按钮 🔧，暂时回到绘图界面中，在"对象捕捉"模式下用光标获取等腰三角形的顶点作为插入点，回到"写块"对话框。

3）单击"选择对象"按钮 🔧，暂时回到绘图界面中，选择等腰三角形的 3 条边和填充部分作为选择对象，按 Enter 键，回到"写块"对话框中。选择图块保存的路径，并在其后面输入"箭头"，记住这个路径，便于以后调用。

4）插入单位：在"插入单位"下拉列表中选择"毫米"。

5）单击"确定"按钮，前面绘制完成并填充的等腰三角形就保存为"箭头"块了，并可随时调用。

图 11-115 "写块"对话框

⑫ 绘制线圈图形符号。

❶ 绘制圆。单击"默认"选项卡"绘图"面板中的"圆"按钮 ⊙，选定圆的圆心，输入圆的半径，绘制一个半径为 2.5mm 的圆，如图 11-116 所示。

❷ 绘制阵列圆。单击"默认"选项卡"修改"面板中的"矩形阵列"按钮 ▦，设置"行数"为 1，"列数"为 4，"列偏移"为 5mm，选择上步绘制的圆作为阵列对象，即得到阵列结果，如图 11-117 所示。

❸ 绘制直线。首先绘制直线 1，单击"默认"选项卡"绘图"面板中的"直线"按钮 ╱，在"对象捕捉"绘图方式下，选择"捕捉到圆心"命令，分别用光标捕捉圆 1 和圆 4 的圆心作为直线的起点和终点，绘制水平直线 L，如图 11-118 所示。

图 11-116　圆形

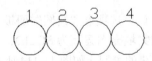

图 11-117　绘制阵列圆

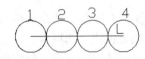

图 11-118　绘制直线

❹ 拉长直线。单击"默认"选项卡"修改"面板中的"拉长"按钮 ╱，将直线 L 分别向左和向右拉长 2.5mm，如图 11-119 所示。

❺ 修剪图形。单击"默认"选项卡"修改"面板中的"修剪"按钮 ✂，以直线 L 为剪切边，对圆 1、圆 2、圆 3、圆 4 进行修剪。首先选择剪切边，然后选择需要剪切的对象。修剪后的结果如图 11-120 所示。

图 11-119　拉长直线

图 11-120　修剪图形

13 绘制二极管图形符号。

❶ 绘制等边三角形。单击"默认"选项卡"绘图"面板中的"多边形"按钮 ⬠,绘制一个等边三角形,它的内接圆的半径设置为 5mm,如图 11-121 所示。

❷ 旋转等边三角形。单击"默认"选项卡"修改"面板中的"旋转"按钮 ↻,以 B 点为旋转中心点,逆时针旋转 30°,如图 11-122 所示。

❸ 绘制水平直线。单击"默认"选项卡"绘图"面板中的"直线"按钮 ╱,在"对象捕捉"绘图方式下分别捕捉线段 AB 的中点和点 C 作为水平直线的起点和终点绘制水平直线,如图 11-123 所示。

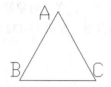

图 11-121　绘制等边三角形　　图 11-122　旋转等边三角形　　图 11-123　绘制水平直线

❹ 拉长水平直线。单击"默认"选项卡"修改"面板中的"拉长"按钮 ╱,将步骤❸中绘制的水平直线分别向左和向右拉长 5mm,如图 11-124 所示。

❺ 绘制竖直直线。单击"默认"选项卡"绘图"面板中的"直线"按钮 ╱,在"正交"绘图方式下捕捉点 C 作为直线的起点,向上绘制一条长度为 4mm 的竖直直线。单击"默认"选项卡"修改"面板中的"镜像"按钮 ⚠,以水平直线为镜像线,将刚才绘制的竖直直线进行镜像操作,即为所绘制完成的二极管,如图 11-125 所示。

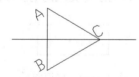 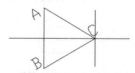

图 11-124　拉长水平直线　　　　　图 11-125　绘制二极管图形符号

14 绘制电容图形符号。

❶ 绘制直线。单击"默认"选项卡"绘图"面板中的"直线"按钮 ╱,在"正交"绘图方式下绘制一条长度为 10mm 的直线,如图 11-126 所示。

❷ 绘制直线。单击"默认"选项卡"修改"面板中的"偏移"按钮 ⊂,将步骤❶绘制的直线向下偏移 4mm,偏移结果如图 11-127 所示。

❸ 绘制直线。单击"默认"选项卡"绘图"面板中的"直线"按钮 ╱,在"对象捕捉"绘图方式下分别捕捉两条水平直线的中点作为要绘制的竖直直线的起点和终点,绘制结果如图 11-128 所示。

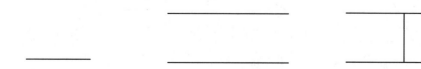

图 11-126　绘制直线　　　　图 11-127　偏移直线　　　　图 11-128　绘制竖直直线

❹ 拉长直线。单击"默认"选项卡"修改"面板中的"拉长"按钮 ／，将步骤❸中绘制的竖直直线分别向上和向下拉长 2.5mm，结果如图 11-129 所示。

❺ 修剪图形。单击"默认"选项卡"修改"面板中的"修剪"按钮 ✂，选择两条水平直线为修剪边，对竖直直线进行修剪，修剪结果如图 11-130 所示，即为绘制完成的电容图形符号。

⑮ 绘制电阻图形符号。

❶ 绘制矩形。单击"默认"选项卡"绘图"面板中的"矩形"按钮 ▭，绘制一个长度为 10mm、宽度为 4mm 的矩形，如图 11-131 所示。

❷ 绘制直线。单击"默认"选项卡"绘图"面板中的"直线"按钮 ／，在"对象捕捉"绘图方式下，分别捕捉矩形两条短边的中点作为直线的起点和终点，绘制直线，如图 11-132 所示。

图 11-129　拉长直线　　　图 11-130　修剪图形　　　图 11-131　绘制矩形　　　图 11-132　绘制直线

❸ 拉长直线。单击"默认"选项卡"修改"面板中的"拉长"按钮 ／，将步骤❷中绘制的直线分别向左和向右拉长 2.5mm，如图 11-133 所示。

❹ 修剪图形。单击"默认"选项卡"修改"面板中的"修剪"按钮 ✂，选择矩形为剪切边，对拉长后的直线进行修剪，修剪结果如图 11-134 所示，即为绘制完成的电阻图形符号。

图 11-133　拉长直线　　　　　　　　　　图 11-134　修剪图形

⑯ 绘制晶体管图形符号。

❶ 绘制等边三角形。前面在绘制二极管图形符号时已详细介绍了等边三角形的画法，这里复制过来并修改整理即可。仍然是边长度为 20mm 的等边三角形，如图 11-135a 所示。绕底边的右端点逆时针旋转 30°，得到如图 11-135b 所示的三角形。

❷ 绘制直线。单击"默认"选项卡"绘图"面板中的"直线"按钮 ／，激活"正交"和"对象捕捉"模式，捕捉等边三角形的顶点 A，向左边绘制一条长度为 20mm 的直线 4，如图 11-135c 所示。

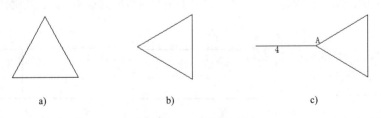

a)　　　　　　　　b)　　　　　　　　c)

图 11-135　绘制等边三角形

❸ 拉长直线。单击"默认"选项卡"修改"面板中的"拉长"按钮 ✎，将直线 4 向右拉长 20mm，如图 11-136a 所示。

❹ 修剪直线。单击"默认"选项卡"修改"面板中的"修剪"按钮 ✂，以直线 5 为剪切边，对直线 4 进行修剪，如图 11-136b 所示。

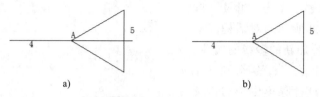

图 11-136 绘制并修剪直线

❺ 分解三角形。单击"默认"选项卡"修改"面板中的"分解"按钮 🗗，将等边三角形分解成 3 条线段。

❻ 偏移竖直直线。单击"默认"选项卡"修改"面板中的"偏移"按钮 ⋐，将竖直直线 5 向左偏移 15mm，如图 11-137 所示。

❼ 修剪图形。单击"默认"选项卡"修改"面板中的"修剪"按钮 ✂ 和"删除"按钮 ✐，对图形多余的部分进行修剪和删除边，得到如图 11-138 所示的图形。

❽ 绘制直线。单击"默认"选项卡"绘图"面板中的"直线"按钮 ✎，捕捉上方斜线为起点，绘制适当长度的直线，如图 11-138 所示。

❾ 镜像直线。单击"默认"选项卡"修改"面板中的"镜像"按钮 ⚖，捕捉图 11-138 中的斜向线向下镜像直线，结果如图 11-139 所示。

图 11-137 修剪图形 1   图 11-138 修剪图形 2   图 11-139 绘制箭头

⑰ 绘制水箱图形符号。

❶ 绘制矩形。单击"默认"选项卡"绘图"面板中的"矩形"按钮 ▢，绘制一个长度为 45mm、高度为 55mm 的矩形，如图 11-140 所示。

❷ 分解矩形。单击"默认"选项卡"修改"面板中的"分解"按钮 🗗，将步骤❶绘制的矩形分解成直线 1、直线 2、直线 3、直线 4，如图 11-141 所示。

❸ 删除直线 2。单击"默认"选项卡"修改"面板中的"删除"按钮 ✐，将直线 2 删除，如图 11-142 所示。

图 11-140 绘制矩形   图 11-141 分解矩形   图 11-142 删除直线 2

❹ 绘制多段虚线。这里首先需要新建一个多线样式。选择菜单栏中的"格式"→"多线样式"命令，打开"多线样式"对话框，如图 11-143 所示，新建一个多线样式名为"虚线"。单击"继续"按钮，打开如图 11-144 所示的对话框，单击"添加"按钮，添加新的多线的属性。这里多线的条数设计为 5 条，需分别设计每条线段的线型。选择菜单栏中的"绘图"→"多线"命令，在"正交"和"对象捕捉"绘图方式下，在如图 11-142 所示的直线 1 和直线 3 上分别捕捉一个合适的点作为多线的起点和终点，插入新建的"虚线"，即为绘制结果如图 11-145 所示，即为绘成的水箱。

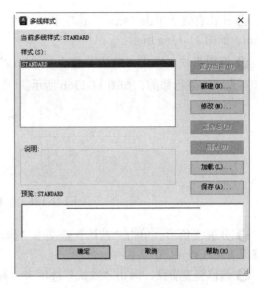

图 11-143 "多线样式"对话框

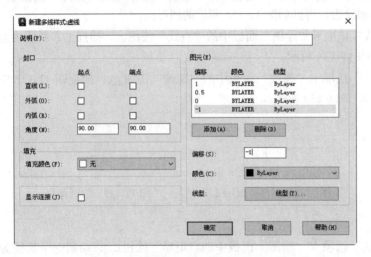

图 11-144 "新建多线样式：虚线"对话框

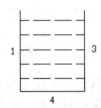

图 11-145 水箱图形符号

11.3.4 将实体图形符号插入到线路结构图中

根据水位控制电路的原理，将 11.3.3 节中绘制的实体符号插入到 11.3.2 节中绘制的线路结构图中。完成这个步骤需要调用"移动"命令✛，并结合运用"修剪"✂、"复制"🗅或"删除"🗑等命令，打开"对象捕捉"功能，根据需要打开或关闭"正交"功能。由于在单独绘制实体符号时，大小以方便能看清楚为标准，所以插入到线路结构中时可能会出现不协调，这时可以根据实际需要调用"缩放"功能来及时调整，这里的关键是选择合适的插入点。下面将通过选择几个典型的实体符号插入结构线路图来介绍具体的操作步骤。

01 插入交流电动机图形符号。将如图 11-146 所示的交流电动机图形符号插入到如图 11-147 所示的导线上，插入标准为圆形符号的圆心与导线的端点 D 重合。

图 11-146　交流电动机图形符号

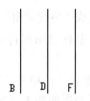

图 11-147　导线

❶ 插入图形符号。单击"默认"选项卡"修改"面板中的"移动"按钮 ✛，在"对象捕捉"绘图方式下，选择交流电动机的图形符号为移动对象，按 Enter 键确定后，捕捉它的圆心作为移动的基点，如图 11-148 所示。将图形移动到导线的位置，捕捉导线的端点 D 作为插入点，如图 11-149 所示。插入图形，如图 11-150 所示。

图 11-148　捕捉圆心

图 11-149　捕捉端点

图 11-150　插入图形符号

❷ 绘制直线。单击"默认"选项卡"绘图"面板中的"直线"按钮 ／，在"正交"绘图方式下，在水平方向上分别绘制直线 DB' 和 DF'，长度均为 25mm，如图 11-151 所示。

❸ 旋转直线。单击"默认"选项卡"修改"面板中的"旋转"按钮 ↻，关闭"正交"功能，选择直线 DF' 为旋转对象，捕捉 D 点作为旋转基点，绘图界面提示"指定旋转角度"，如图 11-152 所示。这里输入 45°，旋转直线，如图 11-153 所示。

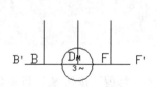

图 11-151　绘制直线

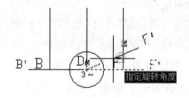

图 11-152　旋转角度

重复执行"旋转"命令，将另外一条直线 DB' 旋转 −45°（即顺时针旋转 45°），得到的图形如图 11-154 所示。

❹ 修剪图形。单击"默认"选项卡"修改"面板中的"修剪"按钮 ✂，将图 11-154 中多余的线修剪掉，如图 11-155 所示。

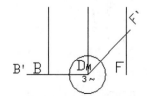

图 11-153　旋转直线

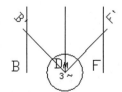

图 11-154　继续旋转直线

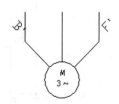

图 11-155　修剪图形

这样，就完成了将交流电动机图形符号插入到线路结构图中的工作。

02 插入晶体管图形符号。将如图 11-156 所示的晶体管图形符号插入到如图 11-157 所示的导线中。

❶ 插入图形符号。单击"默认"选项卡"修改"面板中的"移动"按钮 ✛，在"对象捕捉"绘图方式下捕捉如图 11-156 所示的点 F2 作为移动基点，选择整个晶体管图形符号作为移动对象，将它移动到如图 11-157 所示的导线处，使得点 F2 在导线 G2F1 的一个合适的位置上，如图 11-158 所示。

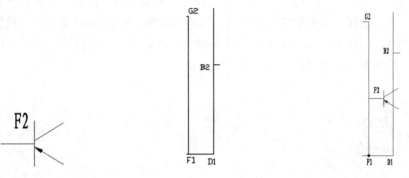

图 11-156　插入晶体管图形符号　　图 11-157　移动到导线处　　图 11-158　插入图形符号

❷ 移动图形符号。单击"默认"选项卡"修改"面板中的"移动"按钮 ✛，在"正交"绘图方式下选择晶体管图形符号为移动对象，捕捉 F2 点为移动基点，输入位移为（-5，0，0），即将它向左边移动 5mm。命令行中的提示与操作如下：

```
命令：_move ↙
选择对象：指定对角点：找到 6 个
选择对象：↙
指定基点或 [ 位移 (D)] < 位移 >：( 捕捉 F2 点为移动基点 ) ↙
指定位移 <0.0000, 0.0000, 0.0000>：-5, 0, 0 ↙
```

移动图形符号，如图 11-159 所示。

❸ 修剪图形。单击"默认"选项卡"修改"面板中的"修剪"按钮 ✂，将多余的线段修剪掉，如图 11-160 所示。这样，就将晶体管图形符号插入到导线中了。

按照以上类似的思路和步骤，将其他实体图形符号——插入到线路结构图中，并找到合适的位置，最后得到如图 11-161 所示的图形。

图 11-159　移动图形符号　　　　　　图 11-160　修剪图形

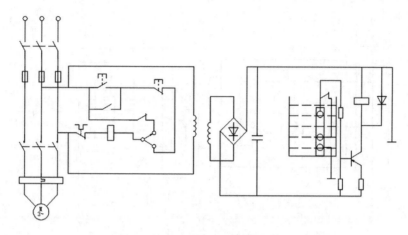

图 11-161　将实体图形符号插入到线路结构图中

图 11-161 所示的电路还不够完整，因为它没有标出导线之间的连接情况。下面先给出导线连接实心点的绘制步骤，以如图 11-162 所示的连接点 A1 为例。

单击"默认"选项卡"绘图"面板中的"圆"按钮⊙，在"对象捕捉"绘图方式下捕捉点 A1 为圆心，绘制一个半径为 1mm 的圆，如图 11-163 所示。在圆中填充图案，单击"默认"选项卡"绘图"面板中的"图案填充"按钮▨，打开"图案填充创建"选项卡，如图 11-164 所示，选定圆为填充对象，按 Enter 键确定，完成图案的填充，填充实心圆，如图 11-165 所示。按照上面绘制实心圆的方法根据需要在其他导线节点处绘制导线连接点，如图 11-166 所示。

图 11-162　连接点 A1	图 11-163　绘制圆

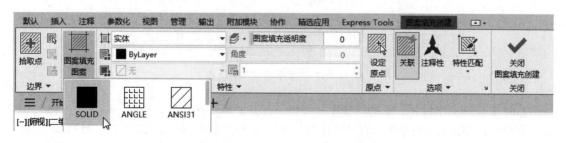

图 11-164　"图案填充创建"选项卡

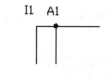

图 11-165　填充实心圆

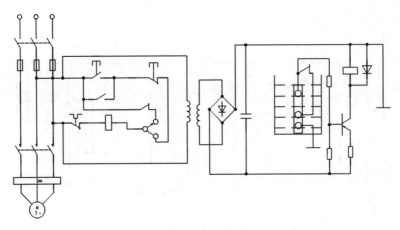

图 11-166　绘制导线连接点

11.3.5　添加注释文字

01　单击"默认"选项卡"注释"面板中的"文字样式"按钮 ，打开"文字样式"对话框，如图 11-167 所示。

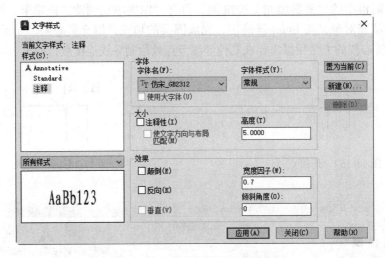

图 11-167　"文字样式"对话框

02　新建文字样式。单击"新建"按钮，打开"新建样式"对话框，输入"注释"。确定后回到"文字样式"对话框。在"字体名"下拉列表中选择"仿宋_GB2312"，设置"高度"为默认值 5，"宽度因子"为 0.7，"倾斜角度"为默认值 0。将"注释"置为当前文字样式，单击"应用"按钮回到绘图区。

03　添加文字和注释到图中。

❶单击"默认"选项卡"注释"面板中的"多行文字"按钮 ，在需要注释的地方划定一个矩形框，弹出"文字样式"对话框。

❷选择"注释"作为文字样式，根据需要可以调整文字的高度，还可以结合应用"左对齐""居中"和"右对齐"等功能。

❸按照以上步骤给如图 11-166 所示的图添加文字和注释，如图 11-168 所示。

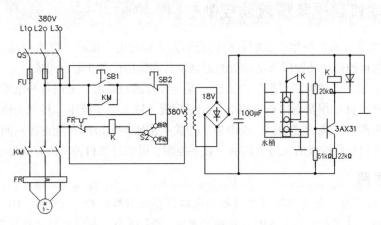

图 11-168　添加文字和注释

图 11-168 所示的电路图即为绘制成功的水位自动控制电路图。

11.3.6　小结与引申

通过水位控制电路图的绘制，学习了一些 AutoCAD 2024 的绘图和编辑命令：掌握"直线 LINE、移动 MOVE""剪切 TRIM、复制 COPY""矩形 RECTANG、分解 EXPLODE""圆 CIRCLE、偏移 OFFEST""多行文字 MTEXT""图层"等命令的使用方法。

本节主要介绍了水位控制电路的绘制过程，首先绘制线路结构图，然后将熔断器、接触器和开关等图形符号绘出，接着将绘制好的图形符号插入线路结构图中。

按照上述绘图方法绘制如图 11-169 所示的多指灵巧手控制电路图。

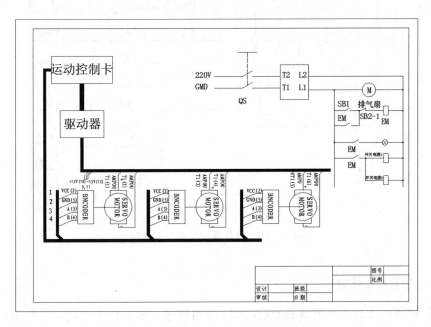

图 11-169　多指灵巧手控制电路图

11.4 电动机自耦降压起动控制电路

用电动机做动力来带动生产机械运动的拖动方式称为电力拖动。电力拖动装置由电动机、电动机与生产机械的传动装置以及电动机的控制设备和保护设备 3 部分组成。

电动机的控制、保护电路根据生产工艺、安全等方面的要求，采用各种电器、电子元件等组成的符合生产机械动作及程序要求的电气控制装置。随着电子技术，特别是微型计算机技术的发展，控制电路由传统的接触器、继电器、开关及按钮等组成的有触点控制向晶闸管（或晶体管）无触点逻辑元件构成的无触点控制、数字控制、微型计算机控制的方向发展。

绘制思路

图 11-170 所示为一种自耦降压起动控制电路，合上断路器 QS，信号灯 HL 亮，表明控制电路已接通电源。按下起动按钮 SB2，接触器 KM2 得电吸合，电动机经自耦变压器降压起动；中间继电器 KA1 也得电吸合，其常开触点闭合，做 KA2、KA1 的自保，同时接通通电延时时间继电器 KT1 回路。当时间继电器 KT1 延时时间到，其延时动合触点闭合，使中间继电器 KA2 得电吸合自保，接触器 KM2 失电释放，自耦变压器退出运行；同时通电延时时间继电器 KT2 得电，当 KT2 延时时间到，其延时动合触点闭合，使中间继电器 KA3 得电吸合，接触器 KM1 也得电吸合，电动机转入正常运行工作状态，时间继电器 KT1 失电。

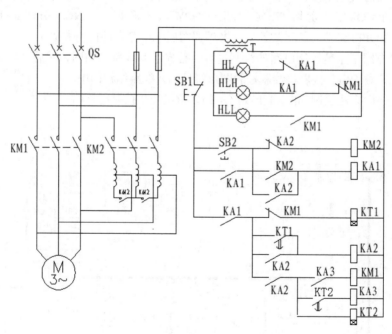

图 11-170 自耦降压起动控制电路

📖 11.4.1 设置绘图环境

01 建立新文件。打开 AutoCAD 2024 应用程序，单击快速访问工具栏中的"新建"按钮 📄，以"无样板打开 - 公制"建立新文件，将新文件命名为"自耦降压起动控制电路

图 .dwg"并保存。

02 设置图层。一共设置"连接线层""实体符号层"和"虚线层"3 个图层。将"连接线层"图层设置为当前图层。设置好的各图层属性如图 11-171 所示。

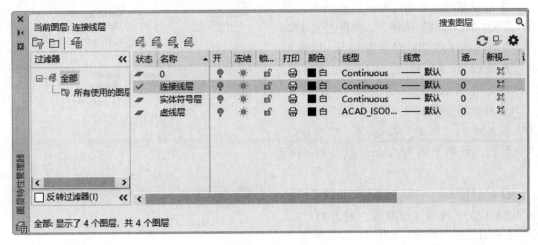

图 11-171　设置图层属性

📖 11.4.2　绘制各元器件图形符号

01 绘制断路器图形符号。

❶ 绘制直线。单击"默认"选项卡"绘图"面板中的"直线"按钮 ╱，在"正交"方式下绘制一条长度为 15mm 的直线，如图 11-172a 所示。

❷ 绘制水平线。单击"默认"选项卡"绘图"面板中的"直线"按钮 ╱，以图 11-172a 中所示竖线上端点 m 为起点，水平向右、向左分别绘制长度为 1.4mm 的线段，如图 11-172b 所示。

❸ 移动水平线。单击"默认"选项卡"修改"面板中的"移动"按钮 ✛，竖直向下移动水平线，移动距离为 5mm，如图 11-172c 所示。

❹ 旋转水平线。单击"默认"选项卡"修改"面板中的"旋转"按钮 ↻，将图 11-172c 中水平线以其与竖线交点为基点旋转 45°，如图 11-172d 所示。

❺ 镜像旋转线。单击"默认"选项卡"修改"面板中的"镜像"按钮 ◢◣，将旋转后的线以竖线为对称轴做镜像处理，如图 11-172e 所示。

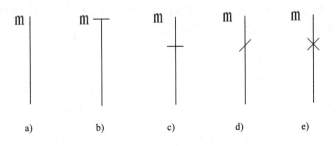

a)　　　　b)　　　　c)　　　　d)　　　　e)

图 11-172　绘制断路器

❻ 设置极轴追踪。选择菜单栏中的"工具"→"绘图设置"命令，在打开的"草图设置"
对话框中选择"极轴追踪"，"增量角"设置
为 30°，如图 11-173 所示。

❼ 绘制斜线。单击"默认"选项卡"绘
图"面板中的"直线"按钮╱，捕捉图 11-172c
中竖直直线的下端点，以其为起点，绘制与
竖直直线成 30° 角、长度为 7.5mm 的线段，
如图 11-174a 所示。

❽ 移动斜线。单击"默认"选项卡"修
改"面板中的"移动"按钮✛，竖直向上
移动斜线，移动距离为 5mm，如图 11-174b
所示。

❾ 修剪图形。单击"默认"选项卡"修
改"面板中的"修剪"按钮✂，对图 11-172b
中的竖直直线进行修剪，如图 11-174c 所示。

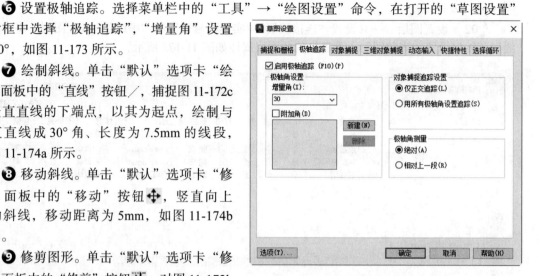

图 11-173 "草图设置"对话框

❿ 阵列图形。单击"默认"选项卡"修改"面板中的"矩形阵列"按钮▦，选择如图 11-174c
所示的图形为阵列对象，设置"行数"为 1，"列数"为 3，"列偏移"为 10mm，如图 11-175
所示。

⓫ 绘制水平直线。单击"默认"选项卡"绘图"面板中的"直线"按钮╱，以图 11-175
所示端点 n 为起始点，p 为终止点绘制水平直线，如图 11-176 所示。

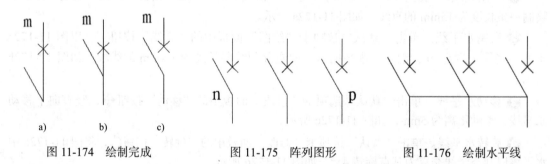

图 11-174 绘制完成 　　　图 11-175 阵列图形 　　　图 11-176 绘制水平线

⓬ 更改图形对象的图层属性。选择水平直线，单击"默认"选项卡"图层"面板中的"图
层特性"下拉列表中的"虚线层"，将其图层属性设置为"虚线层"，如图 11-177 所示。

⓭ 移动虚线。单击"默认"选项卡"修改"面板中的"移动"按钮✛，将虚线向上移动
2mm，向左移动 1.15mm，结果如图 11-178 所示。

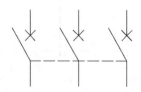

图 11-177 更改图层属性

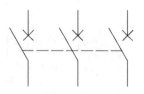

图 11-178 移动水平线

02 绘制接触器图形符号。

❶ 修剪图形。在图 11-178 所示图形的基础上，单击"默认"选项卡"修改"面板中的"删除"按钮 ，删除掉多余的图形，如图 11-179 所示。

❷ 绘制圆。单击"默认"选项卡"绘图"面板中的"圆"按钮 ，以图 11-179 中 0 点为圆心，绘制半径为 1mm 的圆，结果如图 11-180 所示。

❸ 移动圆。单击"默认"选项卡"修改"面板中的"移动"按钮 ，以圆的圆心为基准点，将圆向上移动 1mm，如图 11-181 所示。

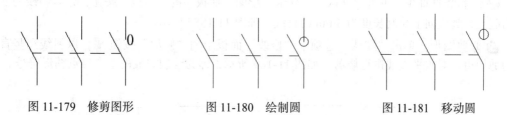

图 11-179 修剪图形　　　图 11-180 绘制圆　　　图 11-181 移动圆

❹ 修剪圆。单击"默认"选项卡"修改"面板中的"修剪"按钮 ，修剪掉圆在直线右边的部分，如图 11-182 所示。

❺ 复制圆。单击"默认"选项卡"修改"面板中的"复制"按钮 ，在"正交"绘图方式下将图 11-182 中的半圆向左复制两份，复制距离为 10mm，结果如图 11-183 所示。

图 11-182 修剪圆　　　　　　图 11-183 绘制完成

03 绘制时间继电器图形符号。

❶ 绘制矩形。单击"默认"选项卡"绘图"面板中的"矩形"按钮 ，绘制一个长度为 5mm，宽度为 10mm 的矩形，如图 11-184 所示。

❷ 绘制水平线。单击"默认"选项卡"绘图"面板中的"直线"按钮 ，在"对象捕捉"绘图方式下用光标捕捉矩形两个长边的中点，以其为起点，分别向左、向右绘制长度为 5mm 的直线，如图 11-185 所示。

❸ 绘制矩形。单击"默认"选项卡"绘图"面板中的"矩形"按钮 ，以图 11-185 中的点 e 为起点，绘制一个长度为 5mm，宽度为 2.5mm 的矩形，如图 11-186 所示。

❹ 绘制斜线。单击"默认"选项卡"绘图"面板中的"直线"按钮 ，连接矩形对角的两个顶点，结果如图 11-187 所示。

图 11-184 绘制矩形　　图 11-185 绘制直线　　图 11-186 绘制矩形　　图 11-187 绘制斜线

04 绘制动合触点图形符号。

❶ 绘制水平直线。单击"默认"选项卡"绘图"面板中的"直线"按钮╱，以屏幕上合适位置为起点，绘制长度为 10mm 的水平直线，如图 11-188a 所示。

❷ 绘制斜线。单击"默认"选项卡"绘图"面板中的"直线"按钮╱，以水平直线右端点为起点，绘制与水平直线成 30° 角、长度为 6mm 的斜线，如图 11-188b 所示。

❸ 移动斜线。单击"默认"选项卡"修改"面板中的"移动"按钮✛，将斜线水平向左移动 2.5mm，如图 11-188c 所示。

❹ 绘制竖直直线。单击"默认"选项卡"绘图"面板中的"直线"按钮╱，以斜线的下端点为起点，竖直向上绘制长度为 3mm 的直线，如图 11-188d 所示。

❺ 修剪图形。单击"默认"选项卡"修改"面板中的"修剪"按钮✂，以斜线和竖直直线为剪切边，对水平直线进行修剪，如图 11-189 所示，即为绘制完成的动合触点图形符号。

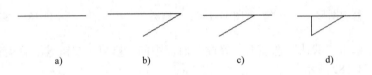

a)　　　　　　　　b)　　　　　　　　c)　　　　　　　　d)

图 11-188　绘制动合触点图形符号

05 绘制时间继电器动合触点图形符号。

❶ 绘制直线 1。在图 11-189 所示的开关图形符号的基础上，单击"默认"选项卡"绘图"面板中的"直线"按钮╱，以 q 点为起点，竖直向下绘制长度为 4mm 的直线 1，如图 11-190a 所示。

❷ 绘制直线 2。单击"默认"选项卡"修改"面板中的"偏移"按钮，将直线 1 向左偏移 0.7mm，得到直线 2，如图 11-190b 所示。

图 11-189　开关图形符号　　　　　　　　a)　　　　b)

图 11-190　绘制直线

❸ 移动直线。单击"默认"选项卡"修改"面板中的"移动"按钮✛，将图 11-190b 图形中的直线 1 和直线 2 向左移动 5mm，向下移动 1.5mm，如图 11-191a 所示。

❹ 修剪图形。单击"默认"选项卡"修改"面板中的"修剪"按钮✂，对整个图形进行修剪，如图 11-191b 所示。

❺ 绘制直线 3。单击"默认"选项卡"绘图"面板中的"直线"按钮╱，以图 11-191 中直线 1 的下端点为起点，直线 2 的下端点为终点，绘制直线 3，如图 11-192 所示。

❻ 绘制圆。单击"默认"选项卡"绘图"面板中的"圆"按钮⊙，捕捉直线 3 的中点，以其为圆心，绘制半径为 1.5mm 的圆，如图 11-193 所示。

❼ 绘制斜线。单击"默认"选项卡"绘图"面板中的"直线"按钮╱，以直线 3 中点为起点，分别向左、向右绘制与水平线成 25° 角、长度为 1.5mm 的斜线，如图 11-194 所示。

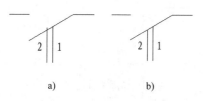

图 11-191　移动修剪直线

图 11-192　绘制直线 3

图 11-193　绘制圆

❽ 修剪图形。单击"默认"选项卡"修改"面板中的"修剪"按钮 🖍，以图 11-194 中两条斜线为剪切边，修剪圆。单击"默认"选项卡"修改"面板中的"删除"按钮 🖋，删除两条斜线，如图 11-195 所示。

❾ 移动圆弧。单击"默认"选项卡"修改"面板中的"移动"按钮 ✛，将图 11-195 中的圆弧向上移动 1.5mm。

❿ 完成绘制。单击"默认"选项卡"修改"面板中的"修剪"按钮 🖍，以圆弧为剪切边，修剪圆弧。单击"默认"选项卡"修改"面板中的"删除"按钮 🖋，删除直线 3，结果如图 11-196 所示。

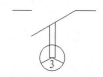

图 11-194　绘制斜线

图 11-195　修剪图形

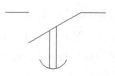

图 11-196　完成绘制

(06) 绘制起动按钮图形符号。

❶ 绘制直线 1。在如图 11-190 所示的开关图形符号的基础上，单击"默认"选项卡"绘图"面板中的"直线"按钮 ╱，以点 q 为起点，竖直向下绘制长度为 3.5mm 的直线 1，如图 11-197 所示。

❷ 移动直线 1。单击"默认"选项卡"修改"面板中的"移动"按钮 ✛，将图 11-197 中的直线 1 向左移动 5mm，向下移动 1.5mm，如图 11-198 所示。

❸ 更改图形对象的图层属性。选择直线 1，单击"默认"选项卡"图层"面板中的"图层特性"下拉列表中的"虚线层"，将其图层属性设置为"虚线层"，如图 11-199 所示。

图 11-197　绘制直线 1

图 11-198　移动直线 1

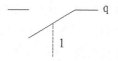

图 11-199　更改图层属性

❹ 绘制直线。单击"默认"选项卡"绘图"面板中的"直线"按钮 ╱，以直线 1 下端点为起点，水平向右绘制长度为 1.5mm 的直线 2。重复执行"直线"命令，以直线 2 右端点为起始点，竖直向上绘制长度为 0.7mm 的直线 3，如图 11-200 所示。

❺ 完成绘制。单击"默认"选项卡"修改"面板中的"镜像"按钮 ◭，以如图 11-200 中直线 1 为对称轴，对直线 2 和直线 3 进行镜像操作，如图 11-201 所示，即为绘制完成的起动按钮图形符号。

图 11-200　绘制直线　　　　　　　　　　　图 11-201　完成绘制

07 绘制自耦变压器图形符号。

❶ 绘制直线 1。单击"默认"选项卡"绘图"面板中的"直线"按钮╱，绘制直线 1，长度为 20mm，如图 11-202a 所示。

❷ 绘制圆。单击"默认"选项卡"绘图"面板中的"圆"按钮⊙，捕捉直线 1 的上端点，以其为圆心，绘制半径为 1.25mm 的圆，如图 11-202b 所示。

❸ 移动圆。单击"默认"选项卡"修改"面板中的"移动"按钮✛，在"对象捕捉"绘图方式下将图 11-202b 所示的圆向下移动 6.25mm，如图 11-202c 所示。

❹ 阵列圆。单击"默认"选项卡"修改"面板中的"矩形阵列"按钮▦，选择如图 11-202c 所示的圆形为阵列对象，设置"行数"为 4，"列数"为 1，"行偏移"为 -2.5mm，"列偏移"为 0，"阵列角度"为 0°，如图 11-202d 所示。

❺ 修剪图形。单击"默认"选项卡"修改"面板中的"修剪"按钮✂，修剪掉多余直线，得到如图 11-202e 所示的结果，即为绘制完成的自耦变压器图形符号。

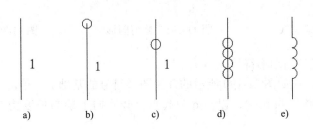

图 11-202　绘制自耦变压器图形符号

08 绘制变压器图形符号。

❶ 绘制直线 1。单击"默认"选项卡"绘图"面板中的"直线"按钮╱，绘制直线 1，长度为 20mm，如图 11-203a 所示。

❷ 绘制圆。单击"默认"选项卡"绘图"面板中的"圆"按钮⊙，捕捉直线 1 的左端点，以其为圆心，绘制半径为 1.25mm 的圆，如图 11-203b 所示。

❸ 移动圆。单击"默认"选项卡"修改"面板中的"移动"按钮✛，在"对象捕捉"绘图方式下将图 11-203b 所示的圆向右移动 6.25mm，如图 11-203c 所示。

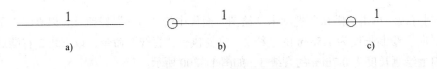

图 11-203　绘制变压器

❹ 阵列圆。单击"默认"选项卡"修改"面板中的"矩形阵列"按钮▦，选择如图 11-203c 所示的圆为阵列对象，设置"行数"为 1，"列数"为 4，"列偏移"为 2.5mm，"阵列角度"

为 0，如图 11-204a 所示。

❺ 偏移直线 1。单击"默认"选项卡"修改"面板中的"偏移"按钮 ⊏，将直线 1 向下偏移 2.5mm 得到直线 2，如图 11-204b 所示。

❻ 修剪图形。单击"默认"选项卡"修改"面板中的"修剪"按钮 ✂，修剪掉多余直线，得到如图 11-204c 所示的结果。

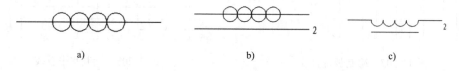

图 11-204　绘制变压器

❼ 镜像图形。单击"默认"选项卡"修改"面板中的"镜像"按钮 ◬，以直线 1 为镜像线，对直线 1 以上的部分做镜像操作，结果如图 11-205 所示。

(09) 绘制其他元器件图形符号。本实例中用到的元器件比较多，有一些在其他章节中已介绍过，在此不再一一赘述。其他元器件图形符号如图 11-206 所示。

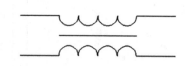

图 11-205　完成绘制

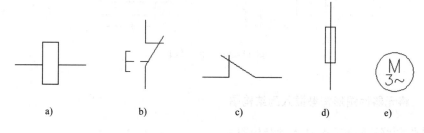

图 11-206　其他元器件图形符号

📖 11.4.3　绘制结构图

(01) 绘制竖直直线。单击"默认"选项卡"绘图"面板中的"直线"按钮 ╱，绘制长度为 121.5mm 的竖直直线 1。

(02) 偏移竖直直线。单击"默认"选项卡"修改"面板中的"偏移"按钮 ⊏，将直线 1 向右偏移 10mm、20mm、35mm、45mm、55mm、70mm、80mm、97mm、118mm、146mm、156mm，得到 11 条竖直直线，如图 11-207 所示。

(03) 绘制水平直线。单击"默认"选项卡"绘图"面板中的"直线"按钮 ╱，以图 11-207 中的点 a 为起始点，点 b 为终止点绘制直线 ab。

(04) 偏移水平直线。单击"默认"选项卡"修改"面板中的"偏移"按钮 ⊏，将直线 ab 向下偏移 5mm、5mm、8mm、8mm、8mm、14mm、10mm、10mm、10mm、8.5mm、8mm、10mm、9mm、8mm，得到水平直线，如图 11-208 所示。

(05) 修剪图形。单击"默认"选项卡"修改"面板中的"修剪"按钮 ✂，修剪掉多余的线段，结果如图 11-209 所示。

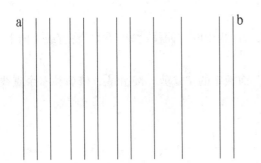

图 11-207 绘制竖直直线

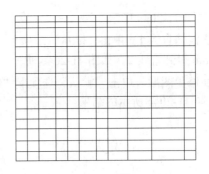

图 11-208 绘制水平直线

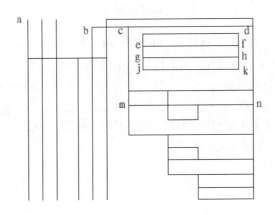

图 11-209 修剪线段

11.4.4 将元器件图形符号插入到结构图

01 将断路器图形符号插入到结构图。

❶ 插入图形符号。单击"默认"选项卡"修改"面板中的"移动"按钮✛，选择图 11-210a 所示的断路器图形符号为移动对象，用光标捕捉断路器图形符号的点 P 为移动基点，以图 11-209 中的点 a 为目标点，移动结果如图 11-210b 所示。

❷ 修剪图形。单击"默认"选项卡"修改"面板中的"修剪"按钮✂，修剪掉多余的线段，结果如图 11-210b 所示。

02 将接触器图形符号插入到结构图。

❶ 插入图形符号。单击"默认"选项卡"修改"面板中的"移动"按钮✛，选择图 11-211a 所示的接触器符号为移动对象，用光标捕捉接触符号的点 Z 为移动基点，以图 11-211 中点 q 为目标点。重复执行"移动"命令，选择刚插入的接触器符号为移动对象，竖直向下移动 15mm，结果如图 11-211b 所示。

❷ 修剪图形。单击"默认"选项卡"修改"面板中的"修剪"按钮✂，修剪掉多余的线段，结果如图 11-211b 所示。

❸ 复制接触器图形符号。单击"默认"选项卡"修改"面板中的"复制"按钮🔳，选择图 11-211b 中的接触器图形符号为复制对象，向右复制一份，复制距离为 15mm。单击"默认"选项卡"修改"面板中的"修剪"按钮✂，修剪掉多余的线段，结果如图 11-212 所示。

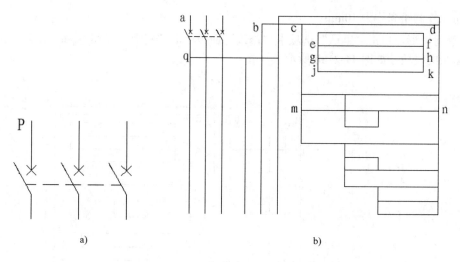

图 11-210　插入断路器图形符号

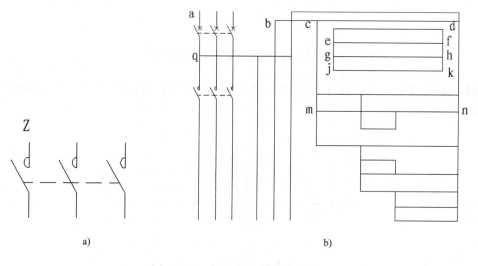

图 11-211　插入接触器图形符号

03 将自耦变压器图形符号插入到结构图。

❶ 插入图形符号。单击"默认"选项卡"修改"面板中的"移动"按钮✛，选择如图 11-213a 所示的自耦变压器图形符号为移动对象，用光标捕捉点 y 为移动基点，以图 11-212 中最右侧的接触器图形符号下端点为目标点，插入图形符号。

❷ 复制图形符号。单击"默认"选项卡"修改"面板中的"复制"按钮，选择刚插入的自耦变压器图形符号为复制对象，向左

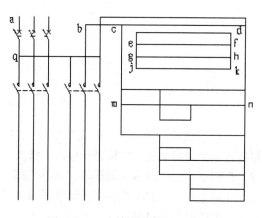

图 11-212　复制接触器图形符号

复制两份，复制距离均为 10mm。

❸ 修剪图形。单击"默认"选项卡"修改"面板中的"修剪"按钮 ✂ 和"删除"按钮 ✐，修剪掉多余的线段，如图 11-213b 所示。

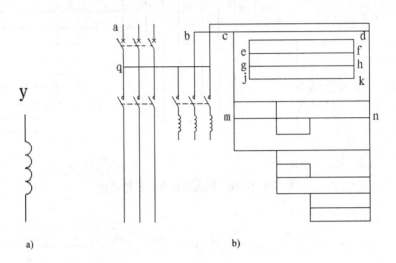

图 11-213 插入自耦变压器图形符号

❹ 绘制连接线。单击"默认"选项卡"绘图"面板中的"直线"按钮 ╱，绘制连接线，如图 11-214 所示。

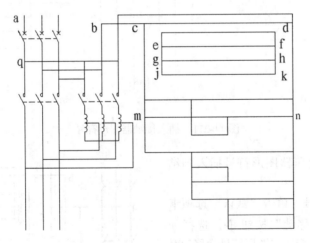

图 11-214 绘制连接线

单击"默认"选项卡"修改"面板中的"移动"按钮 ✛，将绘制的其他元器件的图形符号插入到结构图中的对应位置。单击"默认"选项卡"修改"面板中的"修剪"按钮 ✂ 和"删除"按钮 ✐，删除掉多余的图形。在插入图形符号时，根据需要可以单击"默认"选项卡"修改"面板中的"缩放"按钮 ⬚，调整图形符号的大小，以保持整个图形的美观整齐。完成绘制后的图形如图 11-215 所示。

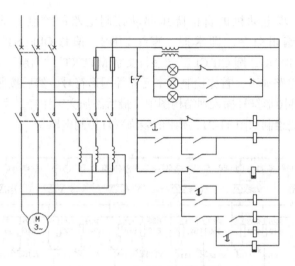

图 11-215　完成绘制后的图形

11.4.5　添加注释文字

01 创建文字样式。单击"默认"选项卡"注释"面板中的"文字样式"按钮 **A**，打开"文字样式"对话框，创建一个样式名为"自耦降压起动控制电路"的文字样式。"字体名"为"仿宋 _GB2312"，"字体样式"为"常规"，"高度"为 6，"宽度因子"为 0.7，如图 11-216 所示。

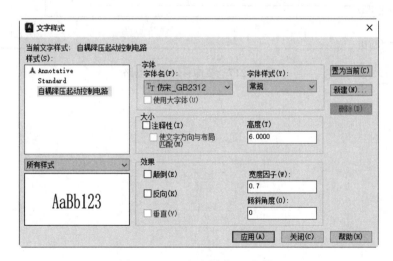

图 11-216　"文字样式"对话框

02 添加注释文字。单击"默认"选项卡"注释"面板中的"文字样式"按钮 **A**，输入几行文字，然后调整其位置，以对齐文字。调整位置时，结合使用"正交"命令。

03 使用"文字"中的"编辑"命令修改文字来得到需要的文字。添加注释文字操作的具体过程不再赘述。至此，自耦降压起动控制电路图绘制完毕，如图 11-170 所示。

📖 **11.4.6　小结与引申**

通过三相笼型异步电动机的自耦降压起动控制电路的绘制，学习了以下一些 Auto-CAD 2024 的绘图和编辑命令，即掌握"直线 LINE、偏移 OFFEST""剪切 TRIM、旋转 ROTATE""矩形 RECTANG、圆 CIRCLE""多行文字 MTEXT""图层"命令的使用方法。

绘制本图的大致思路如下：首先绘制各个元器件图形符号，然后按照线路的分布情况绘制结构图，将各个元器件图形符号插入到结构图中，最后添加文字注释，完成本图的绘制。

按照上述绘图方法绘制如图 11-217 所示的装饰彩灯控制电路。

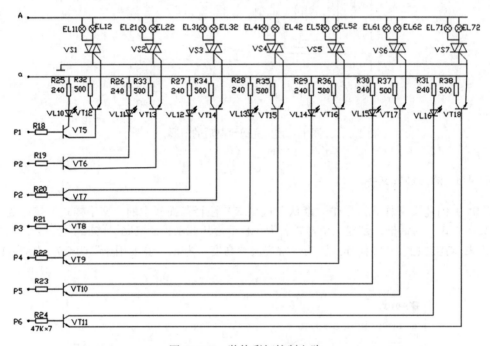

图 11-217　装饰彩灯控制电路

第 12 章

建筑电气工程图设计

建筑电气设计是指针对建筑进行的电气设计的。建筑电气一般又分为建筑电气平面图和建筑电气系统图。本章将着重讲解建筑电气平面图的绘制方法和技巧，简要介绍建筑电气系统图的绘制方法。

学 习 要 点

◎ 绘制实验室照明平面图
◎ 绘制某建筑物消防安全系统图

12.1 建筑电气工程图简介

建筑电气图是电气工程的重要图样，是建筑工程的重要组成部分。它提供了建筑内电气设备的安装位置、安装接线、安装方法以及设备的有关参数。根据建筑物的功能不同，电气图也不相同。其主要包括建筑电气安装平面图、电梯控制系统电气图、照明系统电气图、中央空调控制系统电气图、消防安全系统电气图、防盗保安系统电气图以及建筑物的通信系统、电视系统、防雷接地系统的电气平面图等。

建筑电气工程图是应用非常广泛的电气图之一。建筑电气工程图可以表明建筑电气工程的构成规模和功能，详细描述电气装置的工作原理，提供安装技术数据和使用维护方法。随着建筑物的规模和要求不同，建筑电气工程图的种类数量也不同。常用的建筑电气工程图主要有以下几类：

1. 说明性文件

（1）图样目录：内容有序号、图样名称、图样编号和图样张数等。

（2）设计说明（施工说明）：主要阐述电气工程设计依据、工程的要求和施工原则、建筑特点、电气安装标准、安装方法、工程等级、工艺要求及有关设计的补充说明等。

（3）图例：即图形符号和文字代号。通常只列出本套图样中涉及的一些图形符号和文字代号所代表的意义。

（4）设备材料明细栏（零件表）：列出该项电气工程所需要的设备和材料的名称、型号、规格和数量，供设计概算、施工预算及设备订货时参考。

2. 系统图

系统图是表现电气工程的供电方式、电力输送、分配、控制和设备运行情况的图样。从系统图中可以粗略地看出工程的概貌。系统图可以反映不同级别的电气信息，如变配电系统图、动力系统图、照明系统图和弱电系统图等。

3. 平面图

电气平面图是表示电气设备、装置与线路平面布置的图样，是进行电气安装的主要依据。电气平面图以建筑平面图为依据，在图上绘出电气设备、装置及线路的安装位置，敷设方法等。常用的电气平面图有变配电所平面图、室外供电线路平面图、动力平面图、照明平面图、防雷平面图、接地平面图和弱电平面图等。

4. 布置图

布置图是表现各种电气设备和器件的平面与空间位置、安装方式及其相互关系的图样。通常由平面图、立面图、剖面图及各种构件详图等组成。一般来说，设备布置图是按三视图绘制的。

5. 接线图

安装接线图在现场常被称为安装配线图，主要是用来表示电气设备、电器元件和线路的安装位置、配线方式、接线方法、配线场所特征等。

6. 电路图

现场常称作电气原理图，主要是用来表现某一电气设备或系统的工作原理的图样，它是按照各个部分的动作原理图采用分开表示法展开绘制的。通过对电路图的分析，可以清楚地看出整个系统的动作顺序。电路图可以用来指导电气设备和器件的安装、接线、调试、使用与维修。

7. 详图

详图是表现电气工程中设备某一部分的具体安装要求和做法的图样。

12.2 绘制实验室照明平面图

绘制思路

图 12-1 所示为实验室照明平面图，此图的绘制思路为先绘制轴线和墙线，然后绘制门洞和窗洞，即可完成电气图需要的建筑图。在建筑图的基础上安装电路图，照明电气系统包括灯具、开关、插座，每类元器件分别安装在不同的场合，如图 12-1 所示。

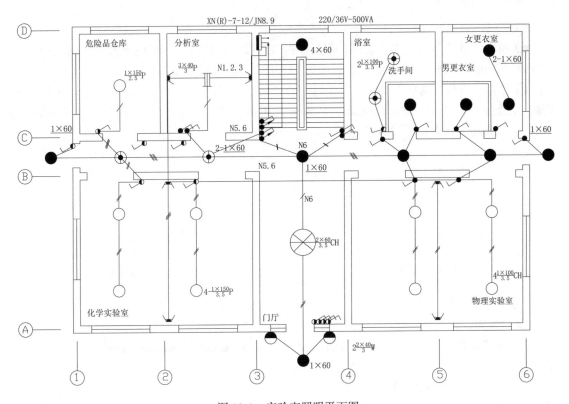

图 12-1 实验室照明平面图

12.2.1 设置绘图环境

01 建立新文件。打开 AutoCAD 2024 应用程序，单击快速访问工具栏中的"新建"按钮，以"无样板打开 - 公制"建立新文件，将新文件命名为"实验室照明平面图 .dwg"并保存。

02 设置图层。一共设置"轴线层""墙体层"和"元件符号层""文字说明层""尺寸标注层""标号层""连线层"等图层。设置各图层属性如图 12-2 所示。

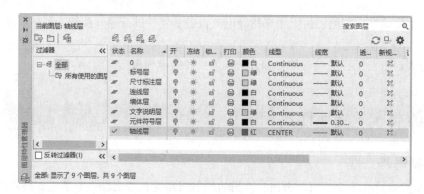

图 12-2　图层设置

📖 12.2.2　绘制建筑图

01 绘制轴线。

❶ 单击"默认"选项卡"绘图"面板中的"直线"按钮╱，在图中绘制一条水平线段，长度为 192mm，再画一条竖直线段，长度为 123mm，如图 12-3 所示。

❷ 单击"默认"选项卡"修改"面板中的"偏移"按钮 ⊏，将竖直线段向右偏移距离分别为 37.5mm、39mm、39mm、39mm、37.5mm。再将水平线段向上偏移距离分别为 63mm、79mm、123mm，结果如图 12-4 所示。

图 12-3　绘制直线

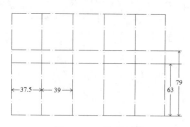

图 12-4　偏移轴线

02 绘制墙线。

❶ 设置多线。

1）将"墙体层"图层设置为当前图层。选择菜单栏中的"格式"→"多线样式"命令，弹出"多线样式"对话框，如图 12-5 所示。在多线样式对话框中，可以看到样式栏中只有系统自带的 STANDARD 样式，单击右侧的"新建"按钮，弹出"创建新的多线样式"对话框，如图 12-6 所示。在新样式名的文本框中输入 240。单击"继续"按钮，打开如图 12-7 所示的对话框。

2）继续单击"新建"设置多线，"WALL_1""WALL_2"，参数设置如图 12-8 所示。

图 12-5　"多线样式"对话框

图 12-6 "创建新的多线样式"对话框　　　　图 12-7 "新建多线样式:240"对话框

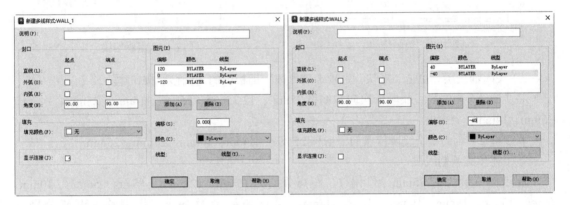

图 12-8　多线样式的设置

❷ 绘制墙线。

1）选择菜单栏中的"绘图"→"多线"命令，进行设置及绘图。命令行中的提示与操作如下：

```
命令 : mline
当前设置 : 对正 = 上 , 比例 = 20.00, 样式 = STANDARD
指定起点或 [ 对正 (J)/ 比例 (S)/ 样式 (ST)]: st ↙（设置多线样式）
输入多线样式名或 [?]: 240 ↙（多线样式为 240)
当前设置 : 对正 = 上 , 比例 = 20.00, 样式 = 240
指定起点或 [ 对正 (J)/ 比例 (S)/ 样式 (ST)]: j ↙
输入对正类型 [ 上 (T)/ 无 (Z)/ 下 (B)] < 上 >: z ↙（设置对中模式为无）
当前设置 : 对正 = 无 , 比例 = 20.00, 样式 = 240
指定起点或 [ 对正 (J)/ 比例 (S)/ 样式 (ST)]: s ↙
输入多线比例 <20.00>: 0.0125 ↙（设置线型比例为 0.0125)
当前设置 : 对正 = 无 , 比例 = 0.0125, 样式 = 240
指定起点或 [ 对正 (J)/ 比例 (S)/ 样式 (ST)]: ( 选择底端水平轴线左端 )
指定下一点 : ( 选择底端水平轴线右端 )
指定下一点或 [ 放弃 (U)]: ↙
```

继续绘制其他外墙墙线,如图 12-9 所示。

2)单击"默认"选项卡"修改"面板中的"分解"按钮🗗,将步骤 1)中绘制的多线分解。单击"默认"选项卡"绘图"面板中的"直线"按钮 ╱,在距离上边框左端点 7.75mm 处为起点画竖直线段,长度为 3mm;在距离左边框端点 11mm 处为起点画水平线段,长度为 3mm,如图 12-10 所示。

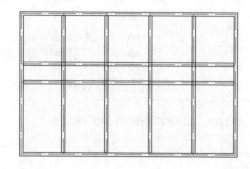

图 12-9 绘制墙线

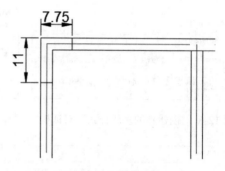

图 12-10 编辑墙线

3)关闭轴线层。单击"默认"选项卡"修改"面板中的"偏移"按钮 ⊂。

将步骤 2)画的竖直线段依次向右偏移 25mm、12.25mm、25mm、14mm、25mm、14mm、25mm、14mm、25mm。

将步骤 2)画的水平线段依次向下偏移 25mm、12mm、10mm、21mm、25mm。

按上述步骤绘制线段:

起点偏移量为 12.75mm,作偏移,距离分别为 15mm、22.5mm、15mm、56mm、10mm、5mm、10mm、19mm、10mm、5mm、10mm,起点偏移量为 6mm,作偏移,距离分别为 20mm、27.5mm、20mm、48mm、20mm、27.5mm、20mm,结果如图 12-11 所示。

4)单击"默认"选项卡"修改"面板中的"修剪"按钮 ✂,修剪出窗线,如图 12-12 所示。

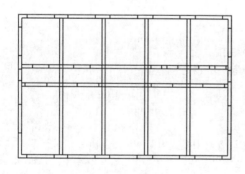

图 12-11 编辑墙线

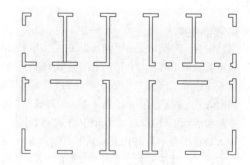

图 12-12 修剪墙线

5)选择菜单栏中的"绘图"→"多线"命令,设置多线样式为 WALL_1,绘制多线如图 12-13 所示。

6)选择菜单栏中的"绘图"→"多线"命令,设置多线样式为 WALL_2,绘制以图中点为起点,绘制高为 20mm 的多线,如图 12-14 所示。

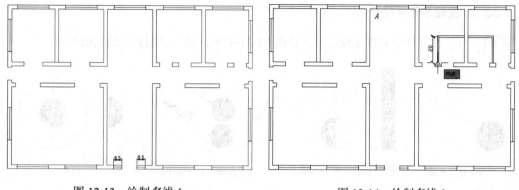

图 12-13　绘制多线 1　　　　　　　　　　　　　　图 12-14　绘制多线 2

03 绘制楼梯。

❶ 绘制矩形。单击"默认"选项卡"绘图"面板中的"矩形"按钮 ▢，以图 12-15 中 A 点为起始点，绘制一个长度为 4mm，宽度为 30mm 的矩形。单击"默认"选项卡"修改"面板中的"移动"按钮 ✣，将绘制的矩形向右移动 16mm，向下移动 10mm，结果如图 12-16 所示。

❷ 偏移矩形。单击"默认"选项卡"修改"面板中的"偏移"按钮 ⊏，将 4mm×30mm 的矩形向里边偏移 1mm，结果如图 12-17 所示。

图 12-15　绘制矩形　　　　　图 12-16　移动矩形　　　　　图 12-17　偏移矩形

❸ 绘制直线。单击"默认"选项卡"绘图"面板中的"直线"按钮 ／，以 4mm×30mm 矩形的右边中点为起点，水平向右绘制长度为 16mm 的直线，如图 12-18 所示。单击"默认"选项卡"修改"面板中的"移动"按钮 ✣，将绘制的线段向上移动 14mm，如图 12-19 所示。

❹ 阵列直线。单击"默认"选项卡"修改"面板中的"矩形阵列"按钮 ⊞，设置行数为 15，列数为 2，行间距为 −2mm，列间距为 −20mm，图 12-20 所示为阵列结果。

图 12-18　绘制线段　　　　　图 12-19　移动线段　　　　　图 12-20　阵列结果

12.2.3 安装各元件符号

01 打开源文件中的各元件符号，如图 12-21 所示，将其复制到已绘制图形中。

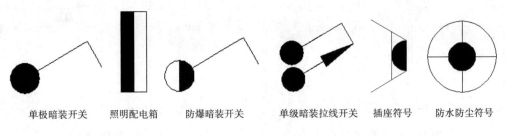

| 单极暗装开关 | 照明配电箱 | 防爆暗装开关 | 单级暗装拉线开关 | 插座符号 | 防水防尘符号 |

图 12-21　元件符号

02 打开源文件中的灯具符号，如图 12-22 所示，将其复制到已绘制图形中。

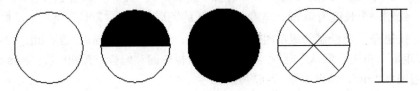

图 12-22　灯具符号

03 安装配电箱。

❶ 局部放大。单击"视图"选项卡"导航"面板中的"范围"下拉菜单中的"窗口"按钮
口，局部放大墙线中上部，预备下一步操作，结果如图 12-23 所示。

❷ 移动配电箱符号。单击"默认"选项卡"修改"面板中的"移动"按钮✛，以如
图 12-24 所示的端点为移动基准点，图 12-23 中的 *A* 点为移动目标点移动，结果如图 12-25 所示。
单击"默认"选项卡"修改"面板中的"移动"按钮✛，把配电箱垂直向下移动，移动距离为
1，结果如图 12-26 所示。

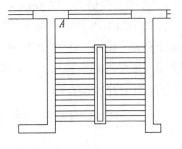

图 12-23　局部放大

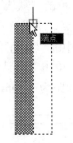

图 12-24　捕捉端点

04 安装单极暗装拉线开关。单击"默认"选项卡"修改"面板中的"移动"按钮✛，
将单极暗装拉线开关移动到左边下部，如图 12-27 所示。

05 安装单极暗装开关。

❶ 移动图形。单击"默认"选项卡"修改"面板中的"移动"按钮✛，将单极暗装开关
向右边墙角移动，结果如图 12-28 所示。

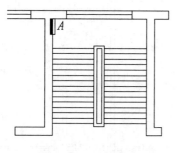

图 12-25　局部放大

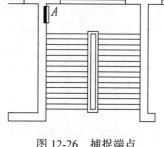

图 12-26　捕捉端点

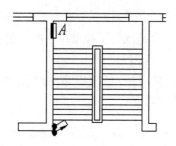

图 12-27　安装单极暗装拉线开关

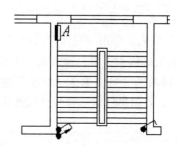

图 12-28　安装单极暗装开关

❷ 复制图形。单击"默认"选项卡"修改"面板中的"复制"按钮，将刚才移动的单极暗装开关向下垂直复制一份，结果如图 12-29 所示。

❸ 绘制直线。单击"默认"选项卡"绘图"面板中的"直线"按钮，绘制如图 12-30 所示的折线。

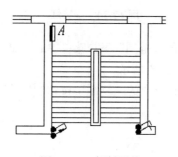

图 12-29　复制开关

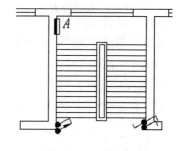

图 12-30　绘制直线

❹ 单击"默认"选项卡"修改"面板中的"复制"按钮，将单极暗装开关复制到其他位置，如图 12-31 所示。

(06) 安装防爆暗装开关。

❶ 移动图形。单击"默认"选项卡"修改"面板中的"移动"按钮，将防爆暗装开关放置到危险品仓库、化学实验室门旁边，如图 12-32 所示。

❷ 复制图形。单击"默认"选项卡"修改"面板中的"复制"按钮，将单极暗装开关的轮廓复制多份，分别安装在门厅、浴室，结果如图 12-32 所示。

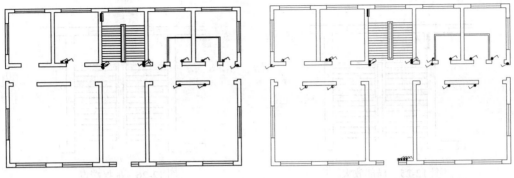

图 12-31　复制暗装单极开关　　　　　图 12-32　安装防爆暗装开关

07 安装灯。

❶ 局部放大。单击"视图"选项卡"导航"面板中的"范围"下拉菜单中的"窗口"按钮 □,局部放大墙线左上部,预备下一步操作,结果如图 12-33 所示。

❷ 复制图形符号。单击"默认"选项卡"修改"面板中的"复制"按钮 %,将日光灯、防水防尘灯、普通吊灯图形符号放置到如图 12-34 所示的位置上。

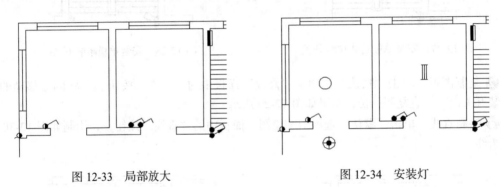

图 12-33　局部放大　　　　　　　　图 12-34　安装灯

❸ 局部放大。单击"视图"选项卡"导航"面板中的"范围"下拉菜单中的"窗口"按钮 □,局部放大墙线左下部,预备下一步操作,结果如图 12-35 所示。

❹ 复制图形符号。单击"默认"选项卡"修改"面板中的"复制"按钮 %,将球形灯、壁灯和花灯图形符号放置到如图 12-36 所示的位置上。

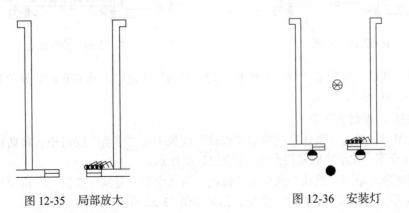

图 12-35　局部放大　　　　　　　　图 12-36　安装灯

❺ 复制图形。单击"默认"选项卡"修改"面板中的"复制"按钮 🎗，将球形灯、日光灯、防水防尘灯、普通吊灯、花灯的图形符号向如图 12-37 所示的位置复制。

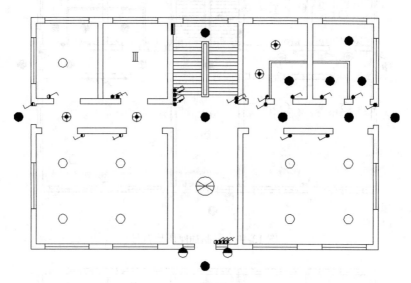

图 12-37 复制灯具符号

08 安装暗装插座。

❶ 局部放大。单击"视图"选项卡"导航"面板中的"范围"下拉菜单中的"窗口"按钮 🔍，局部放大墙线左下部，预备下一步操作，结果如图 12-38 所示。

❷ 复制插座符号。单击"默认"选项卡"修改"面板中的"旋转"按钮 🔃，将插座图形符号旋转 90°，单击"默认"选项卡"修改"面板中的"复制"按钮 🎗，将暗装插座图形符号放置到如图 12-39 所示的中点位置上，单击"默认"选项卡"修改"面板中的"移动"按钮 ✛，将插座符号向下移动适当的距离。

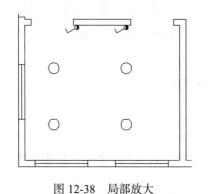

图 12-38 局部放大

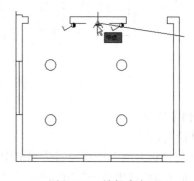

图 12-39 捕捉中点

❸ 复制插座符号到其他位置。单击"默认"选项卡"修改"面板中的"复制"按钮 🎗，将插座图形符号复制到如图 12-40 所示的位置上。

09 绘制连接线。检查图形，配电箱旁边缺变压器一个，配电室缺开关一个，通过复制和绘制直线补上它们，单击"默认"选项卡"绘图"面板中的"直线"按钮 ╱，连接各个元器件，并且在一些连接线上绘制平行的斜线，表示它们的相数，结果如图 12-41 所示。

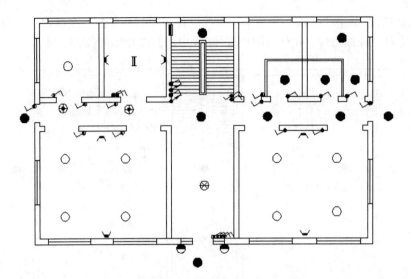

图 12-40　复制插座图形符号

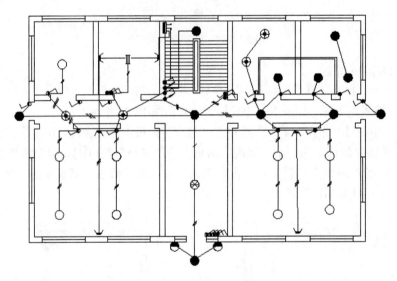

图 12-41　连接各个器件

10 绘制标号。

❶ 绘制轴线。

1）将"标号层"图层设置为当前图层，单击"默认"选项卡"绘图"面板中的"圆"按钮 ⊙，在屏幕中适当位置绘制一个半径为 3 的圆。

2）单击"默认"选项卡"绘图"面板中的"直线"按钮 ∕，在"对象捕捉"和"正交"绘图方式下，用光标捕捉圆心作为起点，向右绘制长度为 15mm 的直线，结果如图 12-42a 所示。

3）单击"默认"选项卡"修改"面板中的"修剪"按钮 ✂，以圆为剪切边，对直线进行修剪，修剪后结果如图 12-42b 所示。

4）单击"默认"选项卡"注释"面板中的"多行文字"按钮 **A**，在圆的内部撰写元件符号，调整其位置，如图 12-42b 所示。

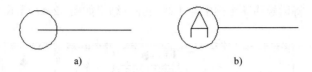

图 12-42　绘制轴线

❷ 复制图形。单击"默认"选项卡"修改"面板中的"复制"按钮❄️，将横向轴线依次向上复制 63mm、16mm、44mm，结果如图 12-43 所示。

❸ 旋转图形。单击"默认"选项卡"修改"面板中的"旋转"按钮↻，将横向轴线旋转90°，结果如图 12-44a 所示。

❹ 修改文字。单击"默认"选项卡"修改"面板中的"删除"按钮🗑️，删除掉圆内的字母"A"，单击"默认"选项卡"注释"面板中的"多行文字"按钮A，在圆的内部撰写数字"1"，调整其位置，结果如图 12-44b 所示。

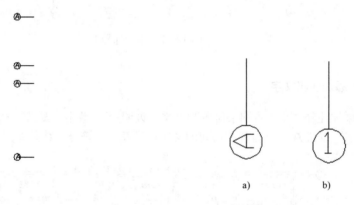

图 12-43　复制轴线

图 12-44　旋转轴线

❺ 复制图形。单击"默认"选项卡"修改"面板中的"复制"按钮❄️，将竖向轴线依次向右复制 37.5mm、39mm、39mm、39mm、37.5mm，结果如图 12-45 所示。

❻ 修改文字。选择菜单栏中的"修改"→"对象"→"文字"→"编辑"命令，然后单击轴线圆圈中的文字，在屏幕出现的多行文字输入对话框组中把这些文字改成"A""B""C""D""1""2""3""4""5""6"，结果如图 12-46 所示。

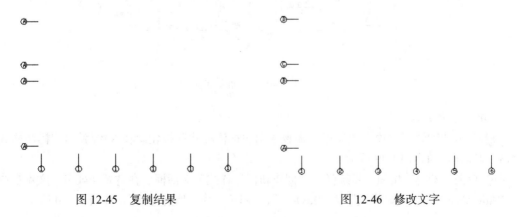

图 12-45　复制结果

图 12-46　修改文字

❼ 打开轴线层，将标号移动至图中与中线对齐，结果如图 12-47 所示。

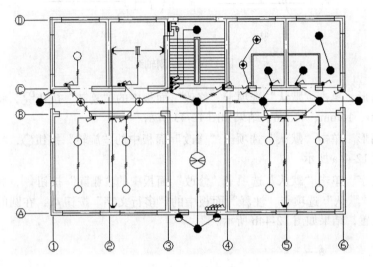

图 12-47 添加标号

📖 12.2.4 添加注释文字

01 添加注释文字。将图层设置为"文字说明层"，单击"默认"选项卡"注释"面板中的"多行文字"按钮 **A**，书写各个房间的文字代号及元件符号，结果如图 12-48 所示。

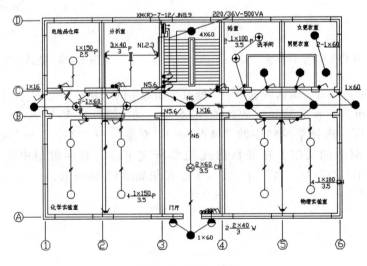

图 12-48 添加文字

02 添加标注。

❶ 单击"默认"选项卡"注释"面板中的"标注样式"按钮，系统弹出"标注样式管理器"对话框，如图 12-49 所示。

❷ 单击"新建"按钮，系统弹出"创建新标注样式"对话框。在"新样式名"文本框中输入"照明平面图"，"基础样式"为"ISO-25"，"用于"为"所有标注"，如图 12-50 所示。

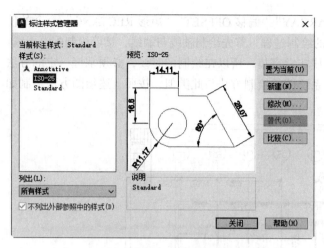

图 12-49 "标注样式管理器"对话框

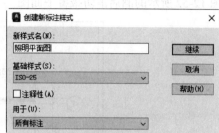

图 12-50 "创建新标注样式"对话框

❸ 单击"继续"按钮，弹出"新建标注样式"对话框，设置"符号和箭头"选项的属性，如图 12-51 所示。接着设置其他选项，将"比例因子"设置为 100，设置完毕后，回到"标注样式管理器"对话框，单击"置为当前"按钮，将新建的"照明平面图"样式设置为当前使用的标注样式。

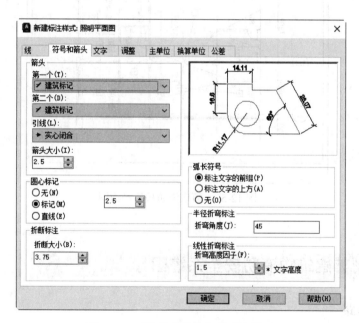

图 12-51 "符号和箭头"选项卡设置

❹ 单击"默认"选项卡"注释"面板中的"线性"按钮，标注轴线间的尺寸，结果如图 12-1 所示。

12.2.5 小结与引申

通过实验室照明平面图的绘制，可熟练掌握 AutoCAD 2024 "圆 CIRCLE""修剪 TRIM"

"复制 COPY""旋转 ROTATE""阵列 ARRAY""偏移 OFFSET""矩形 RECTANG"命令的使用方法。本节介绍了实验室照明平面图的绘制过程,首先绘制轴线与墙线,接着绘制配电干线,最后添加文字注释说明。电力平面图图线非常密集,所以在绘制的时候,必须掌握一定的方法与技巧,否则就会感觉无从下手。其他系统图的绘制方法与此类似,按照上述绘图方法绘制如图 12-52 所示的酒店消防报警平面图。

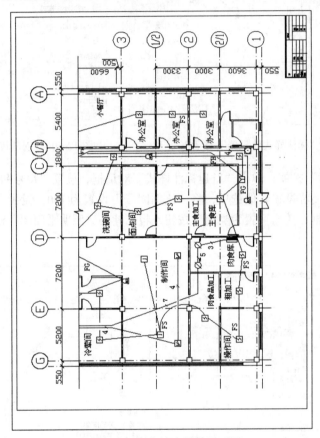

图 12-52 酒店消防报警平面图

12.3 绘制某建筑物消防安全系统图

👉 绘制思路

图 12-53 所示为某一建筑物消防安全系统图,该建筑物消防安全系统主要由以下几部分组成。

(1)火灾探测系统:主要由分布在 1~40 层各个区域的多个探测器网络构成。图 12-53 中 S 为感烟探测器,H 为感温探测器,手动装置主要供调试和平时检查试验用。

(2)火灾判断系统:主要由各楼层区域报警器和大楼集中报警器组成。

(3)通报与疏散诱导系统:由消防紧急广播、事故照明、避难诱导灯和专用电话等组成。当楼中人员听到火灾报警之后,可根据诱导灯的指示方向撤离现场。

（4）灭火设施：由自动喷淋系统组成。当火灾广播之后，延时一段时间，总监控台使消防泵启动，建立水压，并打开着火区域消防水管的电磁阀，使消防水进入喷淋管路进行喷淋灭火。

（5）排烟装置及监控系统：由排烟阀门、抽排烟机及其电气控制系统组成。

图 12-53 的绘制思路是先确定图纸的大致布局，然后绘制各个元件和设备，并将元件及设备插入到结构图中，最后添加注释文字完成本图的绘制。

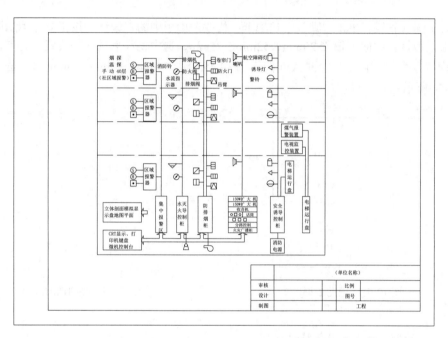

图 12-53　某建筑物消防安全系统图

📖 12.3.1　设置绘图环境

01 建立新文件。打开 AutoCAD 2024 应用程序，以 "A4.dwt" 样板文件为模板，建立新文件，将新文件命名为 "某建筑物消防安全系统图 .dwg" 并保存。

02 设置图层。一共设置 "绘图层" "标注层" 和 "虚线层" 三个图层，将 "绘图层" 设置为当前图层，设置好的各图层的属性如图 12-54 所示。

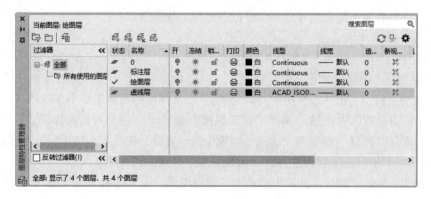

图 12-54　图层设置

12.3.2 图纸布局

01 绘制辅助矩形。单击"默认"选项卡"绘图"面板中的"矩形"按钮 ⬜，绘制一个长度为 160mm、宽度为 143mm 的矩形，并将其移动到合适的位置，结果如图 12-55 所示。

02 分解矩形。单击"默认"选项卡"修改"面板中的"分解"按钮 🗗，将矩形边框分解为直线。

03 偏移直线。单击"默认"选项卡"修改"面板中的"偏移"按钮 ⬅，将图 12-55 所示的矩形上边框依次向下偏移 29mm、52mm、75mm，选中偏移后的 3 条直线，将其图层特性设为"虚线层"，将矩形左边框依次向右偏移 45mm、15mm、15mm、2mm、25mm、25mm，如图 12-56 所示。

图 12-55 辅助矩形

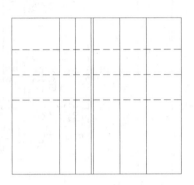

图 12-56 绘制辅助线

12.3.3 绘制各元件和设备符号

01 绘制区域报警器标志框。

❶ 绘制矩形。单击"默认"选项卡"绘图"面板中的"矩形"按钮 ⬜，绘制一个长度为 9mm、宽度为 18mm 的矩形，如图 12-57 所示。

❷ 分解矩形。单击"默认"选项卡"修改"面板中的"分解"按钮 🗗，将矩形边框分解为直线。

❸ 等分矩形边。单击"默认"选项卡"绘图"面板中的"定数等分"按钮 ⚬，将矩形的长边等分，命令行中的提示与操作如下：

图 12-57 绘制矩形

```
命令：_div
选择要定数等分的对象：( 选择矩形的一条长边 )
输入线段数目或 [ 块 (B)]: 4 ✓
```

❹ 绘制短直线。右击状态栏中的"对象捕捉"，从弹出的快捷菜单中选择"对象捕捉设置"命令打开"草图设置"对话框，选择"对象捕捉"选项卡，在"对象捕捉模式"选项组中选中"节点"。单击"默认"选项卡"绘图"面板中的"直线"按钮 ／，在矩形边上捕捉节点，如图 12-58 所示，水平向左绘制长度为 5.5mm 的直线，结果如图 12-59 所示。

❺ 绘制圆。单击"默认"选项卡"绘图"面板中的"圆"按钮 ⊙，以图 12-59 中 A 点为圆心，绘制半径为 2mm 的圆。

图 12-58　捕捉节点

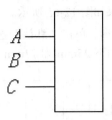

图 12-59　绘制短线

❻ 移动圆。单击"默认"选项卡"修改"面板中的"移动"按钮✛，以圆心为基准点水平向左移动 2mm，如图 12-60 所示。

❼ 复制圆。单击"默认"选项卡"修改"面板中的"复制"按钮❀，将步骤❻中移动的圆形竖直向下 4.5mm 复制，如图 12-61 所示。

❽ 绘制矩形。单击"默认"选项卡"绘图"面板中的"矩形"按钮▢，绘制长为 4mm，宽为 4mm 的矩形，捕捉矩形右边框中点，单击"默认"选项卡"修改"面板中的"移动"按钮✛，以其为移动基准点，以图 12-61 中 C 点为移动目标点移动，结果如图 12-62 所示。

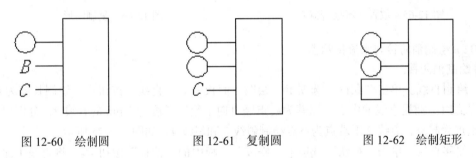

图 12-60　绘制圆　　　　　　　图 12-61　复制圆　　　　　　　图 12-62　绘制矩形

❾ 填充。

1）单击"默认"选项卡"绘图"面板中的"圆"按钮⊙，捕捉小正方形中点，以其为圆心绘制半径为 0.5mm 的圆。

2）单击"默认"选项卡"绘图"面板中的"图案填充"按钮▨，用"SOLID"图案填充所要填充的图形，如图 12-63 所示。

❿ 添加文字。将"标注层"设置为当前图层。单击"默认"选项卡"注释"面板中的"多行文字"按钮 A，样式为"Standard"，字体高度为 2.5mm，添加文字后的结果如图 12-64 所示。

图 12-63　填充圆　　　　　　　　　　图 12-64　添加文字

⓫ 移动图形。单击"默认"选项卡"修改"面板中的"移动"按钮✛，移动图 12-64 所示的图形到图 12-65 中合适的位置，单击"默认"选项卡"绘图"面板中的"直线"按钮╱，添

加连接线，结果如图 12-65 所示。

⑫ 复制图形。单击"默认"选项卡"修改"面板中的"复制"按钮，将移动到图 12-65 中的图形依次向下 25mm 和 72mm 复制，如图 12-66 所示。

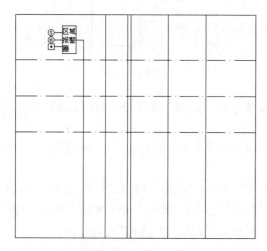

图 12-65　放置区域报警器

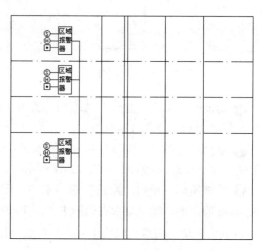

图 12-66　复制图形

(02) 绘制消防铃与水流指示器。

❶ 绘制消防铃。

1）绘制直线。单击"默认"选项卡"绘图"面板中的"直线"按钮／，绘制长度为 6mm 的水平直线 1。捕捉直线的中点，以其为起点竖直向下绘制长度为 3mm 的直线 2，分别以直线 1 左右端点为起点，直线 2 下端点为终点绘制斜线 3 和斜线 4，如图 12-67a 所示。

2）偏移直线。单击"默认"选项卡"修改"面板中的"偏移"按钮，将直线 1 向下偏移 1.5mm。

3）修剪图形。单击"默认"选项卡"修改"面板中的"修剪"按钮，以斜线 3 和斜线 4 为修剪边，修剪步骤 2）中所偏移的直线，单击"默认"选项卡"修改"面板中的"删除"按钮，删除掉直线 2，如图 12-67b 所示。

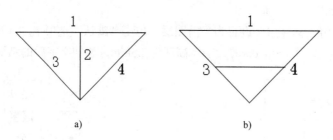

a)　　　　　　　　　　b)

图 12-67　绘制消防铃

❷ 绘制水流指示器。

1）绘制圆。单击"默认"选项卡"绘图"面板中的"圆"按钮，以屏幕上合适位置为圆心，绘制半径为 2mm 的圆。

2）插入"箭头"块。单击"默认"选项卡"块"面板中的"插入"下拉菜单中的"库中的块", 打开"块"选项板, 如图 12-68 所示。单击选项板右上侧的"浏览块库"按钮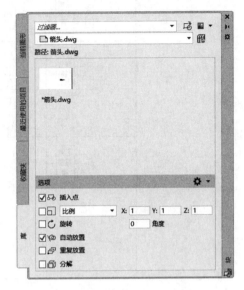, 打开

"为块库选择文件夹或文件"对话框, 选择已创建好的"箭头"图块, 单击"打开"按钮, 将返回"块"选项板, 路径: 选择"插入点"复选框; "缩放比例"选择"统一比例"; 在后面的空白格输入 0.05; 选择"旋转"复选框, 选择图块, 回到绘图屏幕, 结果如图 12-69a 所示。

3) 绘制直线。单击"默认"选项卡"绘图"面板中的"直线"按钮 ╱, 捕捉图 12-69a 箭头中竖直线的中点, 水平向左绘制长为 2mm 的直线, 如图 12-69b 所示。

4) 旋转箭头。单击"默认"选项卡"修改"面板中的"旋转"按钮 ↻, 将图 12-69b 中绘制的箭头绕顶点旋转 50°, 如图 12-70 所示。

5) 复制箭头。单击"默认"选项卡"修改"面板中的"复制"按钮 ✪, 将图 12-70 绘制的箭头复制到步骤 1) 中绘制的圆中, 如图 12-71 所示。

图 12-68　打开"块"选项板

❸ 移动图形。单击"默认"选项卡"修改"面板中的"移动"按钮 ✥, 将绘制的消防铃和水流指示器符号插入到图 12-72 中合适的位置, 单击"默认"选项卡"绘图"面板中的"直线"按钮 ╱, 添加连接线, 部分图形如图 12-72 所示。

a) b)

图 12-69　插入箭头

图 12-70　旋转箭头

图 12-71　水流指示器

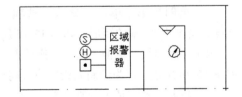

图 12-72　放置消防铃与水流指示器

❹ 复制图形。单击"默认"选项卡"修改"面板中的"复制"按钮 ✪, 将移动到图 12-72 中的图形依次向下 25mm 和 72mm 复制, 如图 12-73 所示。

（03） 绘制排烟机、防火阀与排烟阀。

❶ 绘制排烟机。

1) 绘制圆。单击"默认"选项卡"绘图"面板中的"圆"按钮 ⊙, 以屏幕上合适位置为圆心, 绘制半径为 2mm 的圆。

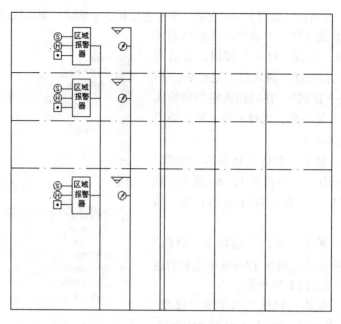

图 12-73　复制图形

2）绘制直线。单击"默认"选项卡"绘图"面板中的"直线"按钮 ╱，捕捉圆的上象限点，以其为起点水平向左绘制长度为 4.5mm 的直线。

3）偏移直线。单击"默认"选项卡"修改"面板中的"偏移"按钮 ⊆，将步骤 2）中绘制的直线向下偏移 1.5mm，单击"默认"选项卡"绘图"面板中的"直线"按钮 ╱，连接两条水平直线的左端点，如图 12-74a 所示。

4）修剪图形。单击"默认"选项卡"修改"面板中的"修剪"按钮 ✂，修剪掉多余的线段，结果如图 12-74b 所示。

a)　　　　　b)

图 12-74　绘制排烟机

❷ 绘制防火阀与排烟阀。

1）绘制矩形。单击"默认"选项卡"绘图"面板中的"矩形"按钮 ▭，绘制长度为 4mm，宽度为 4mm 的矩形，如图 12-75 所示。

2）绘制斜线。单击"默认"选项卡"绘图"面板中的"直线"按钮 ╱，连接点 B 与点 D，如图 12-76 所示，即为绘制完成的防火阀符号。

3）绘制直线。单击"默认"选项卡"修改"面板中的"复制"按钮 ℅，将图 12-75 所示的图形复制一份，单击"默认"选项卡"绘图"面板中的"直线"按钮 ╱，连接 AB 与 CD 的中点，绘制完成的排烟阀符号如图 12-77 所示。

图 12-75　绘制矩形

图 12-76　防火阀符号

图 12-77　排烟阀符号

❸ 移动图形。单击"默认"选项卡"修改"面板中的"移动"按钮 ✛，将上面绘制的排烟机、防火阀与排烟阀符号插入到图 12-78 中合适的位置，单击"默认"选项卡"绘图"面板中的"直线"按钮 ╱，添加连接线，部分图形如图 12-78 所示。

❹ 复制图形。单击"默认"选项卡"修改"面板中的"复制"按钮 ⊟，将移动到图 12-78 中的防火阀与排烟阀符号依次向下 25mm 和 72mm 复制，如图 12-79 所示。

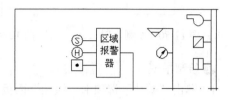

图 12-78　移动图形符号

04 绘制卷帘门、防火门和吊壁。

❶ 绘制卷帘门与防火门。

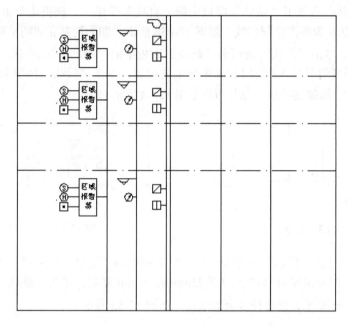

图 12-79　复制图形

1）绘制矩形。单击"默认"选项卡"绘图"面板中的"矩形"按钮 ▢，绘制一个宽度为 3mm，长度为 4.5mm 的矩形，并将其移动到合适的位置，结果如图 12-80 所示。

2）分解矩形。单击"默认"选项卡"修改"面板中的"分解"按钮 ▱，将矩形分解为直线。

3）等分矩形边。单击"默认"选项卡"绘图"面板中的"定数等分"按钮 ⚶，将矩形的边进行等分，命令行中的提示与操作如下：

```
命令:_div
选择要定数等分的对象:( 选择矩形的一条长边 )
输入线段数目或 [ 块 (B)]: 3 ✓
```

4）绘制水平直线。单击"默认"选项卡"绘图"面板中的"直线"按钮 ╱，捕捉矩形等分节点，以其为起始点水平向右绘制长度为 3mm 的直线，结果如图 12-81 所示，即为绘制完成的卷帘门符号。

5）旋转图形。在卷帘门符号的基础上，单击"默认"选项卡"修改"面板中的"旋转"按钮 ↻，将图 12-81 所示的图形旋转 90°，如图 12-82 所示，即为绘制完成的防火门符号。

图 12-80　绘制矩形　　　　图 12-81　卷帘门符号　　　　图 12-82　防火门符号

❷ 绘制吊壁。

1）单击"默认"选项卡"绘图"面板中的"矩形"按钮 ⬜，绘制一个宽度为 4mm，长度为 4mm 的矩形，并将其移动到合适的位置，结果如图 12-83a 所示。

2）单击"默认"选项卡"绘图"面板中的"直线"按钮 ╱，捕捉矩形上边框中点，以其为起点，点 M 与点 N 为终点绘制斜线，如图 12-83b 所示，即为绘制完成的吊壁符号。

❸ 移动图形。单击"默认"选项卡"修改"面板中的"移动"按钮 ✛，将上面绘制的卷帘门、防火门与吊壁符号插入到图 12-84 中合适的位置，单击"默认"选项卡"绘图"面板中的"直线"按钮 ╱，添加连接线，部分图形如图 12-84 所示。

　　　　　a)　　　　　　　　b)

图 12-83　吊壁符号　　　　　　　　　　图 12-84　移动图形

❹ 复制图形。单击"默认"选项卡"修改"面板中的"复制"按钮 ⬚，将移动到图 12-84 中的卷帘门、防火门和吊壁符号依次向下 25mm 和 72mm 复制，单击"默认"选项卡"修改"面板中的"修剪"按钮 ✂，修剪掉多余的线段，如图 12-85 所示。

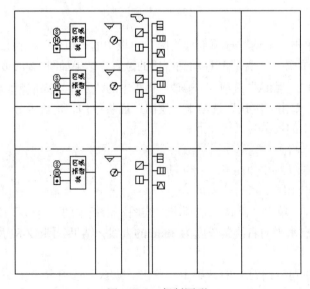

图 12-85　复制图形

05 绘制喇叭、障碍灯、诱导灯和警铃。

❶ 绘制喇叭。

1）单击"默认"选项卡"绘图"面板中的"矩形"按钮▢，绘制一个长为 1mm，宽为 3mm 的矩形，如图 12-86 所示。

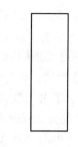

2）选择菜单栏中的"工具"→"绘图设置"命令，在弹出的"草图设置"对话框中设置角度，如图 12-87 所示。单击"默认"选项卡"绘图"面板中的"直线"按钮╱，关闭"正交"模式，绘制长度为 2mm 的斜线，如图 12-88 所示。

3）单击"默认"选项卡"修改"面板中的"镜像"按钮⚠，将图 12-88 所示的斜线以矩形两个宽边的中点为镜像线，对称复制到下边，如图 12-89 所示。

图 12-86　绘制矩形

4）单击"默认"选项卡"绘图"面板中的"直线"按钮╱，连接两斜线端点，如图 12-90 所示，即为喇叭的图形符号。

图 12-87　"草图设置"对话框

图 12-88　绘制斜线　　　　图 12-89　镜像图形　　　　图 12-90　喇叭符号

❷ 绘制障碍灯。

1）单击"默认"选项卡"绘图"面板中的"矩形"按钮▢，绘制一个长度为 3mm，宽度为 3.5mm 的矩形，如图 12-91a 所示。

2）单击"默认"选项卡"绘图"面板中的"圆"按钮⊙，以矩形上边中点为圆心，绘制半径是 1.5mm 的圆。

3）单击"默认"选项卡"修改"面板中的"修剪"按钮✄，修剪掉圆在矩形内的部分，结果如图 12-91b 所示。

❸ 绘制警铃符号。

1）单击"默认"选项卡"绘图"面板中的"圆"按钮⊙，绘制半径为 2.5mm 的圆。

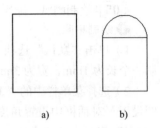

a)　　　b)

图 12-91　障碍灯符号

2）单击"默认"选项卡"绘图"面板中的"直线"按钮╱，绘制圆的水平和竖直直径，如图 12-92a 所示。

3）单击"默认"选项卡"修改"面板中的"偏移"按钮⊏，将步骤 2）中绘制的水平直径向下偏移 1.5mm，竖直直径向左右各偏移 1mm，如图 12-92b 所示。

4）单击"默认"选项卡"绘图"面板中的"直线"按钮╱，分别连接图 12-92b 中点 P 与点 T，点 q 与点 S。

5）单击"默认"选项卡"修改"面板中的"修剪"按钮✄，修剪掉多余的线段，结果如图 12-92c 所示，即为绘制完成的警铃符号。

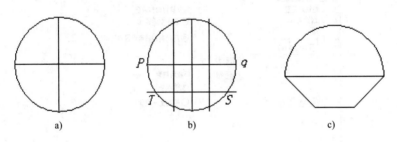

a)　　　　　　　　b)　　　　　　　　c)

图 12-92　警铃符号

❹ 诱导灯符号。

1）单击"默认"选项卡"绘图"面板中的"直线"按钮╱，绘制长度为 3mm 的竖直直线，如图 12-93a 所示。

2）单击"默认"选项卡"修改"面板中的"旋转"按钮↻，选择"复制"模式，将步骤 1）绘制的竖直直线绕下端点旋转 60°，结果如图 12-93b 所示。单击"默认"选项卡"修改"面板中的"旋转"按钮↻，选择"复制"模式，将步骤 1）中绘制的竖直直线绕上端点旋转 −60°，结果如图 12-93c 所示，即为绘制完成的诱导灯符号。

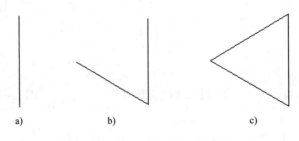

a)　　　　　　　b)　　　　　　　c)

图 12-93　诱导灯符号

❺ 移动图形。单击"默认"选项卡"修改"面板中的"移动"按钮 ✛，将上面绘制的喇叭、障碍灯、警铃与诱导灯符号插入到图 12-94 中合适的位置，单击"默认"选项卡"绘图"面板中的"直线"按钮 ╱，添加连接线，部分图形如图 12-94 所示。

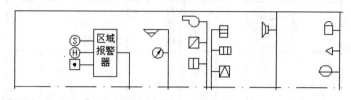

图 12-94 移动图形

❻ 复制图形。单击"默认"选项卡"修改"面板中的"复制"按钮 ❏，将移动到图 12-94 中的警铃和诱导灯符号依次向下 25mm 和 72mm 复制，将喇叭符号向下 25mm 和 72mm 复制，单击"默认"选项卡"修改"面板中的"修剪"按钮 ✂，修剪掉多余的线段，并且补充绘制其他图形，如图 12-95 所示。

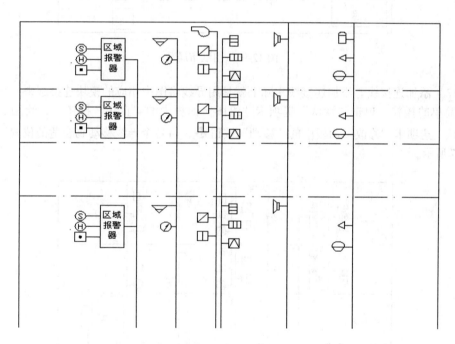

图 12-95 复制图形

06 绘制其他设备标志框。单击"默认"选项卡"绘图"面板中的"矩形"按钮 ▢，绘制一系列的矩形，以下矩形为各主要组成部分在图 12-96 中的位置分布。

在图 12-96 中，各个图形的尺寸如下：

● 矩形 1：15mm × 9mm；矩形 5：10mm × 25mm；矩形 9：8mm × 25mm。
● 矩形 2：15mm × 9mm；矩形 6：10mm × 10mm；矩形 10：8mm × 25mm。
● 矩形 3：6mm × 22mm；矩形 7：20mm × 25mm；矩形 11：27mm × 13.5mm。
● 矩形 4：5mm × 25mm；矩形 8：10mm × 25mm；矩形 12：27mm × 13.5mm。

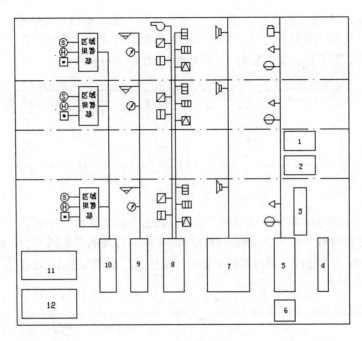

图 12-96　图纸布局

07 添加连接线。添加连接线实际上就是用导线将图中相应的模块连接起来，只需要执行一些简单的操作，单击"默认"选项卡"绘图"面板中的"直线"按钮／，绘制导线，单击"默认"选项卡"修改"面板中的"移动"按钮✥，将各个导线移动到合适的位置，结果如图 12-97 所示。

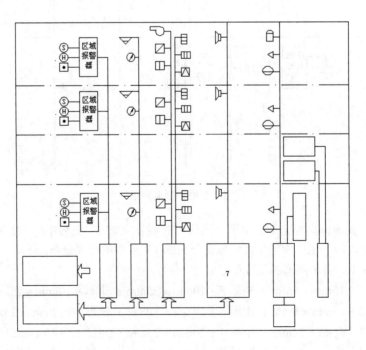

图 12-97　添加连接线

08 添加各部件文字。将"标注层"设置为当前图层，在布局图中对应的矩形中间和各元件旁边加入各主要部分的文字。单击"默认"选项卡"修改"面板中的"分解"按钮 ⬚⬚，将图 12-97 中的矩形 7 边框分解为直线，然后等分矩形 7 的长边，命令行中的提示与操作如下：

```
命令：_div
选择要定数等分的对象：( 选择矩形 7 的一条长边 )
输入线段数目或 [ 块 (B)]：输入 7 ↙
```

单击"默认"选项卡"绘图"面板中的"直线"按钮 ╱，以各个节点为起点水平向右绘制直线，长度为 20mm，如图 12-98 所示。

单击"默认"选项卡"注释"面板中的"多行文字"按钮 **A**，在空白格内添加需要的文字内容，最后单击"确定"按钮。

如果觉得文字的位置不理想，可以选定文字，将文字移动到需要的位置，添加完文字后，结果如图 12-99 所示。

图 12-98　绘制直线

图 12-99　添加文字

重复"多行文字"命令，添加其他文字，结果如图 12-100 所示。仔细检查图形，补充绘制消防泵，送风机等其他图形，最终结果如图 12-53 所示。

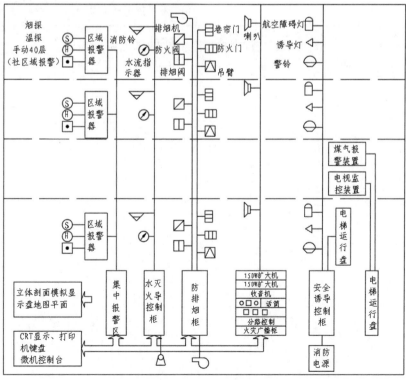

图 12-100　添加文字

345

📖 12.3.4 小结与引申

本小节阐述了建筑电气系统中绘制各元件和设备符号的方法，通过本节学习，读者可以了解建筑电气系统图的基本绘制方法与技巧，进而达到独立设计建筑系统图的目的。需要强调的是，绘制建筑电气系统图的前提是对所设计对象整个系统的运转和功能有充分认识，从这个意义上说，建筑电气系统图的设计工作是一项比较复杂的工作，需要读者加强各方面的知识。利用上述方法绘制如图 12-101 所示的酒店消防报警系统图及消防系统图。

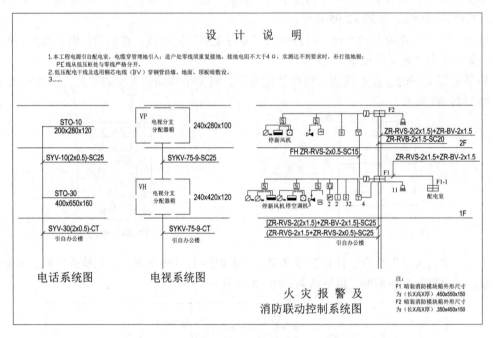

图 12-101　酒店消防报警系统图及消防系统图

第 **13** 章

高低压开关柜电气设计综合实例

本章将围绕高低压开关柜电气设计实例展开讲述。高低压开关柜是典型的电力电气组成部分，其电气设计包括 ZN13-10 弹簧机构直流控制原理图、ZN13-10 弹簧机构直流内部接线图、电压测量回路图、电度计量回路原理图、柜内自动控温风机控制原理图、开关柜基础安装柜等。下面将分别介绍上述各个部分的原理、组成结构及其绘制方法。

通过本章实例的学习，读者将完整体会在 AutoCAD 2024 环境下进行具体电力电气工程设计的方法和过程。

学 习 要 点

◎ ZN13-10 弹簧机构直流控制原理图
◎ ZN13-10 弹簧机构直流内部接线图
◎ 电压测量回路图
◎ 开关柜基础安装柜

13.1 ZN13-10 弹簧机构直流控制原理图

 绘制思路

图 13-1 所示为 ZN13-10 弹簧机构直流控制原理图。首先绘制样板文件并设置绘图环境，然后绘制电路元件图形符号，最后绘制系统图。

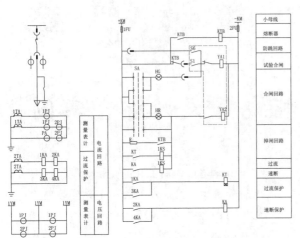

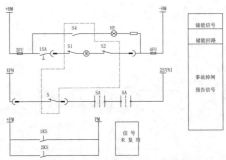

16	QF	真空断路器		1
15	SS	手车连锁开关	F10-6Ⅱ/W2	1
14	1SA	开关	KN3-Ⅰ-Ⅰ	1
13	3∽4FU	熔断器	aM1-10/10A	2
12	1∽2FU	熔断器	aM1-10/6A	2
11	KA	中间继电器	DZY204 220V	1
10	R	电阻	ZG11-25W 1Ω	1
9	KTB	防跳继电器	DZB-213 220V 1A	1
8	KT	时间继电器	DS-31C 220V	1
7	1∽4KA	电流继电器	DL-310A	各2
6	1KS、2KS	信号继电器	DX31 0.5A	2
5	HR、HG、HY	信号灯	AD11-25220V红绿黄	各1
4	SA	控制开关	LW2-Z1a.46a4020/fF8	1
3	PJ2	无功电度表	DX863-2B 100V 3(6)A	1
2	PJ1	有功电度表	DS862-2B 100V 3(6)A	1
1	PA	电流表	JE96-A/5A	1
序号	符 号	名 称	型号及规格	数量

图 13-1 ZN13-10 弹簧机构直流控制原理图

13.1.1 绘制样板文件

01 建立新文件。

❶ 打开 AutoCAD 2024 应用程序，单击快速访问工具栏中的"新建"按钮，新建空白图形文件。

❷ 单击快速访问工具栏中的"保存"按钮，将文件保存为"样板图"文件，如图 13-2 所示。

❸ 单击"确定"按钮，弹出"样板选项"对话框，如图 13-3 所示。单击"确定"按钮，完成样板文件的创建。

02 设置图层。

❶ 单击"默认"选项卡"图层"面板中的"图层特性"按钮，打开"图层特性管理器"

选项板。新建"线路""元件符号""线路 1"和"文字说明"4 个图层，各图层设置如图 13-4 所示。将"元件符号"图层设置为当前图层。

❷ 单击快速访问工具栏中的"保存"按钮 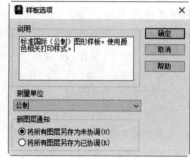，保存样板文件。

图 13-2 "图形另存为"对话框   图 13-3 "样板选项"对话框

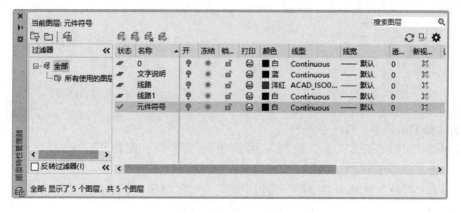

图 13-4 图层设置

13.1.2 设置绘图环境

01 打开 AutoCAD 2024 应用程序，单击快速访问工具栏中的"打开"按钮 🗁，打开"样板图"文件。

02 单击快速访问工具栏中的"保存"按钮 🖫，将文件保存为"ZN13-10 弹簧机构直流控制原理图 .dwg"图形文件。

13.1.3 绘制电路元件图形符号

01 绘制电阻图形符号。

❶ 单击"默认"选项卡"绘图"面板中的"矩形"按钮 ▭，绘制尺寸为 10mm×3mm 的

矩形，如图 13-5 所示。

❷ 单击"默认"选项卡"绘图"面板中的"直线"按钮 ∕，利用"对象捕捉"命令，绘制过矩形两侧边中点的直线，如图 13-6 所示。

图 13-5 绘制矩形   图 13-6 绘制直线

❸ 单击"默认"选项卡"修改"面板中的"拉长"按钮 ∕，将步骤❷绘制的直线向左右两侧各拉长 5mm，命令行中的提示与操作如下：

```
命令：_lengthen
选择对象或 [ 增量 (DE)/ 百分数 (P)/ 全部 (T)/ 动态 (DY)]: de
输入长度增量或 [ 角度 (A)] <0.0000>: 5
选择要修改的对象或 [ 放弃 (U)]: ( 单击图 13-5 中的直线 1 处，拉长左侧 )
选择要修改的对象或 [ 放弃 (U)]: ( 单击图 13-5 中的直线 2 处，拉长右侧 )
选择要修改的对象或 [ 放弃 (U)]:
```

拉长直线，如图 13-7 所示。

❹ 单击"默认"选项卡"修改"面板中的"修剪"按钮 ✂，修剪矩形内部直线，如图 13-8 所示。

图 13-7 拉长直线   图 13-8 修剪图形

（02） 绘制熔断器（FU）图形符号。

❶ 单击"默认"选项卡"绘图"面板中的"矩形"按钮 ▭，绘制矩形，尺寸为 5mm×15mm，如图 13-9 所示。

❷ 单击"默认"选项卡"绘图"面板中的"直线"按钮 ∕，绘制过矩形中点的直线，如图 13-10 所示。

图 13-9 绘制矩形   图 13-10 绘制直线

（03） 绘制插头和插座图形符号。

❶ 单击"默认"选项卡"绘图"面板中的"圆弧"按钮 ◠，绘制半圆弧，圆弧半径为 8mm。命令行提示与操作如下：

命令：_arc
指定圆弧的起点或 [圆心 (C)]: c
指定圆弧的圆心：
指定圆弧的起点：@-8, 0
指定圆弧的端点或 (按住 Ctrl 键以切换方向) 或 [角度 (A)/ 弦长 (L)]: a
指定夹角 (按住 Ctrl 键以切换方向): -180

绘制圆弧，如图 13-11 所示。

❷ 单击"默认"选项卡"绘图"面板中的"直线"按钮 ╱，捕捉圆弧顶点和圆心，绘制长度为 20mm 的直线，如图 13-12 所示。

❸ 单击"默认"选项卡"绘图"面板中的"矩形"按钮 ▭，绘制矩形。

❹ 单击"默认"选项卡"绘图"面板中的"图案填充"按钮 ▨，填充步骤❸绘制的矩形，如图 13-13 所示。

图 13-11　绘制圆弧 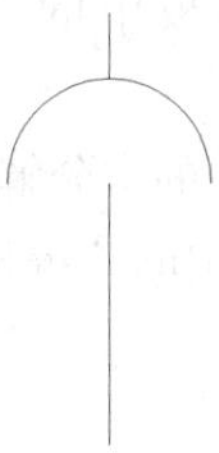　　　　图 13-12　绘制直线　　　　图 13-13　填充矩形

(04) 绘制开关常开触点图形符号。

❶ 单击"默认"选项卡"绘图"面板中的"直线"按钮 ╱，绘制三段长度为 10mm 的直线，如图 13-14 所示。

❷ 单击"默认"选项卡"修改"面板中的"旋转"按钮 ↻，捕捉中间线右端点，旋转直线，角度为 30°，如图 13-15 所示。

图 13-14　绘制直线 　　　　　　　　图 13-15　旋转直线

(05) 绘制开关动断常闭触点图形符号。

❶ 单击"默认"选项卡"绘图"面板中的"直线"按钮 ╱，绘制三段长度为 10mm 的直线，如图 13-16 所示。

❷ 单击"默认"选项卡"修改"面板中的"旋转"按钮 ↻，捕捉中间线右端点，旋转直线，角度为 30°，如图 13-17 所示。

图 13-16　绘制直线 　　　　　　　　图 13-17　旋转直线

❸ 单击"默认"选项卡"修改"面板中的"拉长"按钮╱，将步骤❷旋转的直线向外拉长 3mm。

❹ 单击"默认"选项卡"绘图"面板中的"直线"按钮╱，捕捉端点，绘制竖直直线，如图 13-18 所示。

06 绘制电度表图形符号。

❶ 单击"默认"选项卡"绘图"面板中的"圆"按钮⊙，绘制半径为 8mm 的圆。

图 13-18　绘制直线

❷ 单击"默认"选项卡"绘图"面板中的"直线"按钮╱，绘制过圆心的直线，如图 13-19 所示。

07 绘制接地图形符号。

❶ 单击"默认"选项卡"绘图"面板中的"多边形"按钮⬠，绘制正三角形，外接圆半径为 10mm。

❷ 单击"默认"选项卡"修改"面板中的"旋转"按钮↻，旋转角度为 180°，如图 13-20 所示。

❸ 单击"默认"选项卡"修改"面板中的"分解"按钮，分解正三角形。

❹ 单击"默认"选项卡"修改"面板中的"偏移"按钮，将正三角形的一条边向下偏移 5mm，如图 13-21 所示。

图 13-19　电度表图形符号　　图 13-20　绘制并旋转正三角形　　图 13-21　偏移正三角形的边

❺ 单击"默认"选项卡"修改"面板中的"删除"按钮和"修剪"按钮，修剪多余部分，如图 13-22 所示。

❻ 单击"默认"选项卡"绘图"面板中的"直线"按钮╱，捕捉最上方直线的中点，绘制长度为 5mm 的竖直直线，如图 13-23 所示。

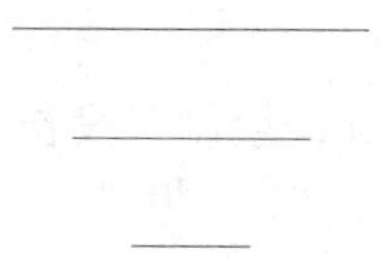

图 13-22　修剪图形　　　　　　　　　　图 13-23　绘制直线

08 绘制灯具图形符号。

❶ 单击"默认"选项卡"绘图"面板中的"圆"按钮⊙，在空白位置绘制适当大小的圆。

❷ 单击"默认"选项卡"绘图"面板中的"直线"按钮╱，绘制过圆心的两垂线，如图 13-24 所示。

❸ 单击"默认"选项卡"修改"面板中的"旋转"按钮 ⟳，将圆内直线分别旋转 30°、60°，如图 13-25 所示。

（09） 绘制线圈图形符号。

❶ 单击"默认"选项卡"绘图"面板中的"矩形"按钮 ⬜，绘制矩形。

❷ 单击"默认"选项卡"绘图"面板中的"直线"按钮 ／，捕捉矩形中点绘制直线，如图 13-26 所示。

图 13-24　绘制垂线

图 13-25　旋转直线

图 13-26　绘制直线

（10） 绘制电流互感器（TA）图形符号。

❶ 单击"默认"选项卡"绘图"面板中的"多段线"按钮 ⌐⟍，绘制如图 13-27 所示的图形。命令行提示与操作如下：

```
命令：_pline
指定起点：
当前线宽为 0.0000
指定下一个点或 [ 圆弧 (A)/ 半宽 (H)/ 长度 (L)/ 放弃 (U)/ 宽度 (W)]: 10
指定下一点或 [ 圆弧 (A)/ 闭合 (C)/ 半宽 (H)/ 长度 (L)/ 放弃 (U)/ 宽度 (W)]: 3
指定下一点或 [ 圆弧 (A)/ 闭合 (C)/ 半宽 (H)/ 长度 (L)/ 放弃 (U)/ 宽度 (W)]: A
指定圆弧的端点 ( 按住 Ctrl 键以切换方向 ) 或
[ 角度 (A)/ 圆心 (CE)/ 闭合 (CL)/ 方向 (D)/ 半宽 (H)/ 直线 (L)/ 半径 (R)/ 第二个点 (S)/ 放弃 (U)/ 宽度 (W)]: A
指定夹角：-180
指定圆弧的端点 ( 按住 Ctrl 键以切换方向 ) 或 [ 圆心 (CE)/ 半径 (R)]: R
指定圆弧的半径：5
指定圆弧的弦方向 ( 按住 Ctrl 键以切换方向 ) <90>: 0
指定圆弧的端点 ( 按住 Ctrl 键以切换方向 ) 或 [ 角度 (A)/ 圆心 (CE)/ 闭合 (CL)/ 方向 (D)/ 半宽 (H)/ 直线 (L)/ 半径 (R)/ 第二个点 (S)/ 放弃 (U)/ 宽度 (W)]: A
指定夹角：-180
指定圆弧的端点 ( 按住 Ctrl 键以切换方向 ) 或 [ 圆心 (CE)/ 半径 (R)]: R
指定圆弧的半径：5
指定圆弧的弦方向 ( 按住 Ctrl 键以切换方向 ) <270>: 0
指定圆弧的端点 ( 按住 Ctrl 键以切换方向 ) 或
[ 角度 (A)/ 圆心 (CE)/ 闭合 (CL)/ 方向 (D)/ 半宽 (H)/ 直线 (L)/ 半径 (R)/ 第二个点 (S)/ 放弃 (U)/ 宽度 (W)]: L
指定下一点或 [ 圆弧 (A)/ 闭合 (C)/ 半宽 (H)/ 长度 (L)/ 放弃 (U)/ 宽度 (W)]: 3
指定下一点或 [ 圆弧 (A)/ 闭合 (C)/ 半宽 (H)/ 长度 (L)/ 放弃 (U)/ 宽度 (W)]: 10
指定下一点或 [ 圆弧 (A)/ 闭合 (C)/ 半宽 (H)/ 长度 (L)/ 放弃 (U)/ 宽度 (W)]:
```

❷ 单击"默认"选项卡"绘图"面板中的"直线"按钮 ／，绘制水平直线，如图 13-28 所示。

图 13-27　绘制多段线　　　　　　　　　　图 13-28　绘制水平直线

📖 13.1.4　绘制一次系统图

01 将"线路 1"图层设置为当前图层。

02 单击"默认"选项卡"绘图"面板中的"直线"按钮 ／，绘制线路图，如图 13-29 所示。

03 单击"默认"选项卡"修改"面板中的"复制"按钮 ，复制插头和插座图形符号到线路图适当位置，如图 13-30 所示。

图 13-29　绘制线路图　　　　　　　图 13-30　复制插头和插座图形符号

04 单击"默认"选项卡"修改"面板中的"镜像"按钮 ，镜像插头和插座图形符号，如图 13-31 所示。

05 单击"默认"选项卡"修改"面板中的"复制"按钮 和"旋转"按钮 ，将开关常开触点图形符号复制到线路图适当位置，如图 13-32 所示。

06 单击"默认"选项卡"修改"面板中的"修剪"按钮 ，修剪多余线路，如图 13-33 所示。

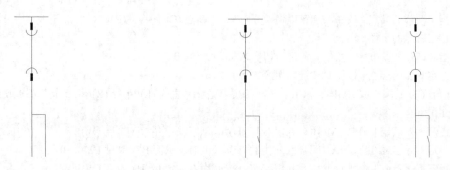

图 13-31　镜像插头和插座图形符号　　图 13-32　复制开关常开触点图形符号　　图 13-33　修剪图形

07 单击"默认"选项卡"绘图"面板中的"矩形"按钮▢，绘制矩形，如图13-34所示。

08 单击"默认"选项卡"绘图"面板中的"直线"按钮╱，捕捉矩形对角点，绘制直线，如图13-35所示。

09 单击"默认"选项卡"修改"面板中的"删除"按钮，删除矩形，完成断路器开关图形符号的绘制，如图13-36所示。

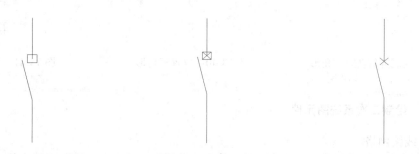

图13-34 绘制矩形　　　　图13-35 绘制直线　　　　图13-36 删除矩形

10 单击"默认"选项卡"修改"面板中的"缩放"按钮▢，缩放断路器开关图形符号，输入缩放比例为1.5。

11 单击"默认"选项卡"修改"面板中的"复制"按钮，复制电度表图形符号，将其放置到适当位置。单击"默认"选项卡"修改"面板中的"镜像"按钮，镜像电度表图形符号，如图13-37所示。

12 单击"默认"选项卡"修改"面板中的"复制"按钮，复制接地图形符号，将其放置到适当位置，如图13-38所示。

图13-37 镜像电度表图形符号　　　　图13-38 复制接地图形符号

13 单击"默认"选项卡"绘图"面板中的"多边形"按钮，绘制正三角形，内接圆半径为10mm。单击"默认"选项卡"修改"面板中的"旋转"按钮↻，旋转角度为180°，如图13-39所示。

14 单击"默认"选项卡"修改"面板中的"移动"按钮，将三角形放置到适当位置，如图13-40所示。

15 单击"默认"选项卡"修改"面板中的"延伸"按钮，延伸直线，完成一次系统图的绘制，如图13-41所示。

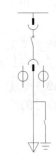

图 13-39　绘制并旋转正三角形　　　　图 13-40　放置三角形　　　　图 13-41　延伸直线

13.1.5　绘制二次系统图元件

01 线路网格。

❶ 将"线路 1"图层设置为当前图层。单击"默认"选项卡"绘图"面板中的"直线"按钮 ／，绘制测量表计线路图 1，如图 13-42 所示。

❷ 单击"默认"选项卡"修改"面板中的"复制"按钮 ，向下复制步骤❶绘制的线路图，显示过流保护。单击"默认"选项卡"绘图"面板中的"矩形"按钮 □ 和"直线"按钮 ／，绘制测量表计线路图 2，如图 13-43 所示。

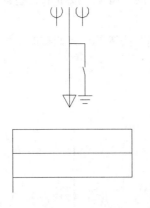

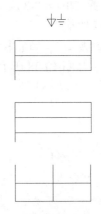

图 13-42　绘制测量表计线路图 1　　　　图 13-43　绘制测量表计线路图 2

❸ 单击"默认"选项卡"绘图"面板中的"矩形"按钮 □，绘制适当大小矩形。单击"默认"选项卡"修改"面板中的"分解"按钮 ，分解矩形。单击"默认"选项卡"绘图"面板中的"定数等分"按钮 ，将矩形左侧边线分成 15 份。单击"默认"选项卡"绘图"面板中的"直线"按钮 ／，连接等分点，如图 13-44 所示。

❹ 单击"默认"选项卡"绘图"面板中的"直线"按钮 ／和"修剪"按钮 ，按原理图修剪线路图，如图 13-45 所示。

同理，绘制右侧剩余线路图，如图 13-46 所示。

❺ 单击"默认"选项卡"绘图"面板中的"矩形"按钮 □ 和"直线"按钮 ／，绘制说明图块，如图 13-47 所示。

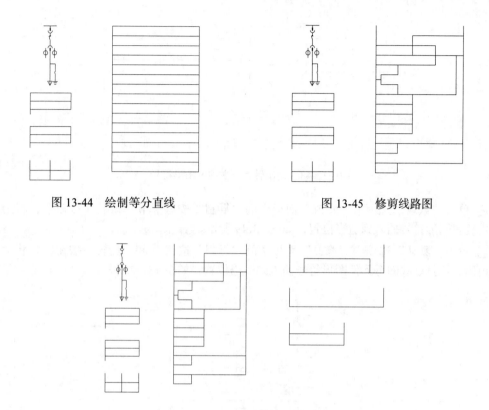

图 13-44　绘制等分直线　　　　　　　　　图 13-45　修剪线路图

图 13-46　绘制右侧剩余线路图

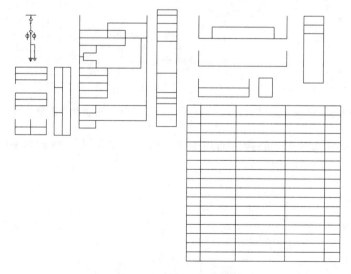

图 13-47　绘制说明图块

02 元件布置。

❶ 单击"默认"选项卡"绘图"面板中的"圆"按钮⊙，绘制适当大小的圆，并将圆放置到适当位置。单击"默认"选项卡"绘图"面板中的"直线"按钮／，绘制直线，并利用"特性"选项板，修改线型。完成转换开关 SA 图形符号的绘制，如图 13-48 所示。

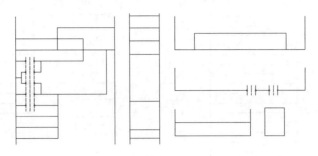

图 13-48　绘制转换开关 SA 图形符号

❷ 单击"默认"选项卡"修改"面板中的"复制"按钮 ⊞ 和"旋转"按钮 ↻，将上面绘制的电度表图形符号插入到适当位置，如图 13-49 所示。

❸ 单击"默认"选项卡"修改"面板中的"复制"按钮 ⊞ 和"旋转"按钮 ↻，将上面绘制的电阻、灯具、线圈等元件图形符号插入到适当位置，如图 13-50 所示。

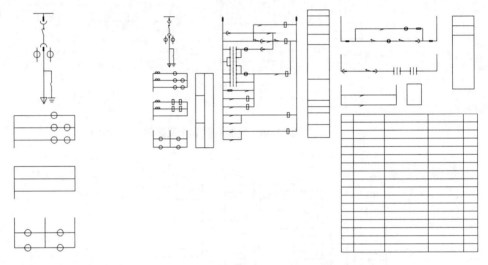

图 13-49　插入电度表图形符号　　　　图 13-50　布置元件图形符号

❹ 单击"默认"选项卡"修改"面板中的"修剪"按钮 ✂，修剪多余部分，如图 13-51 所示。

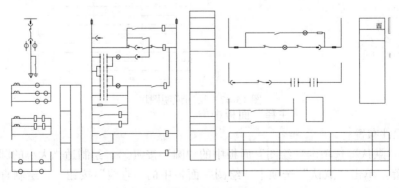

图 13-51　修剪图形

⑤ 单击"默认"选项卡"绘图"面板中的"直线"按钮／，绘制图中其余元件图形符号，如图 13-52 所示。

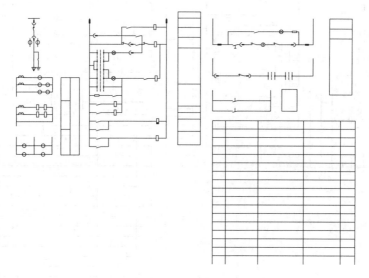

图 13-52　绘制其余元件图形符号

⑥ 将"线路"图层设置为当前图层。单击"默认"选项卡"绘图"面板中的"直线"按钮／，绘制线路，如图 13-53 所示。

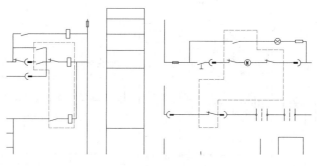

图 13-53　绘制线路

⑦ 单击"默认"选项卡"修改"面板中的"复制"按钮，将接地图形符号放置到适当位置，并进行相应修改，如图 13-54 所示。

(03) 添加文字说明。

❶ 将"文字说明"图层设置为当前图层。单击"默认"选项卡"注释"面板中的"多行文字"按钮A，在元件图形符号对应位置放置元件名称，如图 13-55 所示。

❷ 单击"默认"选项卡"注释"面板中的"多行文字"按钮A，在图框中输入文字，如图 13-56 所示。

❸ 单击快速访问工具栏中的"保存"按钮，保存电路图。

❹ 将绘制的电路元件文字符号复制到空白文件中，并将文件保存在源文件路径下，输入文件名称"元件符号"。

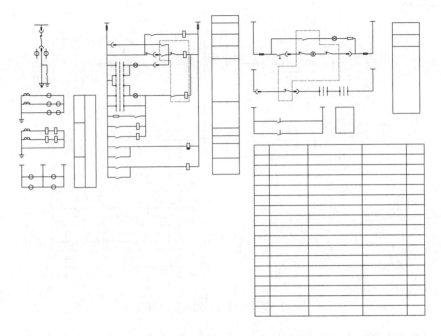

图 13-54　放置接地图形符号

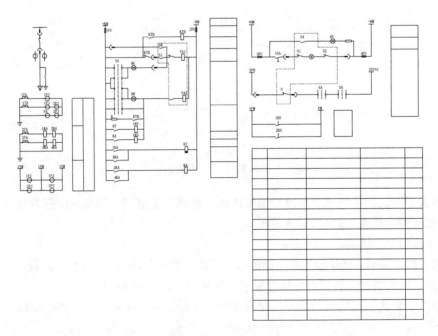

图 13-55　放置元件名称

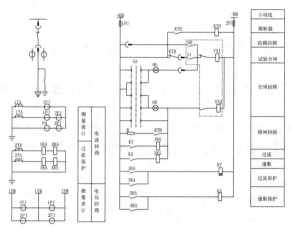

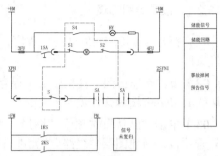

16	QF	真空断路器		1
15	SS	手车连锁开关	F10-6Ⅱ/W2	1
14	1SA	开关	KN3-Ⅰ-Ⅰ	1
13	3∽4FU	熔断器	aM1-10/10A	2
12	1∽2FU	熔断器	aM1-10/6A	2
11	KA	中间继电器	DZY204 220V	1
10	R	电阻	ZG11-25W 1Ω	1
9	KTB	防跳继电器	DZB-213 220V 1A	1
8	KT	时间继电器	DS-31C 220V	1
7	Ⅰ∽4KA	电流继电器	DL-310A	各2
6	1KS、2KS	信号继电器	DX31 0.5A	2
5	HR、HG、HY	信号灯	AD11-25220V红绿黄	各1
4	SA	控制开关	LW2-Z1a.46a4020/fF8	1
3	PJ2	无功电度表	DX863-2B 100V 3(6)A	1
2	PJ1	有功电度表	DS862-2B 100V 3(6)A	1
1	PA	电流表	JE96-A/5A	1
序号	符 号	名 称	型号及规格	数量

图 13-56　添加文字说明

13.2　ZN13-10 弹簧机构直流内部接线图

绘制思路

　　图 13-57 所示为 ZN13-10 弹簧机构直流内部接线图。首先设置绘图环境，然后绘制线路图，最后绘制元件图形符号并标注文字。

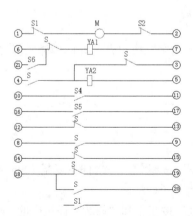

说明：ZN12除图上所画辅助开关接点外，尚有五开五闭可供选用，但应注意开关柜辅助回路仅有38组接点。

7	S6	行程开关	手动就地合闸	1
6	S5	行程开关	手动就地合闸	1
5	S1,S2,S4	行程开关	储能完成动作	各1
4	M	储能电机		1
3	S	辅助开关		1
2	YA1	合闸开关		1
1	YA2	分闸线圈		1
序号	符 号	名 称	用 途	数量

图 13-57　ZN13-10 弹簧机构直流内部接线图

13.2.1　设置绘图环境

01 打开 AutoCAD 2024 应用程序，单击快速访问工具栏中的"新建"按钮，新建空白图形文件。

02 单击快速访问工具栏中的"保存"按钮，将文件保存为"ZN13-10 弹簧机构直流内部接线图 .dwg"图形文件。

03 单击"默认"选项卡"图层"面板中的"图层特性"按钮，弹出"图层特性管理器"选项板，新建图层"线路""元件符号""表格""表格文字""说明文字"，其他设置如图 13-58 所示，将"线路"图层设置为当前图层。

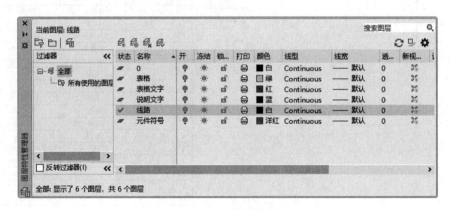

图 13-58　设置图层属性

13.2.2　绘制线路图

01 单击"默认"选项卡"绘图"面板中的"直线"按钮，绘制一条长度为 1000mm 的直线。单击"默认"选项卡"绘图"面板中的"圆"按钮，捕捉直线两端点，绘制半径为 25mm 的圆。单击"默认"选项卡"修改"面板中的"移动"按钮，如图 13-59 所示。

图 13-59　绘制直线和圆

02 单击"默认"选项卡"注释"面板中的"多行文字"按钮，在圆内输入标号，如图 13-60 所示。

图 13-60　输入标号

03 单击"默认"选项卡"修改"面板中的"复制"按钮，依次向下复制 100mm。双击多行文字，弹出"文字格式"编辑器，修改标号，如图 13-61 所示。

04 单击"默认"选项卡"绘图"面板中的"直线"按钮和"修改"面板中的"修剪"按钮，绘制线路并进行相应修剪，如图 13-62 所示。

图 13-61　复制并修改标号

图 13-62　复制并修剪图形

13.2.3　绘制元件图形符号

01 将"元件符号"图层设置为当前图层。单击"默认"选项卡"绘图"面板中的"直线"按钮╱，绘制辅助开关图形符号。单击"默认"选项卡"修改"面板中的"修剪"按钮，修剪辅助开关，如图 13-63 所示。

02 单击"默认"选项卡"修改"面板中的"复制"按钮，将辅助开关插入到适当位置，如图 13-64 所示。

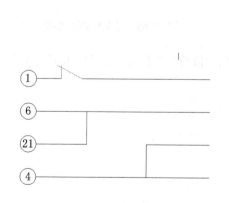

图 13-63　绘制辅助开关

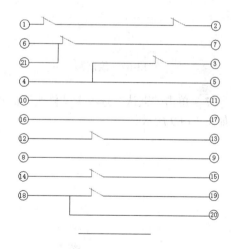

图 13-64　延伸直线

03 单击"默认"选项卡"绘图"面板中的"直线"按钮╱和"修改"面板中的"修剪"按钮，绘制行程开关，如图 13-65 所示。

04 单击"默认"选项卡"修改"面板中的"复制"按钮，将行程开关图形符号插入到适当位置。单击"默认"选项卡"修改"面板中的"删除"按钮和"修剪"按钮，如图 13-66 所示。

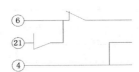

图 13-65　绘制行程开关图形符号　　　　图 13-66　插入并修剪行程开关图形符号

05 单击"默认"选项卡"绘图"面板中的"圆"按钮⊘，绘制适当半径的圆，如图 13-67 所示。

06 单击"默认"选项卡"绘图"面板中的"矩形"按钮▭，绘制线圈图形符号，如图 13-68 所示。

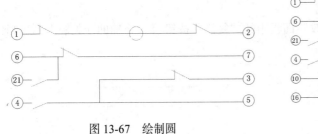

图 13-67　绘制圆　　　　　　　　　　图 13-68　绘制线圈图形符号

07 单击"默认"选项卡"修改"面板中的"修剪"按钮✂，修剪线圈图形符号内部线路，如图 13-69 所示。

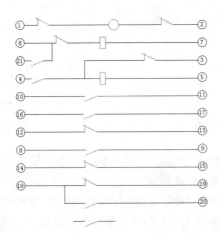

图 13-69　修剪图形符号内部线路

13.2.4 添加说明文字

01 将"说明文字"图层设置为当前图层。单击"默认"选项卡"注释"面板中的"多行文字"按钮**A**，在元件上方放置元件名称，如图 13-70 所示。

02 单击"默认"选项卡"注释"面板中的"多行文字"按钮**A**，在右侧空白位置添加说明文字，如图 13-71 所示。

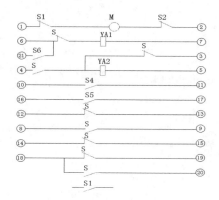

图 13-70 放置元件名称

说明：ZN12除图上所画辅助开关接点外，尚有五开五闭可供选用，单但应注意开关柜辅助回路仅有38组接点。

图 13-71 添加说明文字

03 将"表格"图层设置为当前图层。单击"默认"选项卡"绘图"面板中的"矩形"按钮□，在右下方绘制适当大小的矩形。单击"默认"选项卡"修改"面板中的"分解"按钮，分解矩形。单击"默认"选项卡"绘图"面板中的"定数等分"按钮，将矩形左侧竖直线分成8份。单击"默认"选项卡"绘图"面板中的"直线"按钮/，绘制矩形内网线，如图 13-72 所示。

图 13-72 绘制网线

04 将"表格文字"图层设置为当前图层。单击"默认"选项卡"注释"面板中的"多行文字"按钮**A**，在表格内输入文字。单击"默认"选项卡"修改"面板中的"复制"按钮，复制多行文字，并修改内容，如图 13-73 所示。

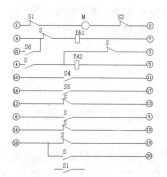

说明：ZN12除图上所画辅助开关接点外，尚有五开五闭可供选用，但应注意开关柜辅助回路仅有38组接点。

7	S6	行程开关	手动就地合闸	1
6	S5	行程开关	手动就地合闸	1
5	S1, S2, S4	行程开关	储能完成动作	各1
4	M	储能电机		1
3	S	辅助开关		1
2	YA1	合闸开关		1
1	YA2	分闸线圈		1
序号	符 号	名 称	用 途	数量

图 13-73 修改文字

05 单击快速访问工具栏中的"保存"按钮，保存电路图。

13.3 电压测量回路图

绘制思路

图 13-74 所示为电压测量回路图。首先设置绘图环境，然后绘制一次系统图，最后绘制二次系统图。

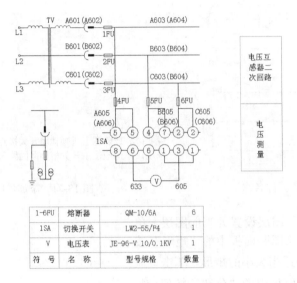

1-6FU	熔断器	QM-10/6A	6
1SA	切换开关	LW2-55/F4	1
V	电压表	JE-96-V 10/0.1KV	1
符　号	名　称	型号规格	数量

图 13-74　电压测量回路图

📖 13.3.1　设置绘图环境

01 打开 AutoCAD 2024 应用程序，单击快速访问工具栏中的"新建"按钮 🗋，新建空白图形文件。

02 单击快速访问工具栏中的"保存"按钮 💾，将文件保存为"电压测量回路图 .dwg"图形文件。

03 单击"默认"选项卡"图层"面板中的"图层特性"按钮 🔲，弹出"图层特性管理器"选项板。新建图层"线路""元件符号""表格""表格文字""说明文字"，其他设置如图 13-75 所示。将"线路"图层设置为当前图层。

📖 13.3.2　绘制一次系统图

01 绘制线路图。单击"默认"选项卡"绘图"面板中的"直线"按钮 ∕，绘制线路图，如图 13-76 所示。

02 插入元件图形符号。将"元件符号"图层设置为当前图层。单击快速访问工具栏中的"打开"按钮 📂，打开"电气符号"文件，复制所需电气元件图形符号熔断器、插座和插头、接地，并将其放置到图形空白处。单击"默认"选项卡"修改"面板中的"复制"按钮 🎝，将图形符号放置到适当位置，如图 13-77 所示。

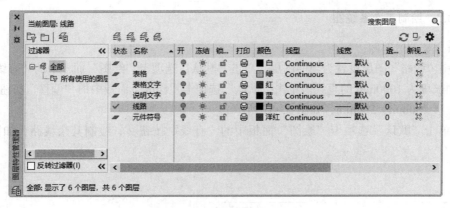

图 13-75　设置图层属性

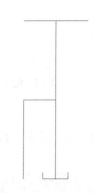

图 13-76　绘制线路图

图 13-77　插入元件图形符号

03 绘制电流互感器（TA）图形符号。

❶ 单击"默认"选项卡"绘图"面板中的"圆"按钮⊙，绘制适当大小圆。单击"默认"选项卡"修改"面板中的"复制"按钮❀，向下复制圆，绘制相交圆，如图 13-78 所示。

❷ 单击"默认"选项卡"绘图"面板中的"直线"按钮／，绘制接线端，如图 13-79 所示。

04 单击"默认"选项卡"修改"面板中的"移动"按钮✛ 和"复制"按钮❀，将电流互感器图形符号放置到适当位置。

05 单击"默认"选项卡"修改"面板中的"修剪"按钮✄，修剪多余线路，完成一次系统图的绘制，如图 13-80 所示。

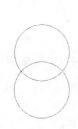

图 13-78　复制圆

图 13-79　绘制电流互感器（TA）图形符号

图 13-80　绘制一次系统图

13.3.3 绘制二次系统图

01 绘制线路图。

❶ 将"线路"图层设置为当前图层。单击"默认"选项卡"绘图"面板中的"直线"按钮 ∕，绘制长度为 1000mm 的直线。单击"默认"选项卡"修改"面板中的"偏移"按钮 ⊂，依次向下偏移 150mm、300mm，如图 13-81 所示。

❷ 单击"默认"选项卡"绘图"面板中的"直线"按钮 ∕，绘制其余线路，如图 13-82 所示。

图 13-81 绘制并偏移直线   图 13-82 绘制其余线路

02 布置元件。

❶ 将"元件符号"图层设置为当前图层。单击"默认"选项卡"绘图"面板中的"多段线"按钮 ⊃，绘制多段线。命令行提示与操作如下：

```
命令：_pline
指定起点：
当前线宽为 0.0000
指定下一个点或 [ 圆弧 (A)/ 半宽 (H)/ 长度 (L)/ 放弃 (U)/ 宽度 (W)]: 10
指定下一点或 [ 圆弧 (A)/ 闭合 (C)/ 半宽 (H)/ 长度 (L)/ 放弃 (U)/ 宽度 (W)]: a
指定圆弧的端点 ( 按住 Ctrl 键以切换方向 ) 或 [ 角度 (A)/ 圆心 (CE)/ 闭合 (CL)/ 方向 (D)/ 半宽 (H)/
直线 (L)/ 半径 (R)/ 第二个点 (S)/ 放弃 (U)/ 宽度 (W)]: a
指定夹角：-180
指定圆弧的端点 ( 按住 Ctrl 键以切换方向 ) 或 [ 圆心 (CE)/ 半径 (R)]: r
指定圆弧的半径：5
指定圆弧的弦方向 ( 按住 Ctrl 键以切换方向 ) <0>:
指定圆弧的端点 ( 按住 Ctrl 键以切换方向 ) 或 [ 角度 (A)/ 圆心 (CE)/ 闭合 (CL)/ 方向 (D)/ 半宽 (H)/
直线 (L)/ 半径 (R)/ 第二个点 (S)/ 放弃 (U)/ 宽度 (W)]: a
指定夹角：-180
指定圆弧的端点 ( 按住 Ctrl 键以切换方向 ) 或 [ 圆心 (CE)/ 半径 (R)]: r
指定圆弧的半径：5
指定圆弧的弦方向 ( 按住 Ctrl 键以切换方向 ) <270>: 0
指定圆弧的端点 ( 按住 Ctrl 键以切换方向 ) 或 [ 角度 (A)/ 圆心 (CE)/ 闭合 (CL)/ 方向 (D)/ 半宽 (H)/
直线 (L)/ 半径 (R)/ 第二个点 (S)/ 放弃 (U)/ 宽度 (W)]: a
指定夹角：-180
指定圆弧的端点 ( 按住 Ctrl 键以切换方向 ) 或 [ 圆心 (CE)/ 半径 (R)]: r
指定圆弧的半径：5
```

指定圆弧的弦方向 (按住 Ctrl 键以切换方向) <270>: 0

指定圆弧的端点 (按住 Ctrl 键以切换方向) 或 [角度 (A)/ 圆心 (CE)/ 闭合 (CL)/ 方向 (D)/ 半宽 (H)/ 直线 (L)/ 半径 (R)/ 第二个点 (S)/ 放弃 (U)/ 宽度 (W)]: a

指定夹角 : -180

指定圆弧的端点 (按住 Ctrl 键以切换方向) 或 [圆心 (CE)/ 半径 (R)]: r

指定圆弧的半径 : 5

指定圆弧的弦方向 (按住 Ctrl 键以切换方向) <270>: 0

指定圆弧的端点 (按住 Ctrl 键以切换方向) 或

[角度 (A)/ 圆心 (CE)/ 闭合 (CL)/ 方向 (D)/ 半宽 (H)/ 直线 (L)/ 半径 (R)/ 第二个点 (S)/ 放弃 (U)/ 宽度 (W)]: l

指定下一点或 [圆弧 (A)/ 闭合 (C)/ 半宽 (H)/ 长度 (L)/ 放弃 (U)/ 宽度 (W)]: 10

指定下一点或 [圆弧 (A)/ 闭合 (C)/ 半宽 (H)/ 长度 (L)/ 放弃 (U)/ 宽度 (W)]: (完成多段线绘制 , 如图 13-83 所示)

图 13-83　绘制多段线

❷ 单击 "默认" 选项卡 "修改" 面板中的 "移动" 按钮 ✛ , 将绘制的多段线放置到线路图适当位置 , 如图 13-84 所示。

❸ 单击 "默认" 选项卡 "修改" 面板中的 "复制" 按钮 , 复制多段线到对应位置。单击 "默认" 选项卡 "绘图" 面板中的 "直线" 按钮 ╱ , 绘制三条竖直直线。单击 "默认" 选项卡 "修改" 面板中的 "修剪" 按钮 , 修剪线路图中的多余部分 , 完成电压互感器图形符号的绘制 , 如图 13-85 所示。

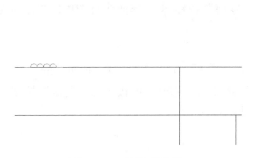

图 13-84　放置多段线

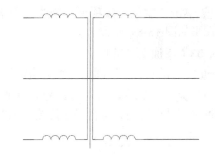

图 13-85　绘制电压互感器图形符号

❹ 单击 "默认" 选项卡 "修改" 面板中的 "复制" 按钮 和 "旋转" 按钮 ↻ , 复制插头和插座、熔断器图形符号 , 并将其放置到适当位置 , 如图 13-86 所示。

❺ 单击 "默认" 选项卡 "绘图" 面板中的 "圆" 按钮 ⊘ , 捕捉线路端点 , 绘制适当大小的圆。单击 "默认" 选项卡 "修改" 面板中的 "复制" 按钮 , 复制圆 , 完成接线端子图形符号的绘制 , 如图 13-87 所示。

❻ 单击 "默认" 选项卡 "绘图" 面板中的 "圆" 按钮 ⊘ , 继续捕捉线路端点 , 绘制适当大小的圆。单击 "默认" 选项卡 "修改" 面板中的 "复制" 按钮 , 复制圆 , 如图 13-88 所示。

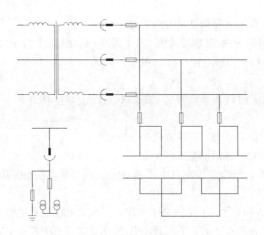

图 13-86　放置元件

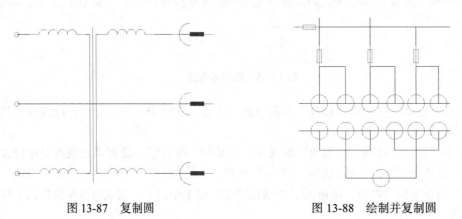

图 13-87　复制圆　　　　　　　　　　　　图 13-88　绘制并复制圆

❼ 单击"默认"选项卡"修改"面板中的"修剪"按钮，修剪线路图中的多余部分，完成图形如图 13-89 所示。

(03) 添加文字说明。

❶ 将"说明文字"图层设置为当前图层。单击"默认"选项卡"注释"面板中的"多行文字"按钮 A，在圆内输入对应标号。单击"默认"选项卡"修改"面板中的"复制"按钮，复制标号到其余圆内并进行相应修改，如图 13-90 所示。

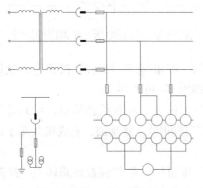

图 13-89　修剪图形

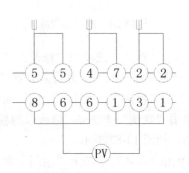

图 13-90　输入标号

❷ 单击"默认"选项卡"注释"面板中的"多行文字"按钮**A**和"修改"面板中的"复制"按钮，在元件上方输入对应名称，如图13-91所示。

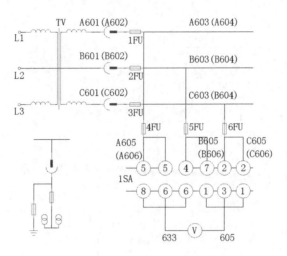

图13-91 输入元件名称

❸ 将"表格"图层设置为当前图层。单击"默认"选项卡"绘图"面板中的"矩形"按钮，在右侧空白处绘制适当大小的矩形。单击"默认"选项卡"绘图"面板中的"直线"按钮，绘制水平中心线，如图13-92所示。

❹ 单击"默认"选项卡"绘图"面板中的"矩形"按钮，在图形下方空白处绘制适当大小矩形。单击"默认"选项卡"修改"面板中的"分解"按钮，分解矩形。单击"默认"选项卡"绘图"面板中的"定数等分"按钮，选择矩形左侧竖直直线，将其分成4份。单击"默认"选项卡"绘图"面板中的"直线"按钮，捕捉等分点，绘制线路网格，如图13-93所示。

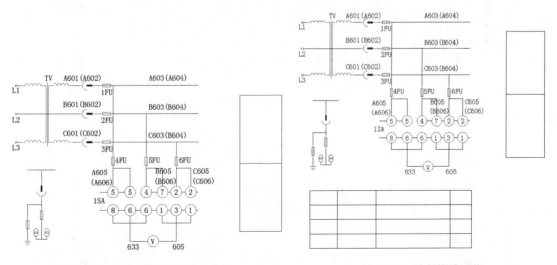

图13-92 绘制矩形和水平中心线　　　　图13-93 绘制线路网格

❺ 将"表格文字"图层设置为当前图层。单击"默认"选项卡"注释"面板中的"多行文字"按钮**A**，在表格左下方输入文字"符号"。单击"默认"选项卡"修改"面板中的"复制"

按钮 👯，捕捉矩形角点，复制其余文字并修改，如图 13-94 所示。

❻ 单击 "标准" 工具栏中的 "保存" 按钮 💾，保存电路图。

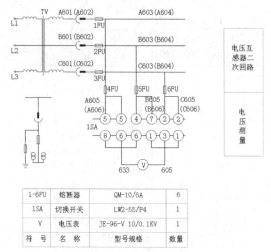

1-6FU	熔断器	QM-10/6A	6
1SA	切换开关	LW2-55/F4	1
V	电压表	JE-96-V 10/0.1KV	1
符 号	名 称	型号规格	数量

图 13-94　复制文字并修改

13.4　电度计量回路原理图

👉 绘制思路

图 13-95 所示为电度计量回路原理图。首先设置绘图环境，然后绘制一次系统图，最后绘制二次系统图。

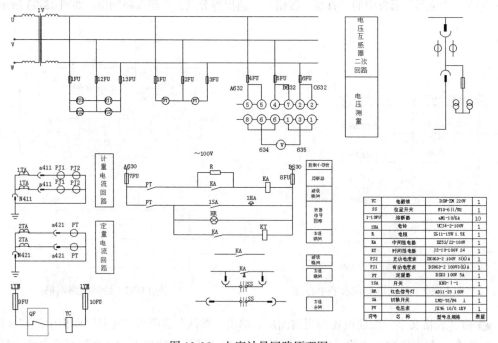

YC	电磁锁	DSM-ZM 220V	1
SS	位置开关	F10-6II/W2	1
1-13FU	熔断器	aM1-10/6A	10
1HA	电铃	UCJ4-2-100V	1
R	电阻	ZG-11-15W 1.5K	1
KA	中间继电器	DZ52/22-100V	1
KT	时间继电器	JS-10-100V 24	1
PJ2	无功电度表	DX863-2 100V 3(6)A	1
PJ1	有功电度表	DS863-2 100V3(6)A	1
PT	定量器	DSX3 100V 5A	1
1SA	开关	XN3-1-1	1
HR	红色信号灯	AD11-25 100V	1
SA	切换开关	LW2-55/F4	1
PV	电压表	JE96 10/0.1KV	1
符号	名 称	型号及规格	数量

图 13-95　电度计量回路原理图

📖 13.4.1 设置绘图环境

01 打开 AutoCAD 2024 应用程序，单击快速访问工具栏中的"新建"按钮，选择"样板图 .dwt"图形文件。

02 单击快速访问工具栏中的"保存"按钮，保存文件为"电度计量回路原理图 .dwg"。

03 将"线路"图层设置为当前图层。单击快速访问工具栏中的"打开"按钮，打开源文件路径下"ZN13-10 弹簧机构直流控制原理图""电压测量回路图""元件符号"图形文件，复制文件中的部分图形及所需元件图形符号，将其放置到原理图空白处，如图 13-96 所示。

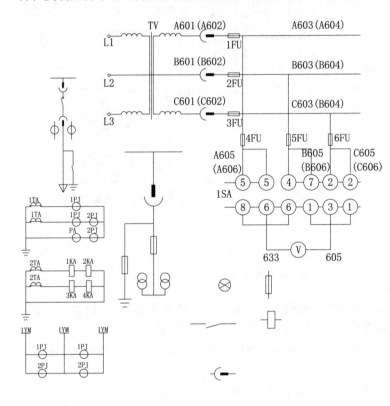

16	QF	真空断路器	F10-6 II /W2	1
15	SS	手车连锁开关	F10-6 II /W2	1
14	1SA	开关	KN3- I - I	1
13	3∽4FU	熔断器	aM1-10/10A	2
12	1∽2FU	熔断器	aM1-10/6A	2
11	KA	中间继电器	DZY204 220V	1
10	R	电阻	ZG11-25W 1欧姆	1
9	KTB	防跳继电器	DZB-213 220V 1A	1
8	KT	时间继电器	DS-31C 220V	1
7	1∽4KA	电流继电器	DL-310A	各1
6	1KS、2KS	信号继电器	DX31 0.5A	2
5	HR、HG、HY	信号灯	AD11-25220V红绿黄	各1
4	SA	控制开关	LW2-Z1a. 46a4020/fF8	1
3	PJ2	无功电度表	DX863-2B 100V 3(6)A	1
2	PJ1	有功电度表	DS862-2B 100V 3(6)A	1
1	PA	电流表	JE96-A/5A	1
序号	符　号	名　称	型号及规格	数量

图 13-96　放置一次系统图

📖 13.4.2 绘制一次系统图

01 单击"默认"选项卡"修改"面板中的"移动"按钮，将复制的一次系统图放置到右侧空白位置。

02 单击"默认"选项卡"修改"面板中的"移动"按钮和"绘图"面板中的"直线"按钮，连接剩余线路图。

03 单击"默认"选项卡"修改"面板中的"删除"按钮和"修剪"按钮，修剪多余线路，如图 13-97 所示。

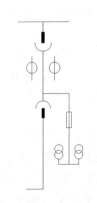

图 13-97　修剪一次系统图

📖 13.4.3　绘制二次系统图

01 单击"默认"选项卡"修改"面板中的"移动"按钮✛，将所用到的线路图放置到适当位置，如图13-98所示。

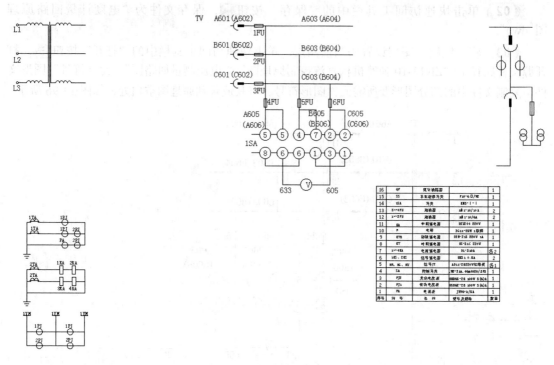

图13-98　放置线路图

02 单击"默认"选项卡"修改"面板中的"复制"按钮🗗和"删除"按钮🖍，复制对应电路图元件并删除多余元件或线路，修改后的线路图如图13-99所示。

03 单击"默认"选项卡"修改"面板中的"删除"按钮🖍和"修剪"按钮✂，修剪线路图的多余分支，如图13-100所示。

04 单击"默认"选项卡"修改"面板中的"复制"按钮🗗和"旋转"按钮↻，将所需元件图形符号放置到线路图中，如图13-101所示。

05 单击"默认"选项卡"修改"面板中的"修剪"按钮✂，修剪图形，如图13-102所示。

06 单击"默认"选项卡"修改"面板中的"复制"按钮🗗，复制文字并将其放置到所需元件上方，同时双击文字并修改文字内容，如图13-103所示。

07 单击"默认"选项卡"绘图"面板中的"直线"按钮╱，绘制剩余线路，如图13-104所示。

08 将"元件符号"图层设置为当前图层。单击"默认"选项卡"修改"面板中的"复制"按钮🗗，将所需元件图形符号放置到所需线路图中，如图13-105所示。

09 单击"默认"选项卡"绘图"面板中的"圆"按钮⊙，绘制适当大小的圆。单击"默认"选项卡"修改"面板中的"复制"按钮🗗，将圆放置到适当位置，如图13-106所示。

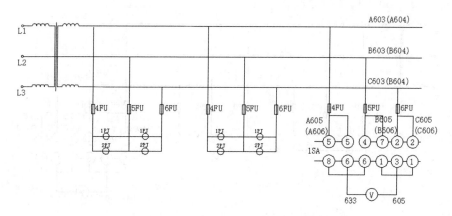

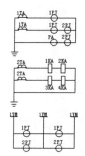

图 13-99　整理图形

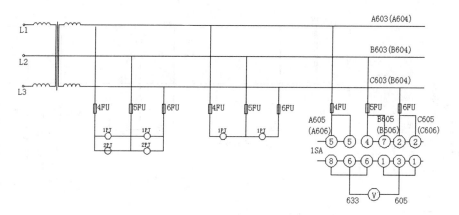

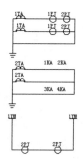

图 13-100　修剪分支

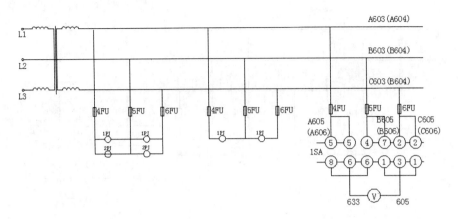

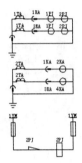

图 13-101　放置图形符号

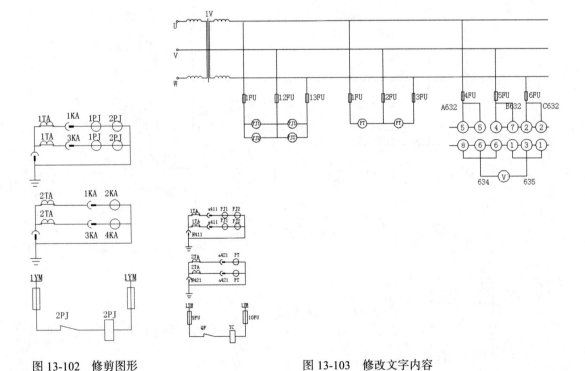

图 13-102　修剪图形　　　　　　　　图 13-103　修改文字内容

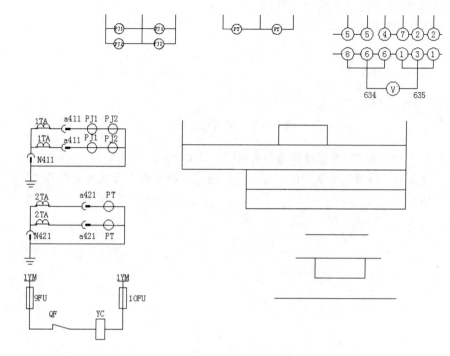

图 13-104　绘制剩余线路

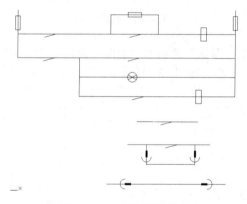

图 13-105　放置图形符号

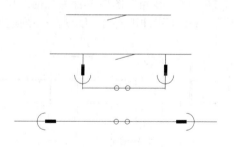

图 13-106　绘制并复制圆

(10) 单击"默认"选项卡"绘图"面板中的"直线"按钮 ／ 和"圆弧"按钮 ／，绘制其余元件图形符号，如图 13-107 所示。

(11) 将"线路 1"图层设置为当前图层。单击"默认"选项卡"绘图"面板中的"矩形"按钮 ▢，绘制线路。单击"默认"选项卡"绘图"面板中的"直线"按钮 ／，绘制竖直直线，如图 13-108 所示。

(12) 单击"默认"选项卡"修改"面板中的"修剪"按钮 ，修剪多余线路，结果如图 13-109 所示。

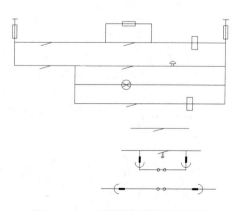

图 13-107　绘制其余元件图形符号

377

图 13-108　绘制竖直直线

13 将"文字说明"图层设置为当前图层。单击"默认"选项卡"注释"面板中的"多行文字"按钮 **A** 和"修改"面板中的"复制"按钮，在元件上方输入文件名称并进行修改，如图 13-110 所示。

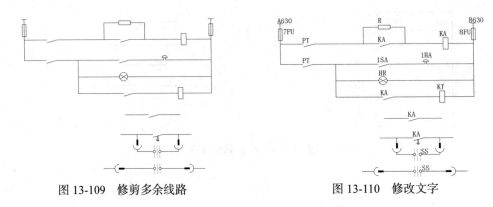

图 13-109　修剪多余线路　　　　　　　　图 13-110　修改文字

14 将"线路"图层设置为当前图层。单击"默认"选项卡"绘图"面板中的"矩形"按钮，在线路图相应位置中绘制一系列适当大小矩形，如图 13-111 所示。

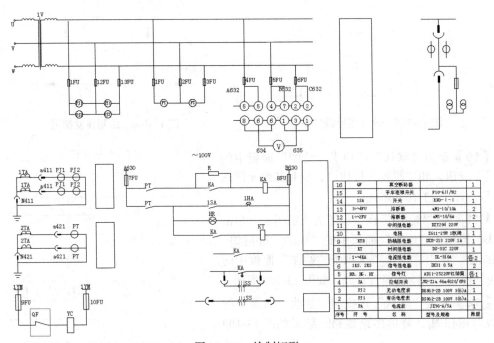

图 13-111　绘制矩形

15 单击"默认"选项卡"绘图"面板中的"直线"按钮 ∕，在矩形内绘制水平直线，隔出回路说明区域，如图 13-112 所示。

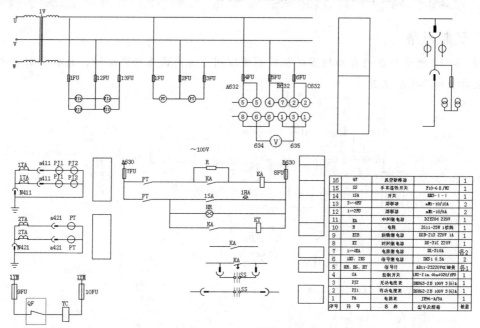

图 13-112 绘制隔断线

16 将"表格文字"图层设置为当前图层。单击"默认"选项卡"注释"面板中的"多行文字"按钮 A，在矩形框中输入对应回路名称。单击"默认"选项卡"修改"面板中的"删除"按钮 和"修剪"按钮，整理右下角表格，双击文字，修改文字，最终图形如图 13-113 所示。

17 单击快速访问工具栏中的"保存"按钮，保存电路图。

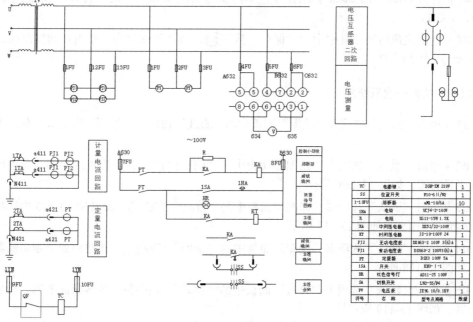

图 13-113 修剪结果

13.5 柜内自动控温风机控制原理图

绘制思路

图 13-114 所示为柜内自动控温风机控制原理图。首先设置绘图环境，然后绘制一次系统图，最后绘制二次系统图。

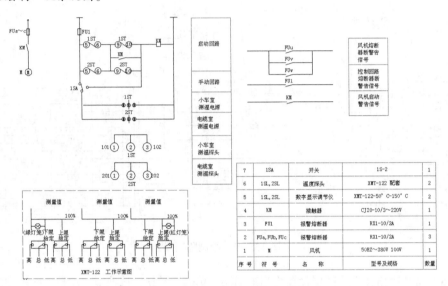

图 13-114　柜内自动控温风机控制原理图

7	1SA	开关	1S-2	1
6	1SL, 2SL	温度探头	XMT-122 配套	2
5	1SL, 2SL	数字显示调节仪	XMT-122-50°C-150°C	2
4	KM	接触器	CJ20-10/3～220V	1
3	FU1	报警熔断器	RX1-10/2A	1
2	FUa,FUb,FUc	报警熔断器	RX1-10/2A	3
1	M	风机	50HZ～380V 100W	1
序号	符号	名称	型号及规格	数量

13.5.1　设置绘图环境

01 打开 AutoCAD 2024 应用程序，单击快速访问工具栏中的"打开"按钮，打开"样板图"文件。

02 单击快速访问工具栏中的"保存"按钮，将文件保存为"柜内自动控温风机控制原理图 .dwg"图形文件。

13.5.2　绘制一次系统图

01 单击"默认"选项卡"绘图"面板中的"直线"按钮，绘制三段直线，如图 13-115 所示。

02 单击"默认"选项卡"绘图"面板中的"圆"按钮，捕捉直线两端，分别绘制两个不同半径的圆，如图 13-116 所示。

03 单击"默认"选项卡"修改"面板中的"旋转"按钮，旋转图 13-115 中选择的直线，旋转角度为 15°，如图 13-117 所示。

04 单击"默认"选项卡"绘图"面板中的"矩形"按钮，在空白处绘制熔断器图形符号，如图 13-118 所示。

05 单击"默认"选项卡"修改"面板中的"移动"按钮，将熔断器图形符号放置到适当位置，如图 13-119 所示。

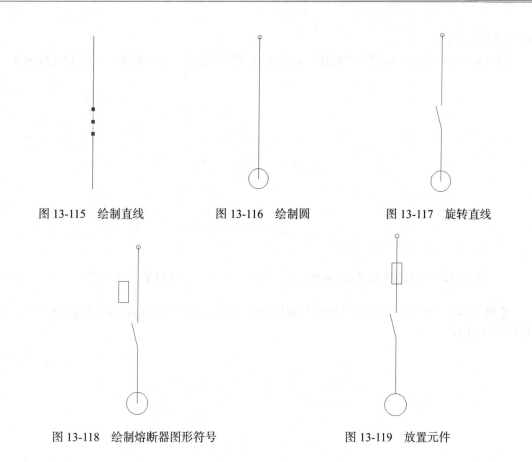

图 13-115　绘制直线　　　　　图 13-116　绘制圆　　　　　图 13-117　旋转直线

图 13-118　绘制熔断器图形符号　　　　　图 13-119　放置元件

13.5.3　绘制二次系统图

01 将"线路"图层设置为当前图层。单击"默认"选项卡"绘图"面板中的"直线"按钮 ╱，绘制启动回路线路网格，如图 13-120 所示。

02 单击"默认"选项卡"绘图"面板中的"直线"按钮 ╱，绘制 XMT-122 工作示意图线路网格，如图 13-121 所示。

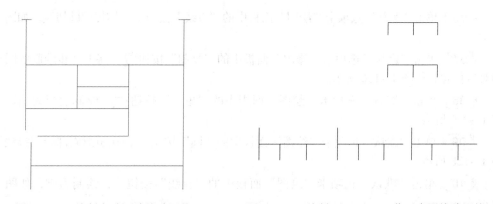

图 13-120　绘制启动回路线路网格　　　图 13-121　绘制 XMT-122 工作示意图线路网格

03 单击"默认"选项卡"绘图"面板中的"直线"按钮 ╱，绘制警告信号线路网格，如图 13-122 所示。

04 单击"默认"选项卡"绘图"面板中的"圆"按钮⊙，绘制圆，如图 13-123 所示。

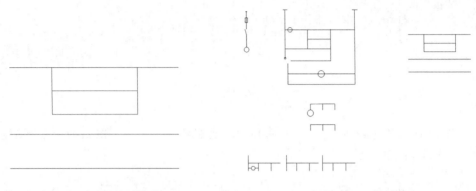

图 13-122　绘制警告信号线路网格　　　　　图 13-123　绘制圆

05 单击"默认"选项卡"注释"面板中的"多行文字"按钮**A**，在圆内输入编号，如图 13-124 所示。

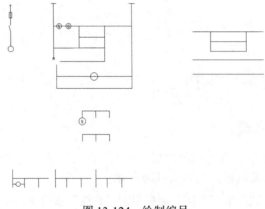

图 13-124　绘制编号

06 单击"默认"选项卡"绘图"面板中的"直线"按钮／，捕捉两圆切线，如图 13-125 所示。

07 单击"默认"选项卡"修改"面板中的"复制"按钮，将上几步绘制的图形放置到对应位置，如图 13-126 所示。

08 单击"默认"选项卡"绘图"面板中的"矩形"按钮，绘制适当大小矩形，如图 13-127 所示。

09 单击"默认"选项卡"绘图"面板中的"圆"按钮⊙，在矩形内部绘制接线端，如图 13-128 所示。

10 单击"默认"选项卡"绘图"面板中的"直线"按钮／，绘制引脚，如图 13-129 所示。

11 单击"默认"选项卡"修改"面板中的"复制"按钮，复制上几步绘制的元件并复制在适当位置，如图 13-130 所示。

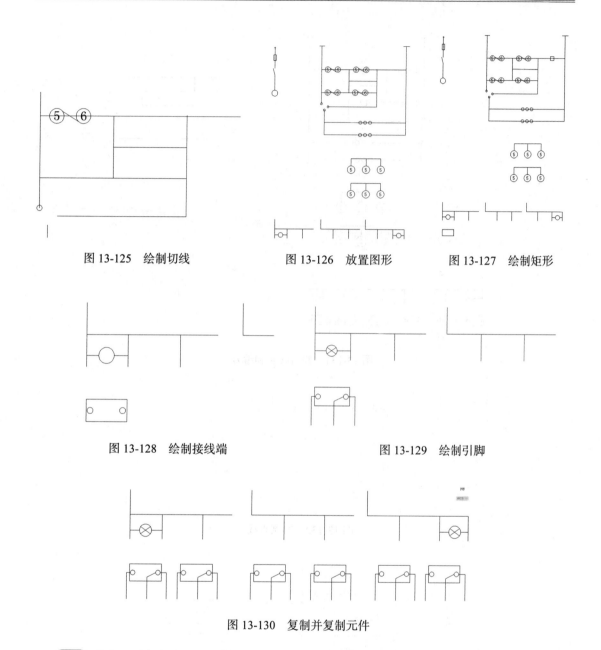

图 13-125　绘制切线　　　　图 13-126　放置图形　　　　图 13-127　绘制矩形

图 13-128　绘制接线端　　　　　　　　图 13-129　绘制引脚

图 13-130　复制并复制元件

(12) 单击"默认"选项卡"修改"面板中的"修剪"按钮✂，修剪多余线路，并修改编号内容，如图 13-131 所示。

(13) 单击"默认"选项卡"绘图"面板中的"直线"按钮／，在圆内绘制竖直短直线，如图 13-132 所示。

(14) 单击"默认"选项卡"修改"面板中的"复制"按钮🖧和"旋转"按钮🗘，选择一次系统图中的开关图形符号，并将其放置到对应位置。单击"默认"选项卡"修改"面板中的"修剪"按钮✂和"删除"按钮✍，修剪多余线路，如图 13-133 所示。

(15) 将"线路 1"图层设置为当前图层。单击"默认"选项卡"绘图"面板中的"矩形"按钮▭，绘制矩形虚线框，如图 13-134 所示。

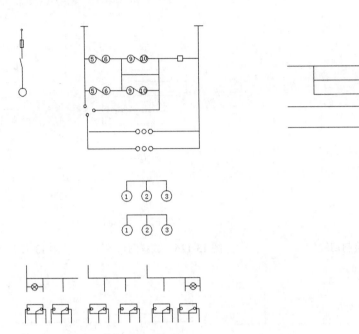

图 13-131　修剪线路和编号

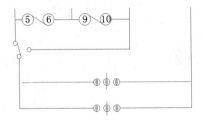

图 13-132　绘制直线

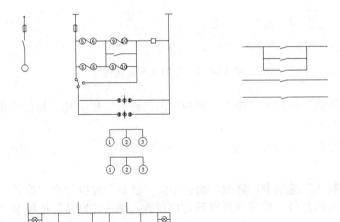

图 13-133　放置元件并修剪线路

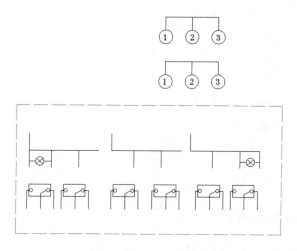

图 13-134　绘制矩形虚线框

16 将"文字说明"图层设置为当前图层。单击"默认"选项卡"注释"面板中的"多行文字"按钮 **A**，输入元件名称，如图 13-135 所示。

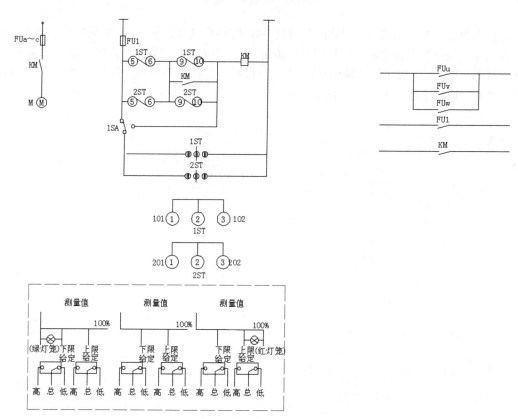

图 13-135　输入元件名称

17 将"线路 1"图层设置为当前图层。单击"默认"选项卡"绘图"面板中的"矩形"按钮，绘制适当大小的多个矩形，如图 13-136 所示。

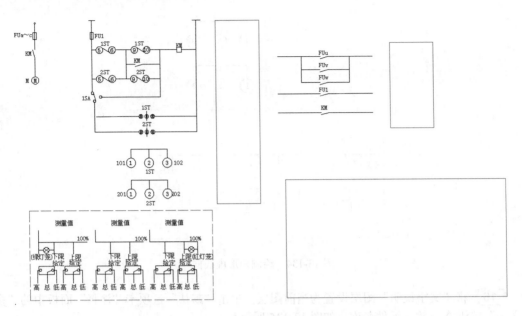

图 13-136 绘制多个矩形

18 单击"默认"选项卡"修改"面板中的"分解"按钮，分解右侧矩形。单击"默认"选项卡"绘图"面板中的"定数等分"按钮，选择矩形左侧竖直直线，将其分成 3 份。单击"默认"选项卡"绘图"面板中的"直线"按钮，捕捉等分点，绘制线路网格。同理，绘制其他矩形内的线路网格，如图 13-137 所示。

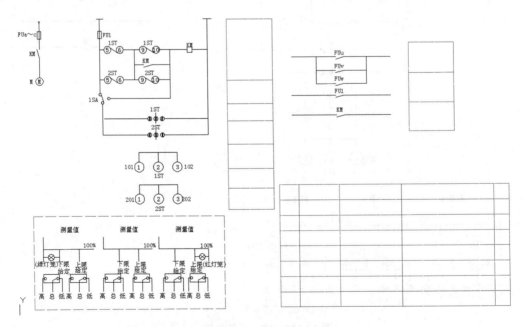

图 13-137 绘制线路网格

19 将"文字说明"图层设置为当前图层。单击"默认"选项卡"注释"面板中的"多行文字"按钮 A，在表格内输入文字，如图 13-138 所示。

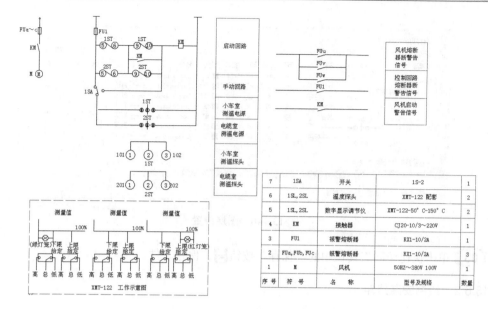

图 13-138　输入表格文字

7	1SA	开关	1S-2	1
6	1SL, 2SL	温度探头	XMT-122 配套	2
5	1SL, 2SL	数字显示调节仪	XMT-122-50°C-150°C	2
4	KM	接触器	CJ20-10/3～220V	1
3	FU1	报警熔断器	RX1-10/2A	1
2	FUa, FUb, FUc	报警熔断器	RX1-10/2A	3
1	M	风机	50HZ～380V 100V	1
序号	符号	名称	型号及规格	数量

单击快速访问工具栏中的"保存"按钮 💾，保存电路图。

13.6　开关柜基础安装柜

绘制思路

本实例绘制开关柜基础安装柜，如图 13-139 所示。首先设置绘图环境，然后绘制安装线路并布置安装图，最后添加文字标注。

13.6.1　设置绘图环境

01 打开 AutoCAD 2024 应用程序，单击快速访问工具栏中的"打开"按钮 📂，打开空白图形文件。单击快速访问工具栏中的"保存"按钮 💾，将文件保存为"开关柜基础安装柜 .dwg"图形文件。

02 设置图层。单击"默认"选项卡"图层"面板中的"图层特性"按钮，打开"图层特性管理器"选项板，新建"安装线路""元件符号""表格""图案""线路 1"和"文字标注" 6 个图层。各图层设置如图 13-140 所示，将"安装线路"图层设置为当前图层。

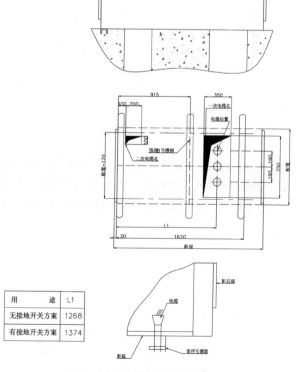

用　途	L1
无接地开关方案	1268
有接地开关方案	1374

图 13-139　开关柜基础安装柜

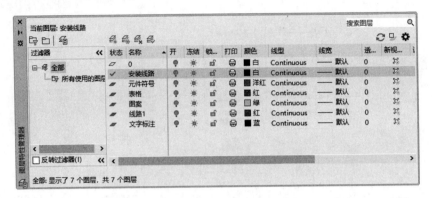

图 13-140　图层设置

03 单击快速访问工具栏中的"保存"按钮 ，保存文件。

13.6.2　绘制安装线路

01 单击"默认"选项卡"绘图"面板中的"直线"按钮 ，绘制上方线路，其中，水平直线长度为 2300mm，竖直直线长度为 500mm，如图 13-141 所示。

02 将"线路 1"图层设置为当前图层。单击"默认"选项卡"绘图"面板中的"直线"按钮 ，绘制中心线，长度分别为 2300mm、1200mm，如图 13-142 所示。

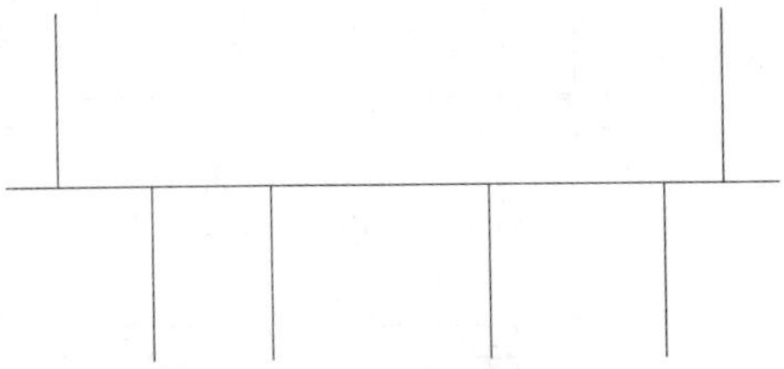

图 13-141　绘制线路

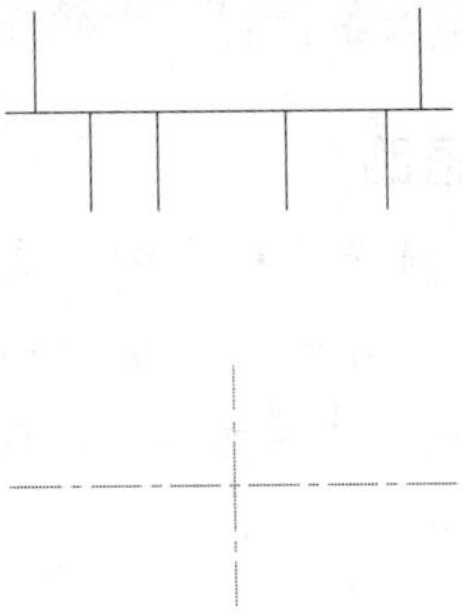

图 13-142　绘制中心线

03 单击"默认"选项卡"修改"面板中的"偏移"按钮 ，将水平中心线分别向上、向下偏移 190mm、400mm、460mm；将竖直中心线分别向两侧偏移 915mm，如图 13-143 所示。

04 单击"默认"选项卡"修改"面板中的"修剪"按钮 ，修剪多余线路，如图 13-144 所示。

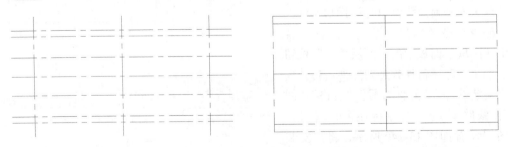

图 13-143　偏移中心线

图 13-144　修剪多余线路

13.6.3 布置安装图

01 将"元件符号"图层设置为当前图层。单击"默认"选项卡"绘图"面板中的"矩形"按钮□，绘制大小为 30mm×880mm 的矩形，如图 13-145 所示。

02 单击"默认"选项卡"绘图"面板中的"矩形"按钮□，绘制尺寸为 200mm×100mm 的矩形，如图 13-146 所示。

03 单击"默认"选项卡"绘图"面板中的"直线"按钮／，在 200mm×100mm 的矩形内部绘制折线，如图 13-147 所示。

图 13-145　绘制矩形　　　　图 13-146　绘制矩形　　　　图 13-147　绘制折线

04 单击"默认"选项卡"绘图"面板中的"圆"按钮⊙，绘制半径为 50mm 的圆。单击"默认"选项卡"绘图"面板中的"直线"按钮／，绘制相交中心线，如图 13-148 所示。

05 单击"默认"选项卡"绘图"面板中的"矩形"按钮□，绘制尺寸为 350mm×750mm 的矩形，如图 13-149 所示。

06 单击"默认"选项卡"绘图"面板中的"直线"按钮／，在 350mm×750mm 的矩形内部绘制折线，如图 13-150 所示。

图 13-148　绘制圆和中心线　　　图 13-149　绘制矩形　　　　图 13-150　绘制折线

07 单击"默认"选项卡"绘图"面板中的"矩形"按钮□，绘制多个适当大小的矩形，如图 13-151 所示。

08 单击"默认"选项卡"绘图"面板中的"多段线"按钮⟍⟋，绘制闭合图形，如图 13-152 所示。

09 单击"默认"选项卡"绘图"面板中的"直线"按钮／，绘制电缆图形符号，如图 13-153 所示。

10 单击"默认"选项卡"修改"面板中的"修剪"按钮✂，修剪直线，如图 13-154 所示。

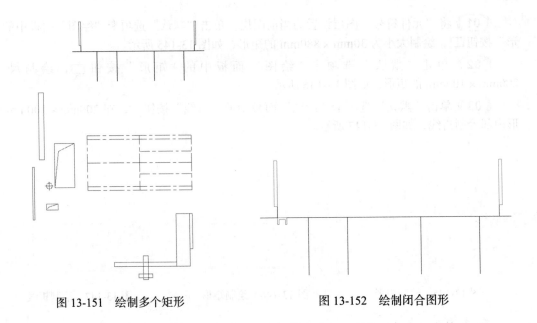

图 13-151　绘制多个矩形　　　　　　　　　图 13-152　绘制闭合图形

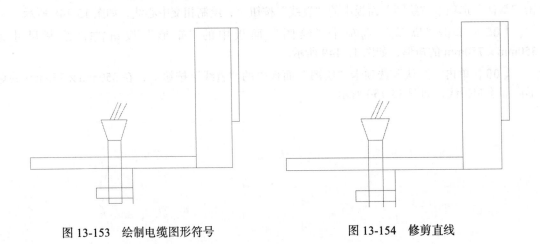

图 13-153　绘制电缆图形符号　　　　　　　　图 13-154　修剪直线

(11) 单击"默认"选项卡"修改"面板中的"复制"按钮 ⊞ 和"旋转"按钮 ↺，将绘制的元件图形符号放置到适当位置，如图 13-155 所示。

(12) 将"安装线路"图层设置为当前图层。单击"默认"选项卡"绘图"面板中的"样条曲线拟合"按钮 ∾，绘制波浪线。单击"默认"选项卡"修改"面板中的"修剪"按钮 ✂，修剪多余部分，如图 13-156 所示。

(13) 将"图案"图层设置为当前图层。单击"默认"选项卡"绘图"面板中的"图案填充"按钮 ▨，弹出"图案填充创建"选项卡，如图 13-157 所示，选择填充图案，完成图形填充，如图 13-158 所示。

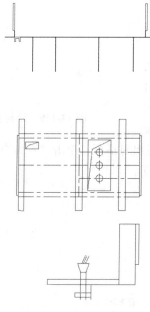

图 13-155　放置元件图形符号

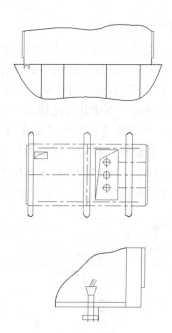

图 13-156　绘制波浪线并修剪多余部分

图 13-157　"图案填充创建"选项卡

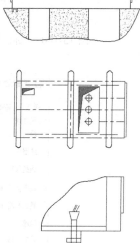

图 13-158　填充图形

13.6.4　添加文字标注

01 将"表格"图层设置为当前图层。单击"默认"选项卡"绘图"面板中的"矩形"按钮□，在安装图下方绘制尺寸为 1000mm × 600mm 的矩形。单击"默认"选项卡"修改"面板中的"分解"按钮，分解矩形。单击"默认"选项卡"修改"面板中的"偏移"按钮，将矩形上方水平直线向下偏移 200mm、400mm，将矩形右侧竖直直线向左偏移 300mm，绘制表格，如图 13-159 所示。

02 将"文字标注"图层设置为当前图层。单击"默认"选项卡"注释"面板中的"标注样式"按钮，弹出"标注样式管理器"对话框（见图 13-160），单击"新建"按钮，弹出"创建新标注样式"对话框，如图 13-161 所示。输入"新样式名"为"安装图"，单击"继续"按钮，弹出"新建标注样式：安装图"对话框，进行相应设置，如图 13-161~图 13-165 所示。单击"确定"按钮，退出对话框，单击"置为当前"按钮，将新建标注样式置为当前，单击"关闭"按钮，退出对话框。

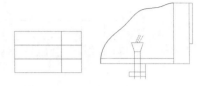

图 13-159 绘制表格

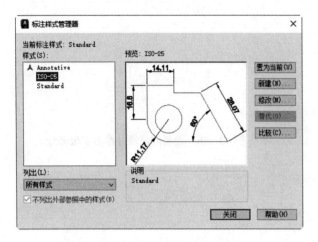

图 13-160 "标注样式管理器"对话框

图 13-161 "创建新标注样式"对话框

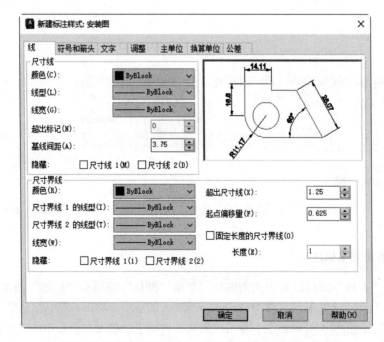

图 13-162 "新建标注样式：安装图"对话框"线"选项卡

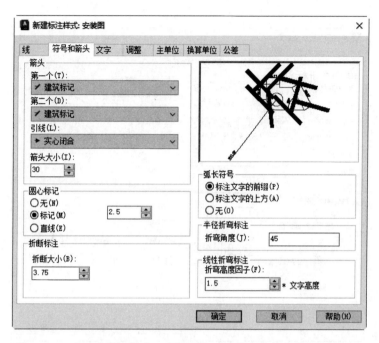

图 13-163　"新建标注样式：安装图"对话框"符号和箭头"选项卡

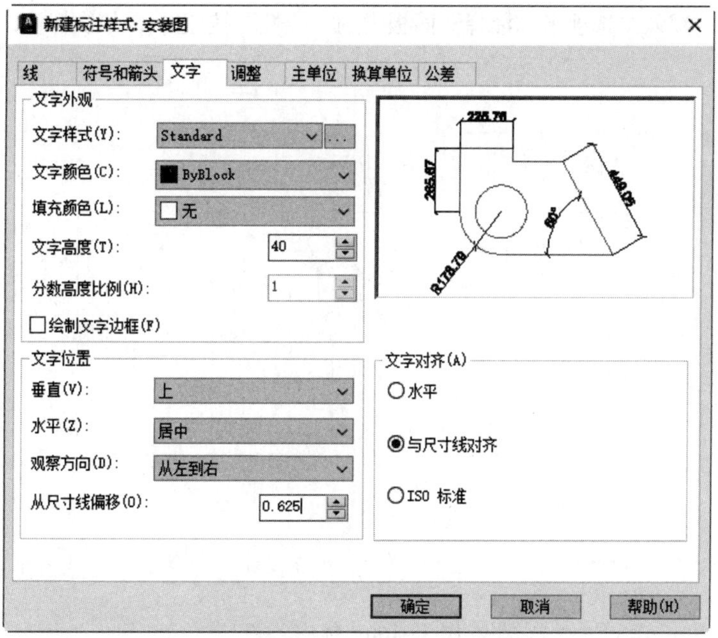

图 13-164　"新建标注样式：安装图"对话框"文字"选项卡

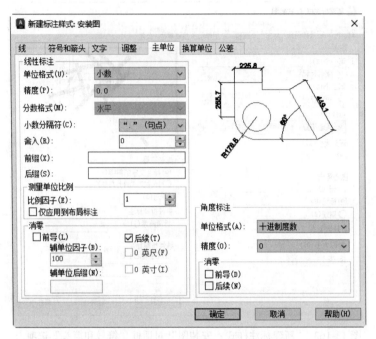

图 13-165　"新建标注样式：安装图"对话框"主单位"选项卡

03 单击"默认"选项卡"注释"面板中的"线性"按钮 ├─┤，依次标注文字，如图 13-166 所示。

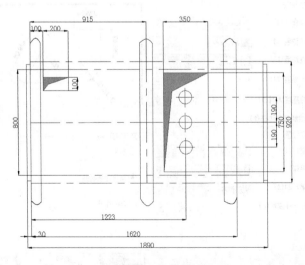

图 13-166　标注文字

04 单击"默认"选项卡"修改"面板中的"分解"按钮 ，分解标注，并修改标注文字，如图 13-167 所示。

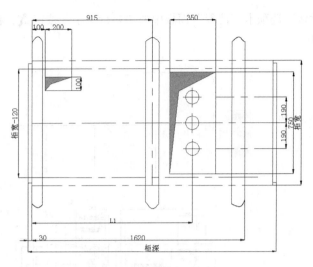

图 13-167　修改标注文字

05 在命令行中输入 QLEADER，执行"引线"命令，命令行中的提示与操作如下：

命令：QLEADER
指定第一个引线点或 [设置 (S)] ＜设置＞: s
指定第一个引线点或 [设置 (S)] ＜设置＞: (弹出图 13-168 所示的"引线设置"对话框)
指定下一点：
指定下一点：＜正交 开＞
指定文字宽度 <0>: 50
输入注释文字的第一行＜多行文字 (M)＞: 柜底
输入注释文字的下一行：

同理，利用"引线"命令标注其余安装图，如图 13-169 所示。

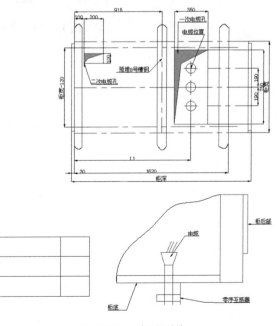

图 13-168　"引线设置"对话框　　　　　图 13-169　标注引线

06 单击"默认"选项卡"注释"面板中的"多行文字"按钮**A**，在表格内输入所需文字，如图 13-170 所示。

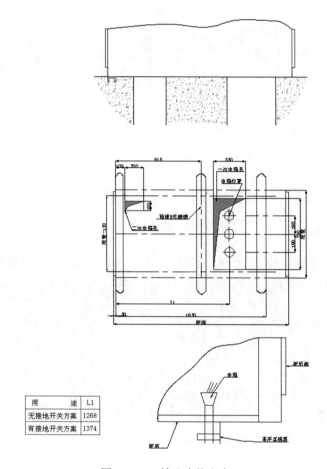

用　　途	L1
无接地开关方案	1268
有接地开关方案	1374

图 13-170　输入表格文字